北方小麦化肥农药减施技术

王朝辉　曹世勤　陈署晃　石　美等　著

中国农业出版社

北　京

内 容 简 介

在国家重点研发计划项目"北方小麦化肥农药减施技术集成研究与示范（2018YFD0200400）"的支持下，参加项目的农业科研和推广人员，针对北方麦区氮磷化肥使用过量、钾肥不足，养分投入不平衡，盲目防治、过量用药，污染环境等问题，结合各区域气候、土壤特点和耕作栽培方式，在总结国内外先进研究成果与实践经验的基础上，创新性地研发了适于我国北方麦区的化肥农药减施关键技术，建立了小麦化肥定量减施和有机肥替代技术，农药精准减施和绿色防控技术，集成了适于北方不同麦区的化肥农药减施综合技术，以期为我国农业丰产优质、肥药减量增效、环境绿色友好发展，做出更多更大的贡献。

本书可供相关领域的农业科研和农技推广人员，肥料、农药、种子等农资生产和经销企业与人员，种植大户、种植专业合作社和农业服务组织等新型农业经营主体参考和使用。

著者名单（相同单位人员按拼音顺序排列）

西北农林科技大学资源环境学院：韩燕 黄冬琳 刘金山 吕凤莲 邱炜红 石美 田汇 王朝辉 王旭东 杨学云 翟丙年 张树兰 张育林 郑险峰

西北农林科技大学植物保护学院：成卫宁 郭云忠 胡小平 胡祖庆 康振生 李强 王保通

陕西省耕地质量与农业环境保护工作站：石磊 徐文华

陕西省杨凌市场质量技术监督局：周永明

陕西省宝鸡市农业技术推广服务中心：封涌涛 赵宗财

陕西省凤翔县农业技术推广服务中心：吕辉

陕西省扶风县农业技术推广服务中心：李永刚

陕西省植物保护工作总站：陈宏

渭南绿盛农业科技有限责任公司：石卫平

甘肃省农业科学院植物保护研究所：曹世勤 黄瑾 贾秋珍 骆惠生 孙振宇 王晓明 张勃

甘肃省农业科学院旱地农业研究所：程万莉 党翼 方彦杰 侯慧芝 李尚中 李兴茂 马一凡 倪胜利 王红丽 王磊 王淑英 于显枫 张建军 张绪成 赵刚

甘肃省农业科学院土壤肥料与节水农业研究所：陈亮之 孙建好 赵建华

甘肃省农业科学院小麦研究所：郭莹 王勇

甘肃省农业科学院科研管理处：樊廷录

甘肃农业大学农学院：柴守玺 柴雨葳 常磊 李瑞 李亚伟

甘肃农业大学生命科学技术学院：程宏波

甘肃吉农农业科技公司：刘东旭 张建吉

甘肃省天水市农业科学研究所：王万军 岳维云 张耀辉

山西农业大学农学院：陈杰 丁鹏程 高志强 侯非凡 李浩 李梦涛 林文 任爱霞 孙敏 王月超 薛建福 杨珍平 尹美强 余少波 原亚琦

山西农业大学资源与环境学院：洪坚平 黄晓磊 贾俊香 李丽娜 李顺 李廷亮 栗丽 马红梅 孟会生 王文翔 谢钧宇 谢英荷 杨珍平

山西省农业科学院农业环境与资源研究所：冯悦晨 解文艳 刘志平 杨振兴 于志勇 周怀平

山西农业大学小麦研究所：曹勇 陈丽 程麦凤 党建友 董飞 高璐 贺健元 裴雪霞 任瑞兰 王姣爱 王克功 王睿 武银玉 谢咸升 闫翠萍 杨峰 张定一 张红娟 张建诚 张晶 赵芳

山西省农业科学院植物保护研究所：董晋明 李大琪 陆俊姣 任美凤

临汾市农业农村局：李静 王全亮

临汾市农业技术推广站：董娟兰 郑芳

宁夏农林科学院农作物研究所：沈强云

宁夏农林科学院植物保护研究所：郭成瑾 王喜刚 张丽荣

宁夏农林科学院农业资源与环境研究所：郭鑫年 纪立东 孙娇 赵营

宁夏大学农学院：何文寿 王西娜

宁夏大学土木与水利工程学院：谭军利

宁夏回族自治区原种场：葛玉萍 黄玉峰

青海省农林科学院：陈红雨 程亮 高旭升 郭良芝 郭青云 郭青云 侯璐 李松龄 李玮 王信

　　王亚艺　魏有海　翁华　徐仲阳　闫佳会　姚强　张荣　张洋　朱海霞

青海省湟中县农业技术推广中心：王全才　赵永德

新疆农业科学院土壤肥料与农业节水研究所：陈署晃　耿庆龙　赖宁　李娜　李青军　李永福　信会南

新疆农业科学院植物保护研究所：白微微　高海峰　李广阔　沈煜洋

新疆农垦科学院农田水利与土壤肥料研究所：曾胜和　戴昱余　李全胜　梁飞　石磊　田宇欣　王国栋　张磊　郑国玉

新疆农业科学院粮食作物研究所：陈传信　陈兴武　范贵强　雷钧杰　夏石辉　赛力汗·赛　徐其江　张永强

石河子大学农学院：李俊华

新疆农业科学院科研管理处：李忠华

新疆维吾尔自治区策勒县农业技术推广中心：龚建　凯麦尔尼萨·阿卜杜艾尼

新疆维吾尔自治区昌吉回族自治州木垒县农业技术推广站：刘金霞

新疆生产建设兵团第六师奇台中心农场：赖军臣　严军

新疆维吾尔自治区墨玉县农业技术推广中心：鞠景枫　严军

新疆生产建设兵团第九师农业科学研究所（畜牧科学研究所）：李怀胜　王贺亚

新疆维吾尔自治区土壤肥料工作站：贾登泉　汤明尧

新疆维吾尔自治区喀什地区农业技术推广中心：傅连军　刘忠堂　周皓

新疆维吾尔自治区喀什地区伽师县农业农村局：李英伟　吕勇

新疆维吾尔自治区喀什地区泽普县农业农村局：张新志

新疆维吾尔自治区喀什地区泽普县农业技术推广中心：张业亭　周琰

新疆维吾尔自治区昌吉回族自治州奇台县农业技术推广中心：于建新

新疆维吾尔自治区伽师县农业局：李英伟

新疆维吾尔自治区和田地区和田县农业技术推广中心：翟德武

哈尔滨工业大学化工与化学学院：李大志　张军政

哈尔滨工业大学生命科学学院：宋金柱

东北农业大学资源与环境学院：马献发

黑龙江八一农垦大学农学院：柯希望　孔祥清　左豫虎

黑龙江省农业科学院土壤肥料与环境资源研究所：张久明

黑龙江省农业科学院黑河分院：姜宇　米刚　郑淑琴　周鑫

黑龙江省农业科学院克山分院：张起昌

内蒙古自治区农牧业科学院：王小兵

内蒙古农业大学农学院：贾立国　张永平

内蒙古农业大学园艺与植物保护学院：景岚　路妍　宋阳

内蒙古自治区呼伦贝尔市谢尔塔拉农科中心：骆璎珞

内蒙古自治区呼伦贝尔市种子管理站：敖勐旗

内蒙古自治区巴彦淖尔市五原县农业技术推广中心：靳存旺

中国农业科学院农业资源与农业区划研究所：王秀斌　吴会军　武雪萍

中国农业科学院植物保护研究所：陈万权　高利　刘博　刘太国

中国农业大学：巩志忠　齐俊生

中国科学院新疆生态与地理研究所：黄彩变

北京市农林科学院：邸宁　王甦

北京农业信息技术研究中心：李银坤

北京中捷四方生物科技股份有限公司：崔艮中

前　　言

　　分布在陕西、甘肃、宁夏、青海、新疆、山西、内蒙古和黑龙江等地的北方小麦产区，小麦种植面积占全国小麦种植面积的17％以上，总产占全国的15％以上，单产水平也超过了气候条件类似的美国、加拿大等国家。其中，化肥和农药有着很大贡献，但由于过量使用，化肥农药利用效率低，不仅增加了生产成本，生产与环境的矛盾也日益加重。建立与区域气候、土壤和生产方式相适应的小麦化肥农药科学减量施用技术，探索粮食绿色可持续生产的道路，对于保障区域农业节本增效生产和生态环境安全发展具有重要意义。

　　2018年7月国家重点研发计划项目"北方小麦化肥农药减施技术集成研究与示范（2018YFD0200400）"启动以来，参加项目的农业科研和技术推广人员，深入分析了各地小麦生产和化肥农药使用情况，明确了氮磷化肥使用过量、钾肥不足，养分投入不平衡，盲目防治、过量用药等，是北方麦区小麦化肥农药施用的主要问题。在此基础上，针对陕西渭北、山西中南及甘肃陇东和陇南旱地麦区，汾渭平原、河西走廊、新疆绿洲、宁夏和内蒙古引黄灌区，内蒙古东部和黑龙江冷凉麦区等重点地域，结合各地雨养传统旱作、覆膜栽培、麦玉轮作、豆麦间作、绿肥轮作、林粮与果粮间作、灌溉施肥或水肥一体化等多种小麦栽培模式，研究明确了区域土壤养分供应能力和小麦养分吸收利用规律，确定了主要病虫草害的发生发展规律和预警防控机制，创新性地研发了适于我国北方不同麦区的化肥农药减施关键技术，建立了小麦化肥定量减施和有机肥替代技术，农药精准减施和绿色防控技术，集成了适于北方不同麦区的化肥农药减施综合技术，以期为我国农业丰产优质、肥药减量增效、环境绿色友好发展，做出更多更大的贡献。

　　项目实施过程中，面对"时间紧、任务重"的压力，西北农林科技大学、甘肃省农业科学院、青海省农林科学院、新疆农业科学院、黑龙江省农业科学院、中国农业科学院、中国农业大学等项目参加单位、各位课题负责人和所有参加人员同心协力、攻坚克难，按时完成了各项技术研发集成、试验示范和培训推广任务。本书是在广泛总结国内外先进研究成果与实践经验的基础上，对我国北方麦区小麦化肥农药使用技术的创新和发展，提出了北方麦区小麦的化肥农药施用限量标准，明确了秸秆还田、绿肥轮作、施用有机肥和生物炭条件下的化肥减施技术，确定了水肥一体化或滴灌小麦的科学施肥技术，明确了严重危害区域小麦生产的黑穗病和条锈病抗性鉴定，白粉病、赤霉病和蚜虫的监测、预测和预警技术，确定了区域小麦主要病虫和杂草的绿色防控技术，集成构建了适于北方不同麦区小麦化肥农药减施高产高效优质栽培综合技术。

在材料整理和编辑过程中，各位课题负责人对本书的主题、内容和结构进行了认真讨论，提出了宝贵意见与建议，对所负责课题技术规程的组织和撰写认真负责、精益求精。西北农林科技大学的研究生党海燕同学对各规程的格式进行了初步规范，项目秘书石美博士对全书文字、单位和格式的核对与规范、封面设计、进度协调做了大量细致耐心的工作。甘肃省农业科学院曹世勤研究员、新疆农业科学院陈署晃研究员对全书内容进行了校阅。中国工程院康振生院士对本项目的组织和实施给予了高度关心和支持，一直牵挂项目进展，多次亲临认真指导，项目各方面的进步都离不开康老师的悉心教诲和精心指导。

由于生产实践总是会不断有新的问题和需求出现，本书难以囊括一切，我们的研究工作还需不断努力。同时，由于时间仓促，书中定有不少缺点不足，诚盼读者批评指正！

感谢各位领导、专家，各位项目参加人员的辛苦工作和大力支持！感谢国家重点研发计划项目支持！

王朝辉

2020 年 7 月 27 日

目　　录

第一章 小麦化肥定量减施和有机替代技术

陕西小麦施肥限量标准

1 范围

本标准规定了小麦施肥量的确定方法和限量要求。

本标准适用于陕西省不同小麦产区。

2 规范性文件的引用

下列文件对于本文件的应用是必不可少的。凡是注日期的引用文件，仅限所注日期的版本适用于本文件。凡是不注日期的引用文件，其最新版本（包括所有的修改单）适用于本文件。

NY/T 2911—2016 测土配方施肥技术规程

GB/T 31732—2015 测土配方施肥 配肥服务技术规范

NY/T 496—2010 肥料合理使用准则 通则

NY/T 1121.1—2006 土壤检测 第1部分：土壤样品的采集、处理和贮存

NY/T 1121.7—2014 土壤检测 第7部分：土壤有效磷的测定

NY/T 889—2004 土壤速效钾和缓效钾含量的测定

HJ 634—2012 土壤氨氮、亚硝酸盐氮、硝酸盐氮的测定 氯化钾溶液提取——分光光度法

3 术语与定义

下列术语和定义适用于本文件。

3.1 监控施肥技术

基于土壤有效氮、磷和钾养分测定，监控土壤养分供应能力，结合小麦目标产量、品质和环境效应，确定氮、磷、钾肥施用量的技术。

3.2 土壤硝态氮安全阈值

麦田土壤中允许的硝态氮累积最高值：小麦收获期、轮作区小麦播种前1.0米土壤硝态氮（N）不超过4.0千克/亩*，单作区小麦播前不超过8.0千克/亩。

---

* 亩为非法定计量单位，1亩＝1/15公顷。——编者注

3.3 百千克籽粒氮、磷、钾需求量

形成 100 千克小麦籽粒所需要的氮（N）、磷（P_2O_5）和钾（K_2O）量，分别为 2.8 千克、0.9 千克和 2.4 千克。

3.4 目标产量

在正常的田间条件下，小麦可获得的预期产量，可由相应田块前三年（自然灾害年份除外）小麦的平均产量乘以系数 1.1 作为目标产量。

4 施肥量的确定

4.1 氮肥用量确定

在小麦播前一周或收获期采集麦田 0～100 厘米土壤样品，测定硝态氮含量，按以下公式确定氮肥用量：

$$肥料氮用量＝目标产量需氮量＋（土壤硝态氮安全阈值－土壤硝态氮实测值）$$
$$氮肥用量＝肥料氮用量÷肥料含氮量×100$$

上式中，氮均指 N，除肥料含氮量为百分数外，各指标单位均为千克/亩。土壤硝态氮（N）安全阈值在单作小麦收获时、轮作小麦播种前为 4.0 千克/亩，在单作小麦播种前为 8.0 千克/亩。

4.2 磷肥用量

在小麦播前或收获期，测定麦田 0～20 厘米土壤有效磷含量，按以下公式确定磷肥用量：

$$肥料磷用量＝目标产量需磷量×施磷系数$$
$$磷肥用量＝肥料磷用量÷肥料含磷量×100$$

上式中，磷均指 P_2O_5，除肥料含磷量为百分数外，各指标单位均为千克/亩。施磷系数由表 1 确定。其他地区可参考制定本地麦田的相应指标与参数。

表 1　麦田土壤供磷指标与施磷系数

评价指标	土壤有效磷（毫克/千克）			施磷系数
	旱作区	麦玉区	稻麦区	
很低	<5	<15	<10	2.0
偏低	5～10	15～20	10～15	1.5
适中	10～15	20～25	15～20	1.0
偏高	15～20	25～30	20～25	0.5
很高	>20	>30	>25	0.3

4.3 钾肥用量

在小麦播前或收获期，测定麦田 0～20 厘米土壤速效钾含量，按以下公式确定钾肥用量：

肥料钾用量＝目标产量需钾量×施钾系数

钾肥用量＝肥料钾用量÷肥料含钾量×100

上式中，钾均指 K_2O，除肥料含钾量为百分数外，各指标单位均为千克/亩。施钾系数由表 2 确定。其他地区可参考制定本地麦田的相应指标与参数。

表 2 麦田土壤供钾指标与施钾系数

评价指标	土壤速效钾（毫克/千克）			施钾系数
	旱作区	麦玉区	稻麦区	
很低	＜60	＜70	＜50	1.0
偏低	60～90	70～100	50～80	0.5
适中	90～120	100～130	80～110	0.3
偏高	120～150	130～160	110～140	0.1
很高	＞150	＞160	＞140	0.0

5 施肥限量要求

不同产区和产量水平小麦的施氮（N）、磷（P_2O_5）、钾（K_2O）肥限量如表 3、表 4 和表 5 所示。

表 3 旱作区不同产量水平的小麦施氮、磷、钾肥限量

小麦产区	产量水平 （千克/亩）	施氮肥限量 （千克/亩）	施磷肥限量 （千克/亩）	施钾肥限量 （千克/亩）
旱作区	＜250	6.5～7.5	2.5～3.0	2.0
	250～300	7.5～8.5	3.0～3.5	2.0
	300～350	8.5～9.5	3.5～4.0	2.0
	350～400	9.5～10.5	4.0～4.5	2.0～2.5
	＞400	10.5～11.5	4.5～5.0	2.5～3.0

表 4 小麦玉米复种区不同产量水平的小麦施氮、磷、钾肥限量

小麦产区	产量水平 （千克/亩）	施氮肥限量 （千克/亩）	施磷肥限量 （千克/亩）	施钾肥限量 （千克/亩）
小麦玉米复种区	＜350	6.5～9.0	3.0～4.0	3.0～3.5
	350～450	9.0～11.5	4.0～5.0	3.5～4.0
	450～550	11.5～14.0	5.0～6.0	4.0～4.5
	550～650	14.0～16.5	6.0～7.0	4.5～5.0
	＞650	16.5～19.0	7.0～8.0	5.0～5.5

表5 小麦水稻复种区不同产量水平的小麦施氮、磷、钾肥限量

小麦产区	产量水平 （千克/亩）	施氮肥限量 （千克/亩）	施磷肥限量 （千克/亩）	施钾肥限量 （千克/亩）
小麦水稻复种区	<200	2.5~5.0	2.0~3.0	2.0
	200~300	5.0~7.5	3.0~4.0	2.0
	300~400	7.5~10.0	4.0~5.0	2.0~3.0
	400~500	10.5~13.0	5.0~6.0	3.0~4.0
	>500	13.0~15.5	6.0~7.0	4.0~5.0

6 施肥方法

旱作区：氮、磷、钾肥均一次性基施。如春季降水充足，可结合降水追施氮肥总量的10%。

麦玉区：磷、钾肥一次性基施，氮肥基施60%~80%，在返青拔节期、抽穗期追施20%~40%。

稻麦区：磷、钾肥一次性基施，氮肥基施50%~60%，在分蘖期、拔节期追施40%~50%。

起草人：王朝辉 邱炜红 刘金山 石美 石磊 徐文华
起草单位：西北农林科技大学、陕西省耕地质量与农业环境保护工作站

关中平原冬小麦/夏玉米体系有机肥替代化肥技术

1　范围

本文件规定了陕西关中小麦/玉米轮作区有机肥、化肥配施比例的技术要求和规范。

本文件适用于陕西关中或其他类似地区小麦/玉米轮作区的农业生产与农业管理工作。

2　规范性文件的引用

下列文件对于本文件的应用是必不可少的。凡是注日期的引用文件，仅所注日期的版本适用于本文件。凡是不注日期的引用文件，其最新版本（包括所有的修改单）适用于本文件。

GB/T 25246—2010　禽畜粪便还田技术规范

DB61/T 955—2015　夏玉米生产技术规程

DB61/T 957—2015　水地冬小麦生产技术规程

NY/T 496—2010　肥料合理使用准则　通则

NY/T 395—2000　农田土壤环境质量监测技术规范

NY/T 1868—2010　肥料合理使用准则　有机肥料

NY 525—2010　有机肥料

3　术语与定义

下列术语和定义适用于本文件。

3.1　肥料种类

本文件中所指的有机肥主要是农家肥料，包括堆肥、沤肥、厩肥、沼肥等，不包括种植绿肥和农作物秸秆直接还田。其卫生学指标及重金属含量要求应符合 GB/T 25246 的要求。

3.2　测土配方施肥

根据作物生产潜能需肥规律、土壤供肥能力和肥料效率提出的元素配比方案和相应的施肥技术。

3.3　田间持水量

充分灌水或降水后，经过一定时间（24 小时），土壤剖面稳定维持的含水量为田间持水量。

3.4　百千克籽粒氮磷钾需求量

形成 100 千克小麦籽粒所需要的氮（N）、磷（P_2O_5）和钾（K_2O）量分别为 2.8 千克、0.73 千克和 2.1 千克。形成 100 千克玉米籽粒所需要的氮（N）、磷（P_2O_5）和钾（K_2O）

量分别为 2.5 千克、1.1 千克和 3.2 千克。

3.5 目标产量

在正常的田间条件下，小麦可获得的预期产量，可由相应田块前三年（自然灾害年份除外）小麦的平均产量乘以系数 1.1 作为目标产量。

4 控制目标和原则

4.1 控制目标

有机肥料作为肥料使用，应对农产品产量、质量和周边环境不产生危险和威胁，保证农产品数量和质量安全，保护生态环境。

4.2 控制原则

4.2.1 栽培原则

小麦栽培管理规范参考 DB61/T 957，玉米栽培管理规范参考 DB61/T 955。

4.2.2 灌溉控制

基于田间持水量，单次灌水量为 50～70 米³/亩。

4.2.3 施肥原则

测土配方施肥。结合目标产量合理确定化肥用量，磷肥主要在小麦季施用。养分投入量需严格控制在本标准 5.1 所界定的范围内。

4.2.4 病虫害防治

小麦参照 DB61/T 957，玉米参照 DB61/T 955 执行。

5 施肥技术管理

5.1 冬小麦/夏玉米施肥量

化肥施用参照 NY/T 496 执行。不同产量目标的施肥量见表 1。

表 1 冬小麦/夏玉米在不同产量目标下的施肥量（千克/亩）

冬小麦			夏玉米			
目标产量	施纯氮（N）量	施五氧化二磷（P_2O_5）量	目标产量	施纯氮（N）量	施五氧化二磷（P_2O_5）量	施氧化钾（K_2O）量
350～450	8～10	6～8	400～500	10～12	0	0
450～550	10～12	6～8	500～600	12～14	0	0
高于 550	12～14	6～8	高于 600	14～16	2～4	2～4

注：有机肥氮、磷、钾含量见附表。

5.2 有机肥替代化肥施用量

不同产量目标下有机肥和化肥施肥量见表 2。

表2　冬小麦/夏玉米不同产量目标下有机肥配合化肥的施用量（千克/亩）

作物	土壤肥力水平	目标产量	有机肥氮（N）量	化肥氮（N）量	化肥磷（P₂O₅）量
冬小麦	低肥力	350～450	2～2.5	6～7.5	4.5～6
	中肥力	450～550	2.5～3	7.5～9	4.5～6
	高肥力	高于550	6～7	6～7	3～4
夏玉米	低肥力	400～500	2.5～3	7.5～9	0
	中肥力	500～600	3～3.5	9～10.5	0
	高肥力	高于600	7～8	7～8	0

注：中、低肥力土壤有机肥替代化肥比例为25％，高肥力土壤有机肥替代化肥比例50％。有机肥氮、磷、钾含量见附表。

5.3　施肥方法

冬小麦/夏玉米轮作区，所有的有机肥以及磷、钾化肥在小麦播前一次性基施，小麦季氮肥播前一次性基施，玉米季仅施氮肥，并在拔节期一次性追施。

5.4　灌溉时间

冬小麦：适时冬灌，根据墒情酌情春灌。

夏玉米：及时灌出苗水，生育期根据墒情适时灌溉。

起草人：张树兰　吕凤莲　杨学云　韩燕　封涌涛

起草单位：西北农林科技大学、宝鸡市农业技术推广服务中心

附表　有机肥养分含量、性质与施用

名称	三要素含量（％）			性质	使用方法
	氮（N）	磷（P₂O₅）	钾（K₂O）		
人粪	1.0	0.5	0.37	①人尿酸性，含氮为主，分解后能很快被根系吸收。②牲畜尿碱性。猪粪暖性，劲大；牛粪冷性，含水多，腐烂慢；马粪热性，劲短；羊粪分解快，养分浓厚；禽粪为迟效肥	①粪尿肥腐熟后可作底肥、追肥；②马粪含粗纤维多，发酵产生热量，用作堆肥材料可加速堆肥腐熟；③羊粪不能露晒，随出、随施、随盖；④粪不宜新鲜使用，腐熟后可作底肥、追肥，宜干燥贮存
人尿	0.5	0.13	0.19		
猪粪	0.56	0.4	0.44		
猪尿	0.3	0.12	0.95		
牛粪	0.32	0.25	0.15		
牛尿	0.5	0.03	0.65		
马粪	0.55	0.3	0.24		
马尿	1.2	0.1	1.5		
羊粪	0.65	0.5	0.25		
羊尿	1.4	0.03	2.1		
鸡粪	1.63	1.54	0.85		
鸭粪	1.1	1.4	0.62		
鹅粪	0.55	0.5	0.95		

陕西渭北旱地小麦化肥减施增效栽培技术

1 范围

本文件规定了陕西旱地冬小麦化肥减施增效生产技术的术语和定义、整地、施肥、播种、田间管理、病虫草害防治和收获等技术要求。

本文件适合陕西省渭北旱塬一年一熟区旱地冬小麦的生产。

2 规范性引用文件

下列文件中的条款通过本规程的引用而成为本规程的条款。凡是注日期的引用文件，其随后所有的修改单或修订本均不适用于本规程。凡是不注日期的引用文件，其最新版本适用于本规程。

GB 18382—2001 肥料标识 内容和要求

NY/T 1112—2006 配方肥料

NY/T 496—2010 肥料合理使用准则 通则

GB/T 8321.1—2000 农药合理使用准则（一）

GB/T 8321.9—2000 农药合理使用准则（九）

NY/T 1276—2007 农药安全使用规范 总则

GB 4404.1—2008 粮食作物种子 第1部分：禾谷类

GB/T 3543—1995 农作物种子检验规程

GB/T 3543.4—1995 农作物种子检验规程 发芽试验

3 术语与定义

下列术语和定义适用于本文件。

3.1 种子包衣

指在小麦种子上包裹上一层农药、微肥或植物生长调节剂的包膜。

3.2 小麦养分需求量

在一般栽培条件下，每生产单位（如100千克）小麦籽粒，需从土壤中吸收的氮素（N）、磷素（P_2O_5）和钾素（K_2O）的量，其值分别为2.8千克、1.1千克、2.7千克。

3.3 监控施肥

基于对麦田土壤有效氮、有效磷和速效钾养分测定，监控土壤养分供应能力，结合目标产量、小麦养分需求量和环境效应，确定氮、磷、钾肥料的用量。

3.4 "一喷三防"技术

在冬小麦孕穗到灌浆中期，用杀虫剂、杀菌剂、植物生长调节剂、叶面肥（如磷酸二氢钾等）等混配剂喷雾，达到防治病虫害、防干热风、防倒伏，增加穗粒数和千粒重，实现小麦增产的一项技术措施。

3.5　宽幅条播

指采用宽幅条播机械扩大行距（一般大于 25 厘米），扩大播幅的播种技术。该技术一方面扩大了小麦单株营养面积，有利于根系发达，苗蘖健壮；另一方面有利于种子分布均匀，最终实现小麦生产的高产高效。

3.6　定位施肥

指播种时采用定位施肥机械将肥料定位条施于播种行侧、种侧下 5 厘米处的施肥方法。

3.7　目标产量

当前可获得的小麦产量，以前三个正常年份小麦产量平均值乘以系数 1.10 计算获得目标产量。

4　产地条件

4.1　气候条件

年降水量 480 毫米以上、平均气温不小于 9 ℃，小麦生育期间 0 ℃以上积温 2 000 ℃以上。

4.2　土壤条件

远离污染源、地面平整、土层深厚、保水保肥。土壤基础肥力指标：0～20 厘米表层土壤有机质含量为 10 克/千克以上，有效磷含量（Olsen - P）为 10 毫克/千克以上，速效钾含量（K）为 100 毫克/千克以上。

5　渭北旱地冬小麦化肥减施增效高产栽培技术

5.1　品种选择

选用经国家或陕西省品种审定委员会审定通过，且品种特性符合当地生产条件的优质、抗旱、抗寒、稳产型冬小麦品种（如洛旱 6 号、晋麦 47、长旱 58、西农 928、长 6359 等），并应注意及时更新品种。种子纯度应不低于 99%，发芽率不低于 85%。

5.2　整地

上季小麦收获后选择合适墒情进行翻地（浅耕 15～20 厘米），最大限度接纳雨水、保墒。一般 2～3 年选择丰水年深翻一次（深度 20 厘米以上）。在播种（或施肥）前进行旋耕，做到土壤细碎、土层松软、上虚下实。

5.3　施肥

5.3.1　施肥原则

坚持无机肥和有机肥结合，建议小麦秸秆全部还田。氮、磷、钾肥合理配合施用。

5.3.2 施肥量

对土壤进行养分测定，根据土壤有效氮、有效磷、速效钾含量情况利用监控施肥技术方法确定化肥施肥量。施肥量确定方法如下：

施氮量＝作物目标产量需氮量＋收获土壤硝态氮安全阈值（3.7千克/亩）－收获1米土壤硝态氮累积量。

施磷量＝作物目标产量需磷量×施磷系数（表1）

施钾量＝作物目标产量需钾量×施钾系数（表1）

表1 施磷系数和施钾系数

土壤养分等级	0～20厘米土壤有效磷（毫克/千克）	施磷系数	0～20厘米土壤速效钾（毫克/千克）	施钾系数
很低	≤5	2.0	≤60	0.5
低	5～10	1.5	60～90	0.3
中等	10～15	1.0	90～120	0.2
高	15～20	0.5	120～150	0.1
很高	>20	0.3	>150	0

5.3.3 施肥方法

氮、磷、钾肥应一次性基施，宜在播种时采用施肥播种一体机农机进行定位施肥（种肥同播）；无条件的应在播前采用机械撒施肥。同时，在秸秆还田基础上可适量施用有机肥。

5.4 播种

5.4.1 种子处理

根据发病情况，种子播前可用杀虫剂、杀菌剂进行药剂拌种包衣。

5.4.2 播种期

依据日均温确定适宜播期，播种期一般为9月20日至10月3日，日平均气温达到16～18℃时为适宜播期。旱年少雨时，应遵循"有墒不等时"原则，减少播种量提前播种；干旱无雨时，应遵循"时到不等墒"原则，干播等雨，覆土镇压提墒。

5.4.3 播种量

一般基本苗为每亩15万～20万株，播种量宜为每亩10～12千克。可根据播种迟早、地力高低、整地质量和土壤墒情，酌情增减。

5.4.4 播种方法

宜采用机械条播，行距15～20厘米；或采用宽幅条播机进行播种，行距25厘米左右。有条件地区采用种肥同播技术进行播种。播种时宜镇压保墒。

5.4.5 播种深度

播种深度宜为3～5厘米，覆土厚度一致，并根据土壤墒情做适当调整。

5.5 田间管理

5.5.1 夏闲期管理

小麦留高茬（20～25厘米）收获后，秸秆保留在地面，以增加夏季降水集蓄，减少土壤水分蒸发损失。于一个月后（7月下旬）选择合适墒情根据5.2整地要求进行翻地。

5.5.2　冬前管理

出苗后对群体偏大田块冬前应进行碾压，抑制旺长。宜在11月中下旬至12月初，日平均气温10℃左右时，选用高效低残留除草剂进行化学除草。

5.5.3　春季管理

返青期宜浅锄，雨后应及时中耕蓄水保墒。可在返青期对旺长田块进行深中耕、碾压，抑制旺长，防春季倒春寒和后期倒伏。

5.5.4　中后期管理

宜在孕穗期至灌浆期根据病虫害发生情况，开展"一喷三防"工作。

5.6　病虫害防治

5.6.1　地下害虫

每亩用3‰辛硫磷颗粒剂1.0～1.5千克，结合整地施入，防治金针虫、蝼蛄等地下害虫。

5.6.2　白粉病

在孕穗期至扬花期，当病叶率达15%（含）以上时，每亩应用15%三唑酮可湿性粉剂类农药100克兑水40～45升喷雾防治。

5.6.3　红蜘蛛

当单尺行长螨量达到20头时，应用15%哒螨灵乳油3 000倍液喷雾防治。

5.6.4　赤霉病

以预防为主。在小麦抽穗扬花期，若遇有连阴雨天气，宜选用甲基硫菌灵、多菌灵等药剂喷雾防治。

5.6.5　条锈病

大田内病叶率达0.5%～1%时，每亩应用15%三唑酮可湿性粉剂100克兑水40～45升，喷雾连片防治，应间隔7天，再喷1次。

5.6.6　蚜虫

穗期百穗平均蚜虫量分别达500头时，每亩应用10%吡虫啉可湿性粉剂或50%抗蚜威可湿性粉剂10～13克，兑水30～45升喷雾防治。

5.6.7　吸浆虫

当每亩幼虫量达到30万头时，于小麦孕穗至抽穗期，应用40%辛硫磷乳油150～200毫升拌细干土20千克，撒入麦田防治。

5.7　收获

在小麦完熟初期，采用机械收割（留高茬，20～25厘米），收后及时晾晒，防止籽粒霉变。

起草人：刘金山　王朝辉　邱炜红　石美　张睿　徐文华　石磊

起草单位：西北农林科技大学、陕西省耕地质量与农业环境保护工作站

山西小麦施肥限量标准

1 范围

本标准规定了水浇地冬小麦稳产高效施肥技术施肥量的确定、适宜施肥方法。

本标准适用于山西省汾河平原冬麦区的水浇地小麦生产。

2 规范性文件的引用

下列文件对于本文件的应用是必不可少的。凡是注日期的引用文件，仅限所注日期的版本适用于本文件。凡是不注日期的引用文件，其最新版本（包括所有的修改单）适用于本文件。

GB/T 31732—2015 测土配方施肥 配肥服务技术规范

NY/T 496—2010 肥料合理使用准则 通则

NY/T 889—2004 土壤速效钾和缓效钾含量的测定

NY/T 890—2004 土壤有效态锌、锰、铁、铜含量的测定——二乙三胺五乙酸（DT-PA）浸提法

NY/T 1121.1—2006 土壤检测 第1部分：土壤样品的采集、处理和贮存

NY/T 1121.8—2006 土壤检测 第8部分：土壤有效硼的测定

NY/T 1121.7—2014 土壤检测 第7部分：土壤有效磷的测定

NY/T 2911—2016 测土配方施肥技术规程

HJ 634—2012 土壤氨氮、亚硝酸盐氮、硝酸盐氮的测定 氯化钾溶液提取——分光光度法

3 术语与定义

下列术语和定义适用于本文件。

3.1 监控施肥技术

基于土壤有效氮、有效磷和速效钾养分测定，监控土壤养分供应能力。结合小麦目标产量、品质和环境效应，确定氮、磷、钾肥施用量的技术。

3.2 土壤硝态氮安全阈值

指麦田土壤中允许的硝态氮累积最高值。轮作区小麦播种前 1.0 米土体土壤硝态氮（N）不超过 10.0 千克/亩。

3.3 百千克籽粒氮、磷、钾需求量

形成 100 千克小麦籽粒所需要的氮（N）、磷（P_2O_5）和钾（K_2O）量，分别为 2.73 千克、0.79 千克和 2.60 千克。

3.4　目标产量

在正常的田间条件下，小麦可获得的预期产量，可由相应田块前三年（自然灾害年份除外）小麦的平均产量乘以系数 1.1 作为目标产量。

4　施肥量的确定

4.1　氮肥用量

在小麦播前一周或收获期采集麦田 0～100 厘米土壤样品，测定硝态氮含量，按以下公式确定氮肥用量：

$$肥料氮用量＝目标产量需氮量＋（土壤硝态氮安全阈值－土壤硝态氮实测值）$$

$$氮肥用量＝肥料氮用量÷肥料含氮量×100$$

上式中，氮均指 N，除肥料含氮量为百分数外，各指标单位均为千克/亩。施氮系数由表 1 确定。

表 1　麦田土壤供氮、磷、钾指标与施氮、磷、钾系数

肥力等级	1米土体硝态氮累积量（千克/亩）	施氮系数	0～20 厘米土壤有效磷（毫克/千克）	施磷系数	0～20 厘米土壤速效钾（毫克/千克）	施钾系数
很低	<4	1.5	≤15	2.0	<70	0.7
偏低	4～8	1.2	15～20	1.5	70～100	0.5
适中	8～12	1.0	20～25	1.0	100～130	0.3
偏高	12～16	0.8	25～30	0.5	130～160	0.1
很高	>16	0.5	>30	0.0	>160	0.0

4.2　磷肥用量

在小麦播前或收获期，测定麦田 0～20 厘米土壤有效磷含量，按以下公式确定磷肥用量：

$$肥料磷用量＝目标产量需磷量×施磷系数$$

$$磷肥用量＝肥料磷用量÷肥料含磷量×100$$

上式中，磷均指 P_2O_5，除肥料含磷量为百分数外，各指标单位均为千克/亩。施磷系数由表 1 确定。

4.3　钾肥用量

在小麦播前或收获期，测定麦田 0～20 厘米土壤速效钾含量，按以下公式确定钾肥用量：

$$肥料钾用量＝目标产量需钾量×施钾系数$$

$$钾肥用量＝肥料钾用量÷肥料含钾量×100$$

上式中，钾均指 K_2O，除肥料含钾量为百分数外，各指标单位均为千克/亩。施钾系数由表 1 确定。

5 适宜施肥量

以监控施肥技术确定的小麦施肥量为合理施肥量。实际生产中，农户小麦实际产量与预期产量之间会有一定变化。因此，以 0.9～1.1 倍的合理施肥量为适宜施肥量。在适宜施肥条件下，不同土壤肥力、三种产量水平小麦的施氮、磷、钾量如表 2 至表 4 所示。

表 2　适宜施肥量下三种产量水平的小麦施氮量（N，千克/亩）

肥力等级	小麦产量水平（千克/亩）		
	500	600	700
很低	18.5～22.5	22.1～27.0	25.8～31.5
偏低	14.8～18.0	17.7～21.6	20.7～25.2
适中	12.3～15.0	14.7～18.0	17.2～25.2
偏高	9.9～12.0	11.8～14.4	13.7～17.5
很高	6.2～7.5	7.4～9.0	8.6～10.5

表 3　适宜施肥量下三种产量水平的小麦施磷量（P_2O_5，千克/亩）

肥力等级	小麦产量水平（千克/亩）		
	500	600	700
很低	7.1～8.7	8.5～10.4	10.0～12.1
偏低	5.3～6.5	6.4～7.8	7.5～7.8
适中	3.5～4.3	4.3～5.2	5.0～6.1
偏高	1.8～2.2	2.1～2.6	2.5～3.1
很高	0	0	0

表 4　适宜施肥量下三种产量水平的小麦施钾量（K_2O，千克/亩）

肥力等级	小麦产量水平（千克/亩）		
	500	600	700
很低	8.3～9.9	9.8～12.0	11.6～14.0
偏低	5.9～7.1	7.0～8.5	8.3～10.0
适中	3.5～4.3	4.2～5.1	4.9～6.0
偏高	1.2～1.4	1.4～1.7	1.7～2.0
很高	0	0	0

作物秸秆还田时，增加纯 N 5～7 千克/亩作基肥施入。如果施用有机肥，氮、磷、钾化肥用量减少 5%～15%。

0～20 厘米土壤有效锌含量低于 0.5 毫克/千克时，基施硫酸锌 1～2 千克/亩；0～20 厘米土壤有效硼含量低于 0.5 毫克/千克时，基施硼砂 0.2～0.5 千克/亩。

6 施肥方法

磷、钾肥一次性基施，中高土壤肥力农田氮肥基施 40%～60%，中低土壤肥力农田氮肥基施 60%～80%，其余氮肥在返青拔节期、抽穗期追施。

起草人：周怀平 解文艳 冯悦晨 杨振兴 刘志平 于志勇 张树兰

起草单位：山西省农业科学院农业环境与资源研究所、西北农林科技大学

山西秸秆还田替代化肥小麦生产技术

1 范围

本文件规定了秸秆还田替代部分化肥小麦生产技术的术语和定义、秸秆还田方式、还田数量和冬小麦种植。

本文件适用于山西和其他类似地区。

2 规范性引用文件

下列文件对本文件的应用是必不可少的。凡是注日期的引用文件，仅所注日期的版本适用于本文件。凡是不注日期的引用文件，其最新版本（包括所有的修改单）适用于本文件。

NY/T 1118　测土配方施肥技术规范

DB14/T 669　旱地冬小麦地膜覆盖膜际条播栽培技术规程

DB32/T 1174　秸秆还田机械　操作规程

DB14/T 1197　旱地冬小麦全覆膜穴播生产技术规程

DB14/T 1470　旱地冬小麦宽窄行探墒沟播栽培技术规程

DB13/T 2004　冬小麦、夏玉米全程机械化技术规程

3 术语和定义

下列术语和定义适用于本文件。

秸秆还田

把不宜直接作饲料的秸秆（麦秸和玉米秸等）直接粉碎翻压或覆盖后翻压到土壤中的一种方法。

4 还田方式

4.1 冬（春）小麦-休闲模式

4.1.1 机械粉碎翻压还田

冬（春）小麦收获时，采用联合收获机一次完成收获与秸秆粉碎，粉碎的秸秆长度应≤3厘米。随后采用深翻机械直接翻压还田，翻压深度不少于20厘米。秸秆机械还田操作执行DB32/T 1174规定。

4.1.2 覆盖还田

冬（春）小麦收获时，留高茬30厘米，采用小麦联合收割机粉碎后均匀撒于地表，粉碎的秸秆长度应≤3厘米。可作覆盖材料，覆盖休闲地表，保水增墒，在下季小麦播前翻压，翻压深度不少于20厘米。

4.2　冬小麦-夏玉米轮作模式

夏玉米摘穗后，及时进行秸秆粉碎作业，此时秸秆水分含量高，便于机械粉碎。秸秆粉碎成 3～6 厘米小段，不宜超过 10 厘米。粉碎后秸秆结合灭茬直接深翻入土壤，翻压深度≥25 厘米。深翻后进行耙糖或镇压可避免秸秆扎堆引起土壤跑风漏墒，影响小麦播种后的出苗和扎根。

5　还田数量

秸秆还田数量应根据主栽作物及产量水平而定，可采用作物秸秆的全量、半量、1/3 量还田。还田秸秆数量一般为每亩 200～400 千克，以 300 千克/亩左右为宜。还田量过大，会影响小麦根系生长。

6　冬小麦种植

6.1　施肥

6.1.1　化肥理论用量

采用目标产量法，结合冬小麦百千克产量养分需求量及肥料利用效率，计算理论化肥投入量，具体方法参照 NY/T 1118 执行。

6.1.2　小麦产量预期

秸秆还田条件下，春小麦-休闲模式的预期产量为 150～200 千克/亩，冬小麦-休闲模式预期产量为 250～400 千克/亩，冬小麦-夏玉米轮作模式冬小麦预期产量为 250～350 千克/亩。

6.1.3　化肥减施量

基于文献数据统计的秸秆养分含量及当季释放率（表1），小麦秸秆每亩还田 100 千克时，可减少肥料投入氮（N）0.33 千克、磷（P_2O_5）0.18 千克和钾（K_2O）1.42 千克；玉米秸秆每亩还田 100 千克时，可减少肥料投入氮（N）0.53 千克、磷（P_2O_5）0.39 千克、钾（K_2O）1.45 千克。具体化肥减施量以实际秸秆还田量确定。

表1　小麦、玉米秸秆养分含量及释放率（％）

作物类型	秸秆养分含量			秸秆养分当季释放率		
	N	P_2O_5	K_2O	N	P_2O_5	K_2O
小麦	0.64 (60)	0.27 (47)	1.53 (21)	51 (21)	65 (21)	93 (20)
玉米	0.85 (111)	0.53 (90)	1.59 (88)	62 (55)	73 (55)	91 (54)

注：表中括号内的数据为统计样本数。

6.2　种植模式

露地条播种植技术可参照 DB13/T 2004 执行，膜际条播种植技术可参照 DB14/T 669

执行，全覆膜穴播种植技术可参照 DB14/T 1197 执行，探墒沟播种植技术可参照 DB14/T 1470 执行。

起草人：李廷亮　谢英荷　马红梅　孙敏　栗丽　谢钧宇　李丽娜　黄晓磊

起草单位：山西农业大学

山西小麦-玉米微喷水肥一体化技术

1　范围

本文件规定了小麦-玉米微喷水肥一体化技术的术语和定义、灌溉施肥准备、小麦季、玉米季。

本文件适用于山西或其他区域有灌溉条件的小麦玉米一年两熟种植区。

2　规范性引用文件

下列文件对于本文件的应用是必不可少的。凡是注日期的引用文件，仅所注日期的版本适用于本文件。凡是不注日期的引用文件，其最新版本（包括所有的修改单）适用于本文件。

GB 5084—2005　农田灌溉水质标准

GB/T 50363—2018　节水灌溉工程技术规范

NY/T 496—2010　肥料合理使用准则

NY/T 1361—2007　农业灌溉设备　微喷带

NY/T 2624—2014　水肥一体化技术规范　总则

SL 236—1999　喷灌与微灌工程技术管理规程

3　术语与定义

下列术语和定义适用于本文件。

3.1　小麦-玉米一年两熟制

同一块田地一个周年内连续种植冬小麦和夏玉米的种植模式。

3.2　水肥一体化技术

利用管道灌溉系统，将肥料溶解在水中，同时进行灌溉与施肥，可适时、适量满足作物对水分和养分的需求，实现水肥同步管理和高效利用的节水农业技术。

3.3　微喷灌

通过低压管道系统，将具有一定压力的水，经过输水管道和微喷带送到田间，通过微喷带上的出水孔，在重力和空气阻力的作用下，形成细雨喷洒到土壤表面的一种灌水方法。

3.4　文丘里施肥器

应用文丘里效应，将肥料和水均匀混合的一种高效施肥器。由塑料管件、球阀、吸肥器组装，施肥采用压差文丘里原理：水流通过一个由大渐小，然后由小渐大的管道，文丘里管喉部水流经狭窄部分时流速加大，压力下降，当管喉部管径小到一定程度时管内水流便形成负压，在喉管侧壁上的小口可以将肥料溶液从一敞口肥料管通过小管径细管吸上来。

4 灌溉施肥准备

4.1 设施构成及安装

4.1.1 水源

包括地表水和地下水。水质符合 GB 5084 规定。

4.1.2 首部系统

包括潜水泵、加压泵、逆止阀、过滤器、压力表、水表、排气阀、施肥器。

4.1.3 输水管道

包括主管与支管。主管采用地上软管或地埋硬管。地上软管为 PE 软管，地埋硬管为 PVC 或 U-PVC 管材，埋在最大冻土层以下；支管为 PE 软管，最大铺设长度 50～70 米。

4.1.4 微喷带

采用 N65 五孔或七孔微喷带，微喷带质量需符合 NY/T 1361 规定。微喷带铺设长度 40～60 米，间距 1.8～2.4 米，铺设时应确保微喷孔朝正上方。

4.1.5 文丘里施肥器

总文丘里施肥器安装在主管上，实现全地块施肥；分文丘里施肥器安装在支管上控制部分区域施肥；在支管和微喷带间安装文丘里施肥器控制单条施肥。

4.1.6 安装

灌溉设施安装如图 1 所示，并符合 GB/T 50363、NY/T 2624—2014 和 SL236 规定。

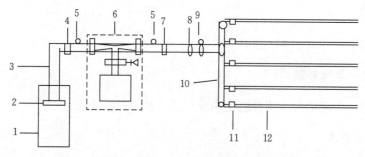

图 1 微喷水肥一体化系统构成

1. 机井 2. 潜水泵 3. 主管道 4. 逆止阀 5. 压力表 6. 文丘里施肥器 7. 阀门 8. 水表 9. 排气阀 10. 支管道 11. 阀门 12. 微喷带

4.2 施肥准备

4.2.1 肥料选择

选择常温下溶解度高、养分含量高、杂质含量低、溶解迅速，固体产品中水不溶物≤5.0%或液体产品中水不溶物≤50 克/升，不宜沉淀的肥料。所用肥料符合 NY/T 2624—2014 规定。

4.2.2 施肥量计算

根据每亩的施肥量计算一个微喷单元的施肥量。如计划每亩施相当于纯氮 10 千克的化肥，则 1 个微喷单元施肥量为：10 千克×1 000 米²/亩＝15.0 千克纯氮。

4.2.3　肥料溶解

先向施肥罐内注水，加水量为施肥量的3～4倍，然后将称好的肥料倒入施肥罐内，搅拌溶解。

4.3　灌溉准备

4.3.1　微喷单元控制面积计算

待微喷灌设备调整到最佳状态时，根据微喷带开启条数、每条微喷带长计算出一个微喷单元控制的面积。微喷单元控制的面积（米^2）＝开启的微喷带条数×每条微喷带长度(米)×微喷带间距（米）。

4.3.2　灌水时长计算

根据出水量、灌水定额和一个微喷单元控制面积确定浇水时长。如每亩灌溉水量30米^3，水泵每小时出水量45米^3，一个微喷单元控制面积1 000米^2，灌溉时长＝30÷45×60×1 000÷666.7＝60分钟。

4.4　操作要点

4.4.1　预备工作

按照先主管、再支管、后微喷带的顺序检查阀门开关状态，灌溉时应开启主管、相应支管和微喷灌地块阀门，其他地块阀门全部关闭。应根据水泵的出水量和压力情况估算1个灌溉单元的微喷带条数。为避免压力过大，可多开1～3条。

4.4.2　冲洗管道

管道使用一段时间应打开所有管道末端，开启潜水泵，进行管道冲洗。冲洗过程中应巡查，发现并及时处理，待系统正常运行后，封堵管道末端，开始灌溉。

4.4.3　灌溉

按照4.4.1开启微喷带阀门，待水压稳定后，根据喷水高度和宽度，调整喷灌带开启条数，使单侧水雾辐射达微喷带间距的1/2左右，并均匀喷水，不重喷或漏喷。

4.4.4　施肥

先稳定微喷灌5分钟以上的清水，然后开启文丘里施肥器控制开关，调整施肥器主管道上的阀门，控制施肥速度，施肥时间控制在15分钟左右。施肥结束后，关闭施肥器，再稳定微喷灌清水5分钟以上，避免管道内残留肥料。

4.4.5　轮换微喷灌单元

上一个喷灌单元灌溉即将结束时，先开启下一个微喷灌单元的微喷带阀门，然后再关闭正在灌溉单元的微喷带阀门。

4.4.6　关闭灌溉设备

全地块微喷灌结束后，先关闭加压泵，再关闭潜水泵。最后一个微喷灌单元的阀门保持开启状态，以备下次微喷灌直接开启系统灌溉。

5　小麦季

5.1　选地

选择地势平坦、坡度在3°左右有灌溉条件的地块。

5.2 施用底肥

按照 NY/T 496 标准要求，整地前每亩施用腐熟有机肥 2 000～3 000 千克或精制（商品）有机肥 200～300 千克，配施相当于纯氮（N）5～6 千克、纯磷（P_2O_5）7～8 千克、纯钾（K_2O）4～5 千克的化肥。

5.3 灌越冬水

小麦 3 叶期后至冬前昼消夜冻时采用漫灌的方式灌越冬水，每亩灌水量 50 米^3。

5.4 铺设微喷带

小麦返青期后，铺设微喷带，铺设要求见 4.1.4。

5.5 拔节期一体化

小麦拔节期每亩灌水量 40 米^3，用文丘里施肥器施用相当于纯氮（N）2～4 千克的化肥。水肥一体化操作见 4.4。

5.6 灌浆初期一体化

小麦灌浆初期每亩灌水量 30 米^3，用文丘里施肥器施用相当于纯氮（N）2～3 千克的化肥。水肥一体化操作见 4.4。

5.7 微喷带收取

小麦灌浆期，解开微喷带末端，及微喷带与支管连接处，将所有微喷带收回。

6 玉米季

6.1 微喷带铺设

玉米播种后，铺设微喷带，铺设要求见 4.1.4。

6.2 种肥一体化

玉米播种后每亩灌水量 30 米^3，用文丘里施肥器施用相当于纯氮（N）2～3 千克的化肥、纯磷（P_2O_5）2～3 千克的化肥。水肥一体化操作见 4.4。

6.3 大喇叭口期一体化

玉米大喇叭口期每亩灌水量 30 米^3，用文丘里施肥器施用相当于纯氮（N）6～8 千克、纯磷（P_2O_5）2～3 千克的化肥。水肥一体化操作见 4.4。

6.4 花粒期一体化

玉米籽粒形成期至蜡熟期，当 0～30 厘米土壤相对含水量小于 60％时，每亩灌水量 30 米^3，用文丘里施肥器施用相当于纯氮（N）1～2 千克的化肥。水肥一体化操作见 4.4。

6.5　微喷带收取

玉米灌浆期，解开微喷带末端及微喷带与支管连接处，将所有微喷带收回。

起草人：裴雪霞　党建友　张晶　李银坤　吴会军　武雪萍　张建诚　杨峰　闫翠萍
　　　　　　　　王秀斌　王姣爱　董飞　程麦凤　曹勇

起草单位：山西省农业科学院小麦研究所、中国农业科学院农业资源与农业区划研究所、
　　　　　　北京农业信息技术研究中心

山西水地小麦施肥技术

1 范围

本文件规定了水地小麦施肥技术的范围、规范性引用文件、术语和定义、施肥原则、施肥、田间管理、病虫草害防治和生产档案。

本文件适用于山西省南部有灌溉条件的小麦-玉米一年两熟制冬小麦种植区。

2 规范性引用文件

下列文件对于本文件的应用是必不可少的。凡是注日期的引用文件，仅所注日期的版本适用于本文件。凡是不注日期的引用文件，其最新版本（包括所有的修改单）适用于本文件。

GB 5084—2005　农田灌溉水质量标准

GB/T 8321.1—2000（所有部分）　农药合理使用准则

NY/T 496—2010　肥料合理使用准则

NY/T 851—2004　小麦产地环境技术条件

NY/T 1276—2007　农药安全使用规范　总则

3 术语和定义

下列术语和定义适用于本文件。

3.1 目标产量

根据土壤肥力和前3年平均产量，确定的计划达到的作物产量是指导施肥和确定施肥量的依据。

3.2 最佳经济施肥量

一定产量水平下，获得最佳经济效益的施肥量。

3.3 平衡施肥

根据土壤肥力水平和供肥特性、作物需肥规律和产量、肥料效应确定施肥种类和施肥量。

4 施肥原则

4.1 有机肥和化肥合理配施。

4.2 根据目标产量和平衡施肥原理，合理确定氮、磷、钾及微量元素施用量，以及基肥和追肥比例。

4.3 兼顾稳产高产与减施增效，减施按照少量减氮或稳氮、适量减磷、大量减钾，增加微量元素。

5 施肥

5.1 确定施肥量依据

5.1.1 目标产量

目前山西省南部水地的目标产量每亩为 400～550 千克。$Y_{目标}=[(Y_1+Y_2+Y_3)/3]\times$ 1.03，其中 $Y_{目标}$ 为小麦的目标产量，Y_1、Y_2 和 Y_3 为前 3 年小麦的实际收获产量。

5.1.2 耕层肥力

水地麦田耕层土壤肥力中上等。其中，耕层土壤厚度 15 厘米以上，土壤容重 1.25～1.36 克/厘米^3，有机质含量 12.0 克/千克以上、碱解氮 30 毫克/千克、有效磷 10 毫克/千克、速效钾 100 毫克/千克以上。土壤环境条件符合 NY/T 851 规定。

5.2 施肥量确定

肥料选择、使用符合 NY/T 496 规定。

5.2.1 化肥推荐施用量

根据目标产量按照表 1 推荐量施氮、磷、钾化肥。

表 1 目标产量氮、磷、钾肥推荐施用量

耕层肥力水平	目标产量（千克/亩）	耕层速效养分含量（毫克/千克）			施肥量（千克/亩）			
		碱解氮	有效磷	速效钾	基施纯 N	追施纯 N	P_2O_5	K_2O
高肥力	≥550	≥60	≥30	≥180	12～13	3～4	6～7	2～3
较高肥力	450～550	40～60	20～30	140～180	11～12	2～3	5.5～6	1～2
中肥力	400～450	30～40	10～20	100～140	10～11	1～2	5～5.5	0～1

5.2.2 有机无机配施化肥施用量

每亩施用有机肥 1 000 千克（干基），见表 2。

表 2 目标产量有机无机配施氮、磷、钾肥推荐施用量

耕层肥力水平	目标产量（千克/亩）	耕层速效养分含量（毫克/千克）			施肥量（千克/亩）			
		碱解氮	有效磷	速效钾	基施纯 N	追施纯 N	P_2O_5	K_2O
高肥力	≥550	≥60	≥30	≥180	10～11	2～3	5.5～6	1.5～2
较高肥力	450～550	40～60	20～30	140～180	9～10	2	5～5.5	1～1.5
中肥力	400～450	30～40	10～20	100～140	8～9	1～2	4～5	0～1

5.2.3 微量元素施用量

每亩施用含锰、锌、铁、钼等微量元素的多元微肥 1～2 千克。

5.3 肥料种类

5.3.1 氮肥

普通尿素、大颗粒尿素、包衣尿素、锌腐酸尿素。

5.3.2 磷肥

磷酸二铵、磷酸一铵、锌腐酸二铵。

5.3.3 钾肥

颗粒硫酸钾、氯化钾。

5.3.4 复合肥或掺混肥

选用 N-P_2O_5-K_2O 养分配比 24~28∶12~14∶4~6 的高氮中磷低钾型复合肥、复混肥或掺混肥，含 25%~33% 缓释氮和 2% 多元微肥的复合肥、复混肥或掺混肥。

5.4 施用方式

5.4.1 有机肥采用播前均匀撒施。

5.4.2 基施化肥采用播前均匀撒施，或播种时机械条施，机械条施应选用大颗粒化肥。

5.4.3 追施化肥采用浇水前均匀撒施。

6 田间管理

6.1 播种

6.1.1 播前整地

玉米收获后立即进行秸秆粉碎还田，粉碎秸秆长度≤5 厘米，旋耕 15 厘米以上。连续旋耕整地地块，应在夏玉米收获秸秆粉碎后每隔 2~3 年深松 1 次，深松深度 25~30 厘米，然后旋耕整地。

6.1.2 播种

选用经国家或山西省品种委员会审定，适宜当地生产条件的综合抗性好、高产稳产的优良品种；于 10 月 5~10 日播种，北部早播，南部晚播；每亩播量 10~12.5 千克。种子质量符合 GB 4404.1 规定。

6.2 生育期肥水管理

6.2.1 冬前浇水

小麦三叶期后至昼消夜冻前浇水。播种整地质量差的地块早浇，质量好的地块晚浇，浇过蒙头水的地块可不浇水。灌溉水符合 GB 5084 规定。

6.2.2 春季肥水管理

春季按照苗情和墒情分类管理。

6.2.2.1 壮苗田

3 月 25 日至 4 月 5 日前浇拔节水，浇水前追施剩余氮肥。灌溉水符合 GB 5084 规定。

6.2.2.2 弱苗田块

起身期土壤墒情差或群体偏小的地块，春季浇水提前到起身期到拔节初期，并追施剩余氮肥，拔节后期至孕穗期根据苗情和墒情浇水。灌溉水符合 GB 5084 规定。

6.2.2.3 旺苗田块

返青至起身期镇压或耙糖，清明节前后浇拔节水，并追施剩余氮肥。灌溉水符合 GB 5084 规定。

6.3 收获

小麦蜡熟末期、籽粒含水量低于 20% 时，及时机械收获晾晒，确保颗粒归仓。

7　病虫草害防治

7.1　病虫害防治

7.1.1　播前
7.1.1.1　拌种

播前选用高效低毒低残留的苯醚甲环唑·咯菌腈·噻虫嗪复配剂，或吡虫啉·戊唑醇复配剂等二元或三元复配剂拌种。农药使用应符合 GB 4285 和 NY/T 1276 的规定。

7.1.1.2　土壤处理

用 40％辛硫磷乳油 250 毫升，兑水 1～2 升，拌细沙土 25 千克制成毒土，旋耕整地前均匀撒施地表面，随旋耕翻入土中。全蚀病重发区，播种前每亩用 20％三唑酮乳油或 25％丙环唑乳油按照种子量 0.2％～0.3％拌种，土壤处理药剂按照 GB/T 8321（所有部分）的规定执行。

7.1.2　生育期
7.1.2.1　生态防控

选用抗病虫品种、适期适量播种、浇好越冬水等培育壮苗，增强小麦对病虫害的抵御能力；未达到防治指标前发挥天敌等作用防控病虫害。

7.1.2.2　物理防控

春季田间设置诱虫黄板等诱杀麦蚜等麦田害虫；麦圆蜘蛛可通过浇水或降雨防控。

7.1.2.3　化学防控

准确监测麦田主要病虫害白粉病、锈病、赤霉病、蚜虫、麦圆蜘蛛和吸浆虫的发生，达防治指标后应及时采用化学防治，农药选择和使用按照 GB/T 8321（所有部分）和 NY/T 1276 的规定执行。

7.1.2.3.1　防治指标及药剂选择（表3）

表3　病虫害防治指标及药剂

病虫害种类	防治指标	药剂种类	药剂用量（亩）	水用量（千克/亩）	备注
锈病	病叶率 5％	15％三唑酮可湿性粉剂 12.5％烯唑醇可湿性粉剂	80～100 克 20～30 克	30～45	兼治白粉病
白粉病	病叶率 10％	15％三唑酮可湿性粉剂 12.5％烯唑醇可湿性粉剂	80～100 克 20～30 克	30～45	
赤霉病		25％多菌灵 25％咪鲜胺乳油	200 克 50～75 毫升	30～45	开花期遇持续 2 天以上阴雨天，且气温高于 15 ℃
蚜虫	≥500 头	20％甲氰·氧乐果乳油 25 克/升高效氯氟氰菊酯乳油 0.2％苦参碱水剂 10％吡虫啉可湿粉 3％啶虫脒乳油	50～75 毫升 12～20 毫升 150 克 40～70 克 40～50 毫升	30～45	

(续)

病虫害种类	防治指标	药剂种类	药剂用量（亩）	水用量（千克/亩）	备注
红蜘蛛	6 头/株，或 600 头/米行长	4%联苯菊酯微乳剂	30~50 克	30~45	
		20%哒螨灵乳油	20~40 毫升		
		1.8%阿维菌素乳油	10~20 毫升		
吸浆虫	≥4 头虫蛹/小样方，或 20 头成虫/10 复网	40%辛硫磷乳油	200~250 毫升	毒土 30~35	抽穗至开花前
		80%敌敌畏乳油			
		4.5%氯氰菊酯乳油	40 毫升		
		2.5%氟氯氰菊酯乳油	25 毫升		
		0.3%苦参碱乳油	80 毫升	40	开花期

7.1.2.3.2 施药方式

采用电动喷雾器或高杆喷雾，或无人机飞防。采用无人机施药，应添加相应助剂。

7.2 草害防控

7.2.1 物理防除

7.2.1.1 锄划

冬前锄划或拔除，清除麦田杂草。锄划应锄细，彻底清除麦行杂草，麦苗中间可在锄划时拔除。

7.2.1.2 人工拔除

春季尤其是小麦拔节后，不能采用化学除草，可人工拔除麦田杂草；若杂草已经结籽，应将拔除的杂草带出麦田彻底掩埋。

7.2.2 化学除草

根据麦田杂草种类，选择除草剂适期化学除草。大力推广冬前化学除草。

7.2.2.1 化除时间

冬前小麦 3 叶期以后，当田间阔叶杂草每平方米达 5~10 株时，或禾本科杂草每平方米达 3~5 株时，应在日均气温 5 ℃以上的无风晴天进行化学除草；或在春季小麦返青后至 3 月 20 日前，日均气温稳定在 8 ℃以上的无风晴天进行化学除草。

7.2.2.2 除草剂选择

麦田阔叶杂草荠菜、播娘蒿、麦家公、猪殃殃等可用 10%苯磺隆可湿性粉剂，或 75%巨星干悬浮剂，或 20%的 2 甲 4 氯水剂防除；禾本科杂草野燕麦、看麦娘用 6.9%精噁唑禾草灵水乳剂防除，节节麦选用 3%甲基二磺隆可分散油悬剂防除。阔叶与禾本科杂草混生田块，可分次防除或用复配剂防除。农药选择和使用按照 GB/T 8321（所有部分）和 NY/T 1276 的规定执行。

7.2.2.3 注意事项

化除施药期间遇大风或大幅降温应立刻停止施药。施药量应严格按照说明书推荐量用药，严禁增加用药量，除草剂切忌重喷。

8 生产档案

详细记录土壤肥力、施肥情况、品种、播种情况、田间管理、病虫草害防治和收获等环节的主要技术措施和用量等，并建立生产档案。档案记录保存两年以上。

起草人：党建友　裴雪霞　董娟兰　张晶　张定一　王娇爱　程麦凤　闫翠萍

武雪萍　王秀斌

起草单位：山西省农业科学院小麦研究所、临汾市农业技术推广站、

中国农业科学院农业资源与农业区划研究所

山西水地冬小麦因蘖追肥绿色生产技术

1 范围

本文件规定了山西水地冬小麦因蘖追肥绿色生产技术的术语和定义、播前准备、播种、田间管理、肥料施用、病虫草害防治、收获和生产档案。

本文件适用于山西水地冬小麦生产。

2 规范性引用文件

下列文件对于本文件的应用是必不可少的。凡是注日期的引用文件，仅所注日期的版本适用于本文件。凡是不注日期的引用文件，其最新版本（包括所有的修改单）适用于本文件。

GB/T 8321.10—2018 农药合理使用准则

GB 4404.1—2008 粮食作物种子 第1部分：禾谷类

NY/T 1276—2007 农药安全使用规范 总则

NY/T 496 肥料合理使用准则 通则

NY/T 2798.2—2015 无公害农产品生产质量安全控制技术规范 第2部分 大田作物产品

DB14/T 1088—2015 冬春麦混播区水地冬小麦高产栽培技术规程

DB14/T 903—2014 中部麦区水地冬小麦高产栽培技术规程

3 术语和定义

下列术语和定义适用于本文件。

3.1 山西省南部冬麦区水地小麦

指运城市、临汾市、晋城市和长治市部分县（区）小麦种植区域，具有灌溉条件，小麦生产中可根据小麦生长发育需求进行灌溉的麦田。

3.2 因蘖追肥

因蘖追肥是指在冬小麦拔节前、中、后期根据不同分蘖消亡数追施一定量肥料的技术手段。山西中部地区，分别于4月上旬、中旬、下旬追施尿素8千克/亩；山西南部地区，分别于3月下旬、4月上旬和中旬追施尿素6千克/亩。

4 播前准备

4.1 整地

播前旋耕播种麦田两遍，旋耕深度12～15厘米，耕后耙实；深耕或深松，深耕深度≥25厘米，深松深度≥30厘米，耕后耙耱2～3遍。

4.2　施用底肥

结合整地，每亩施有机肥 200～300 千克、纯氮（N）8～10 千克、纯磷（P_2O_5）6～8 千克、纯钾（K_2O）3～5 千克，所选肥料应符合 NY/T 496 的规定。

4.3　品种选择

用通过国家或山西省审定且适宜当地种植的冬小麦品种。种子质量应符合 GB 4404.1 的规定。

4.4　秸秆还田

前茬作物收获后，用秸秆还田机械粉碎秸秆，抛撒地面，结合深翻或深耕等措施，直接还田，秸秆长度小于 5 厘米。

4.5　种子处理

选择市售合格的包衣种子或药剂拌种。药剂拌种按照 GB/T 8321（所有部分）的规定执行。

5　播种

5.1　播种期

9 月 25 日至 10 月 5 日。

5.2　播种量

适播期内，每亩播种量为 15～20 千克。适播期后，每推迟一天每亩增加播量 0.5 千克。

5.3　播种方式

机械条播，行距 15～20 厘米。

5.4　播种深度

4～6 厘米。

5.5　镇压

随播镇压或播后镇压。

6　田间管理

6.1　冬前管理

6.1.1　查苗补种

播种后 7～10 天查苗，发现垄内 10～15 厘米无苗，应及时用同一品种的种子浸种催芽后补种，适当增加用种量。

6.1.2 破除板结

小麦播种后遇雨或浇蒙头水发生板结，墒情适宜时耧划破土。

6.1.3 秋季化学除草

小麦3~5叶期，杂草2~4叶期根据GB/T 8321的要求，选用合适的除草剂化学除草。

6.1.4 秋苗期病虫防治

秋苗期重点查治地下害虫。选用农药符合GB/T 8321（所有部分）的要求。

6.1.5 浇越冬水

昼消夜冻时，浇越冬水。每亩浇水量为40~50米^3，灌溉水质量应符合NY/T 2798.2的要求。

6.2 春季管理

6.2.1 耙耱镇压

早春顶凌耙耱，返青起身期划锄镇压。弱苗田轻耙耱浅划锄，旺苗田深中耕重镇压。

6.2.2 肥水管理

拔节期结合浇水每亩追施纯氮（N）3~5千克，浇水量为50~60米^3，选用化肥和灌溉水应符合NY/T 496和NY/T2798.2的要求。

6.2.3 化学控旺

返青期每亩总茎蘖数达100万以上的旺苗田，在起身期前每亩选用15%多效唑可湿性粉剂34~40克，兑水30~40升叶面喷施。

6.2.4 杂草去除

返青至拔节期前杂草严重的麦田，及时中耕除草或化学除草，拔节后人工拔除杂草。选用除草剂符合GB/T 8321（所有部分）的要求。

6.2.5 春季病虫害防治

根据GB/T8321（所有部分）的规定，进行麦蜘蛛、麦蚜、白粉病、锈病等病虫害的监测防治。

6.2.6 预防春季冷害或冻害

根据天气预报，寒潮来临之前及时浇水。发生冷害或冻害的麦田采取叶面喷施微肥、植物生长调节剂等补救方法。选用微肥、植物生长调节剂应符合NY/T 496、GB/T 8321（所有部分）的规定。

6.3 后期管理

6.3.1 防旱浇水

孕穗至灌浆中期，当土壤含水量低于60%时，及时浇孕穗水、灌浆水，每亩浇水量40米^3，灌溉水质量应符合NY/T 851的要求。

6.3.2 后期病虫防治

孕穗至开花期，以防治麦蚜为主，兼治白粉病、锈病等；灌浆期以防治穗蚜、白粉病、锈病为重点。采取叶面喷施微肥、杀虫剂、杀菌剂、植物生长调节剂等混合液，实现"一喷三防"，防病虫、防早衰、防干热风。选用农药符合GB/T 8321（所有部分）的要求。

6.3.3　叶面喷肥

开花至灌浆中期，每亩用尿素 100～130 克和磷酸二氢钾 10～13 克，兑水 35～45 升，叶面喷施 2～3 次。

7　病虫草害防治

7.1　防治原则

预防为主，综合防治。农药选用应符合 GB/T 8321（所有部分）的规定，农药施用应符合 NY/T 1276 的规定。

7.2　化学防治

7.2.1　虫害

7.2.1.1　地下害虫

7.2.1.1.1　土壤处理

每亩用 40% 辛硫磷乳油 250 毫升，兑水 1～2 升，拌细沙土 25 千克制成毒土，或用 3% 辛硫磷颗粒剂 2.5～3 千克，均匀撒施地面，随耕地翻入土中。

7.2.1.1.2　拌种

选用 40% 辛硫磷乳油按种子量的 0.2% 拌种。

7.2.1.1.3　苗期防治

当麦田因地下害虫死苗率达到 3% 时，每亩用 40% 辛硫磷乳油或 40% 甲基异柳磷乳油 200～250 毫升，加水 2.5 升，拌沙土 30～35 千克，拌匀，制成毒土，结合浇水，顺麦垄撒施防治。

7.2.1.2　蚜虫

7.2.1.2.1　药剂拌种

播种期采用 600 克/升吡虫啉悬浮种衣剂 30 毫升，加水 400～500 毫升，拌麦种 15～20 千克，预防蚜虫危害。

7.2.1.2.2　喷雾防治

孕穗期至灌浆期百株蚜量达到 500 头或益害比 1∶150 以上时，每亩选用 5% 氰戊菊酯乳油 20～30 毫升，或 25 克/升高效氯氟氰菊酯乳油 20～30 毫升，喷雾防治。

7.2.1.3　麦蜘蛛

当单垄 33 厘米长有麦蜘蛛 200 头以上时，每亩用 4% 联苯菊酯微乳剂 30～50 克喷雾防治。

7.2.1.4　黏虫

当虫口密度达 20 头/米^2 以上时，选用 25% 灭幼脲悬浮剂 2 000 倍液，或 2.5% 高效氯氟氰菊酯乳油 2 000 倍液，每亩兑水 30～45 升均匀喷雾。

7.2.2　病害

7.2.2.1　药剂拌种

播种期预防腥黑穗病、白粉病、锈病、纹枯病等多种病害，可选用 25 克/升咯菌腈悬浮种衣剂，每 10 毫升加水 0.5～1 升，拌麦种 10 千克；或选用 2％戊唑醇湿拌种剂，按种子重量 0.2％～0.3％拌种；或 30 克/升苯醚甲环唑悬浮种衣剂，按种子重量的 0.2％～0.3％拌种；或 15％多·福种衣剂 1∶60～80（药种比）拌种。

7.2.2.2 生育期防治

白粉病、锈病、纹枯病、根腐病发病初期，每亩用 25％三唑酮可湿性粉剂 30～40 克；或 12.5％烯唑醇可湿性粉剂 32～48 克；或 25％丙环唑乳油 33～35 毫升；或 40％腈菌唑可湿性粉剂 10～15 克，兑水 30～45 升喷雾防治。

7.2.3 草害

小麦冬前 3～5 叶期或春季起身拔节前，选择气温 8 ℃以上晴天中午进行化学除草。以阔叶杂草为优势种的麦田，每亩用 10％苯磺隆可湿性粉剂 9～15 克，或 720 克/升 2,4-滴二甲胺盐水剂 50～70 毫升，或 200 克/升氯氟吡氧乙酸乳油 50～66.5 毫升，兑水 20～30 升，喷雾防治；以禾本科杂草为优势种的麦田，每亩用 30 克/升甲基二磺隆油悬浮剂 20～30 毫升，喷雾防治；禾本科杂草和阔叶杂草混生麦田，每亩用 3.6％甲基碘磺隆钠盐·甲基二磺隆可分散粒剂 15～25 克，兑水 20～30 升，喷雾防治。

8 收获

完熟期机械收割，留茬 15～20 厘米。

9 生产档案

应详细记录休闲期耕作、播前准备、播种、田间管理、病虫草害防治和收获等环节采取的主要具体措施，并建立生产档案，保留 2 年。

起草人：孙敏　高志强　任爱霞　薛建福　林文　丁鹏程　杨珍平　王月超　李廷亮
侯非凡　陈杰　余少波
起草单位：山西农业大学

山西水地小麦宽幅条播因蘖监控施肥栽培技术

1 范围

本文件规定了水地小麦宽幅条播因蘖监控施肥栽培技术规程的术语和定义、播前准备、播种、田间管理、病虫草害防治及收获和生产档案。

本文件适用于山西省中南部水地冬小麦生产。

2 规范性引用文件

下列文件对于本文件的应用是必不可少的。凡是注日期的引用文件，仅所注日期的版本适用于本文件。凡是不注日期的引用文件，其最新版本（包括所有的修改单）适用于本文件。

NY/T 1276—2007 农药安全使用规范 总则

GB 4404.1—2008 粮食作物种子 第 1 部分：禾谷类

GB/T 8321—2000 农药合理使用准则（所有部分）

GB/T 15671—2009 农作物薄膜包衣种子技术条件

NY/T 496—2002 肥料合理使用准则通则

NY/T 851—2004 小麦产地环境技术条件

NY/T 391—2013 绿色食品 产地环境质量

NY/T 393—2000 绿色食品 农药使用准则

NY/T 394—2000 绿色食品 肥料使用准则

HJ 643—2013 固体废物 挥发性有机物的测定

DB 14/ T 902—2014 旱地冬小麦蓄水保墒耕作栽培技术规程

DB 14/T 1088—2015 冬春麦混播区水地冬小麦高产栽培技术规程

DB62/T 2771—2017 机械化小麦宽幅条播作业技术规范

DB 1410/T106—2019 冬小麦农药减施增效技术规程

3 术语和定义

下列术语和定义适用于本文件。

3.1 水地小麦

指生产中，具有灌溉条件，可以根据小麦生长发育需求及时进行灌溉的小麦。

3.2 宽幅条播

选用宽幅条播播种机（2BMF－12/6 型多功能免耕施肥播种机），一次完成深松、旋耕、施肥、播种等作业，行距 22～25 厘米，苗带宽 5～8 厘米。

3.3 因蘖监控施肥

因蘖监控施肥是指在冬小麦拔节末期，即无效分蘖分化消亡时进行水肥管理，结合目标产量的养分需求量、土壤养分丰缺情况来调控化肥准确用量，高效利用水分和养分，提高肥料利用率的技术手段。

3.4 顶凌期

早春表层土壤解冻 4～5 厘米的时期。

4 播前准备

4.1 产地要求

选择地势平坦，耕作层 25 厘米以上，土壤容重 1.1～1.3 克/厘米^3，0～20 厘米土壤有机质含量 12 克/千克、速效氮（N）40 毫克/千克、有效磷（P_2O_5）15 毫克/千克、速效钾（K_2O）100 毫克/千克以上，产地环境质量应符合 NY/T 391—2013 的规定。

4.2 品种选择

选用通过国家或山西省审定且适宜当地种植的水地冬小麦品种。种子质量应符合 GB 4404.1 的规定。

4.3 种子处理

选择对靶标活性强的农药进行种子包衣或拌种。种子包衣按照 GB 15671 的规定执行，药剂拌种按照 GB/T 8321（所有部分）和 DB 1410 的规定执行。

4.4 播前造墒

前茬作物收获前 10 天左右，0～10 厘米耕层土壤相对含水量不足 70％时，浇串茬水；播种前，耕层土壤相对含水量不足 70％时，浇底墒水。

4.5 播前土壤养分测定

4.5.1 土壤样品采集与制备方法
按 NY/T2911—2016 的规定执行。

4.5.2 土壤样品测试
土壤硝态氮，按 HJ 643 的规定执行；
土壤有效磷，按 LY/T 1233 的规定执行；
土壤速效钾，按 NY/T 889 的规定执行。

4.6 整地

播前旋耕麦田，旋耕深度 12～15 厘米。

4.7　监控施肥

施氮量（N，千克/亩）＝作物目标产量需氮量＋播前 1 米土壤硝态氮安全阈值－
　　　　播前 1 米土壤硝态氮残留量　　　　　　　　　　　　（1）
施磷量（P_2O_5，千克/亩）＝作物目标产量需磷量×施磷系数（Pi）　　（2）
施钾量（K_2O，千克/亩）＝作物目标产量需钾量×施钾系数（Ki）　　（3）

其中，目标产量需氮量＝目标产量（千克/亩）×28÷1 000，28 为每吨籽粒需氮量。目标产量为常年产量乘以系数 1.10。目标产量需磷量及需钾量的计算公式与氮相似，且 11 和27 分别为每吨小麦籽粒的需磷量和需钾量，施钾系数（Ki）和施磷系数（Pi）如表 1 所示，式（1）、式（2）和式（3）的单位为千克/亩。土壤硝态氮安全阈值指 1 米土层的硝态氮安全残留量，在小麦收获时为纯 N3.7 千克/亩，播种时为 7.3 千克/亩。磷、钾肥全部基施，氮肥按照基追比 6∶4 进行施肥。

表 1　土壤有效磷、钾供应指标及其优化施肥系数

评价指标	有效磷（毫克/千克）	施磷系数（Pi）	速效钾（毫克/千克）	施钾系数（Ki）
极低	<5	2	<50	1
偏低	5～10	1.5	50～90	0.5
适中	10～15	1	90～120	0.3
偏高	15～20	0.5	120～150	0.1
极高	>20	0.3	>150	0.0

所选肥料及施用按照 NY/T 496 的规定执行。

4.8　播种机选择

选用通过国家或省级农机部门鉴定的满足宽幅条播作业且具有推广许可证的机具。

5　播种

5.1　播种期

水地小麦中部晚熟冬麦区适宜播期为 9 月 25 日至 10 月 3 日，南部中熟冬麦区适宜播期为 10 月 1～8 日。

5.2　播种量

水地小麦适宜播期内，中部晚熟冬麦区南部中熟冬麦区每亩播种量为 13～15 千克。南部中熟冬麦区每亩播种量为 8～12 千克。适播期后每推迟 1 天，每亩播量增加 0.5 千克。

5.3　播种深度

3～5 厘米。

5.4 播种要求

采用宽幅条播机，需要≥150马力*牵引，且播种机不能行走太快，以每小时5千米为宜，以保证下种均匀、深浅一致、行距一致、不漏播、不重播，实现一播全苗，苗匀、苗旺。

6 田间管理

6.1 冬前管理

6.1.1 查苗补种

齐苗后垄内10～15厘米无苗，应及时用同一品种催芽补种。分蘖期查苗补苗，可就地疏苗移栽。

6.1.2 破除板结

小麦播种后遇雨可能发生板结，墒情适宜时耧划破土。

6.1.3 秋季化学除草

小麦3～5叶期、杂草2～4叶期化学除草，选择白天气温高于10℃、最低气温4℃以上的无风晴天进行化学防治，遇大风或大幅降温停止喷药。

6.1.4 秋苗期病虫防治

秋苗期重点查治地下害虫、麦蜘蛛、麦蚜、灰飞虱、白粉病、锈病，同时预防纹枯病、根腐病等病害侵染。

6.1.5 中耕镇压

越冬前中耕镇压，弥合裂缝，提温保墒。

6.1.6 浇越冬水

水地小麦昼消夜冻时，浇越冬水，每亩浇水量为40～50米^3。

6.2 春季管理

6.2.1 耙耱镇压

露地田早春顶凌期耙耱，返青起身期划锄镇压。弱苗田轻耙耱浅划锄，旺苗田深中耕重镇压。

6.2.2 因蘖施肥

在小麦春季分蘖消亡时，进行水肥促进。山西中部地区春季分蘖消亡时（4月中下旬），山西南部地区春季分蘖消亡时（4月上中旬）追施尿素，追施量为监控施肥总氮量40%。拔节期施肥配合浇水，每亩浇水量为50～60米^3。

6.2.3 化学控旺

返青期每亩总茎蘖数达100万以上的旺苗田，在起身期前每亩选用15%多效唑可湿性粉剂34～40克，兑水30～40千克叶面喷施。

---

* 马力为非法定计量单位，1马力≈0.735千瓦。——编者注

6.2.4　杂草防除

在返青起身期，杂草严重的麦田，应及时进行中耕除草或化学除草，拔节后人工拔除杂草。选用除草剂符合 NY/T 393—2000 和 DB 1410 的要求。

6.2.5　春季病虫害防治

返青至拔节期以防治地下害虫、麦蜘蛛、麦蚜为主，兼治白粉病、锈病；孕穗至抽穗开花期的防治重点是穗蚜、白粉病、锈病等。

6.2.6　预防春季冻害

南部麦区 4 月上中旬、中部麦区 4 月中下旬，根据天气预报，晚霜来临之前，提前叶面喷施微肥、植物生长调节剂等。选用微肥、植物生长调节剂应符合 NY/T 496、GB/T 8321、DB 1410 和 NY/T 393—2000 的规定。

6.3　后期管理

6.3.1　防旱浇水

水地小麦孕穗至灌浆中期，当土壤相对含水量低于 60％时，及时浇孕穗水、灌浆水，每亩浇水量 40 米^3。

6.3.2　叶面喷肥

抽穗至灌浆中期，每亩用尿素 100～130 克和磷酸二氢钾 50 克，兑水 30～45 千克，叶面喷施 2～3 次。

6.3.3　后期病虫防治

孕穗至开花期，以防治麦蚜为主，兼治白粉病、锈病等；灌浆期以防治穗蚜、白粉病、锈病为重点。采取叶面喷施微肥、杀虫剂、杀菌剂、植物生长调节剂等混合液，实现"一喷三防"，防病虫、防早衰、防干热风。

7　病虫草害防治

7.1　防治原则

预防为主，综合防治。

7.2　化学防治

7.2.1　虫害

7.2.1.1　地下害虫

7.2.1.1.1　土壤处理

每亩用 40％辛硫磷乳油 250 毫升，加水 1～2 升，拌细沙土 25 千克制成毒土，或用 3％辛硫磷颗粒剂 1.5～2 千克，拌细沙土 15～20 千克，均匀撒施地面，随耕地翻入土中。

7.2.1.1.2　拌种

选用 40％辛硫磷乳油按种子量的 0.2％拌种。选用防病杀虫增产的高效复合种衣剂包衣，如 32％戊唑·吡虫啉悬浮种衣剂或 27％苯醚·咯·噻虫悬浮种衣剂，按药种比 1∶300 包衣，可有效预防小麦纹枯病、小麦全蚀病、小麦黑穗病、小麦根腐病等病害，减轻苗期蚜虫为害。

7.2.1.1.3 苗期防治

当麦田因地下害虫死苗率达到3%时，每亩用40%辛硫磷乳油200～250毫升，加水2.5升，拌沙土30～35千克，拌匀，制成毒土，顺麦垄撒施防治。麦叶螨发生初期11月上中旬，当33厘米行长有麦叶螨200头以上时，每亩选用20%唑螨酯悬浮剂7～10毫升或1.8%阿维菌素乳油40～60毫升或10%阿维·哒螨灵60～80毫升，兑水30～45升，使用自走式高杆喷雾机均匀喷雾；田间同时发生麦蚜等其他虫害，每亩使用10%阿维·吡虫啉悬浮剂10～15毫升，兑水40升，使用自走式高杆喷雾机均匀喷雾。

7.2.1.2 麦蜘蛛

苗期，当33厘米行长有麦蜘蛛200头以上时，用4%联苯菊酯微乳剂30～50克喷雾防治。

7.2.1.3 蚜虫

根据预测预报，小麦穗期百穗蚜虫数量小于1000头，并且田间益害比大于1∶150，不予防治。小麦穗期百穗蚜虫数量大于1000头，在小麦扬花后1～2天，每亩选用30%氯氟·吡虫啉悬浮剂4～5毫升或10%阿维·吡虫啉悬浮剂10～15毫升＋磷酸二氢钾100～150克进行喷雾防治，可使用无人机飞防或电动喷雾器喷雾。喷雾后如遇降雨，应及时进行补喷。

7.2.2 病害

7.2.2.1 拌种

播种期预防腥黑穗病、白粉病、锈病、纹枯病等多种病害，可选用25克/升咯菌腈悬浮种衣剂，每10毫升加水0.5～1升，拌麦种10千克；或选用2%戊唑醇湿拌种剂，按种子重量0.1%～0.2%拌种；或30克/升苯醚甲环唑悬浮种衣剂，按种子重量的0.2%～0.3%拌种；或15%多·福种衣剂1∶60～80（药种比）拌种。

7.2.2.2 生育期防治

白粉病、锈病、纹枯病、根腐病发病初期，每亩用25%三唑酮可湿性粉剂28～33克；或12.5%烯唑醇可湿性粉剂32～48克；或25%丙环唑乳油33～35毫升；或40%腈菌唑可湿性粉剂10～15克；或70%甲基硫菌灵可湿性粉剂60～70克，兑水30～45升喷雾防治。根据天气预报，小麦抽穗扬花期若遇3天以上连阴雨，防治适期应提前到扬花前，在配方中每亩加入50%多菌灵100～120克，以预防小麦赤霉病的发生。

7.2.3 草害

小麦冬前3～5叶期或春季起身拔节前，选择气温10℃以上晴天中午进行化学除草。防除阔叶杂草播娘蒿、麦家公、荠菜、刺儿菜等宜选用75%苯磺隆干悬浮剂0.9～1.8克/亩，或5.8%双氟·唑嘧胺悬浮剂10毫升/亩或3%双氟·唑草酮悬浮剂0.9～1.5克/亩；防除节节麦宜选用3%甲基二磺隆可分散油悬浮剂20～30毫升/亩；防除其他禾本科杂草选用70%氟唑磺隆水分散粒剂2～3克/亩。阔叶与禾本科杂草混发田块，应用复配剂或分次防除。以上配方添加脱脂植物油、有机硅、磺酸盐类助剂可减少30%除草剂用量。严格按照使用说明书推荐量用药，严禁随意增加用药量和重复喷药。

8 收获

完熟期，采用联合收割机收割。留茬高度15～20厘米。

9 生产档案

应详细记录播前准备、播种、田间管理、病虫草害防治和收获等环节采取的主要措施，并建立生产档案，保留 2 年。

起草人：孙敏 高志强 任爱霞 林文 侯非凡 杨珍平 薛建福 李廷亮 尹美强 余少波

起草单位：山西农业大学

山西旱地冬小麦因墒定量施肥技术

1 范围

本文件规定了旱地冬小麦因墒定量施肥技术的术语和定义、技术方案、肥料用量确定和施肥方法。

本文件适用于山西旱地或类似区域冬小麦一年一作区。

2 规范性引用文件

下列文件对本文件的应用是必不可少的。凡是注日期的引用文件，仅所注日期的版本适用于本文件。凡是不注日期的引用文件，其最新版本（包括所有的修改单）适用于本文件。

NY/T 496—2010 肥料合理使用准则 通则

3 术语和定义

下列术语和定义适用于本文件。

3.1 旱地冬小麦

无任何补灌措施，完全依靠自然降水进行生产的冬小麦。

3.2 因墒施肥

依据冬小麦夏休闲期的已知降水量，确定冬小麦理论产量的养分施用量。

4 技术方案

施肥目标、原理、原则和依据执行 NY/T 496 规定。

根据冬小麦夏闲期（6～9 月）降水量，确定冬小麦理论产量，再结合冬小麦养分需求规律和土壤供肥能力，给出旱地冬小麦生产的养分用量和施肥方法。

4.1 夏闲期降水量分级

根据当地历年 6～9 月降水量，将冬小麦夏闲期降水量分为四级，分别为 >400 毫米、300～400 毫米、200～300 毫米和 <200 毫米。

4.2 不同降水量小麦产量预期

根据旱地冬小麦夏闲期降水与翌年产量的回归，对应将预期理论产量分为四级。

小麦预期理论产量见表 1。

表 1 夏闲期不同降水条件下小麦产量预期

夏闲期降水量（毫米）	<200	200～300	300～400	>400
小麦理论产量（千克/亩）	50～100	100～200	200～300	300～400

5　肥料用量确定

氮肥采用0~100厘米土壤硝态氮实时监控定量施肥技术，磷肥和钾肥采用0~40厘米土壤有效磷和速效钾恒量施肥技术。

5.1　氮肥用量确定

氮肥推荐用量见表2。

表2　旱地冬小麦氮肥推荐使用量（N，千克/亩）

硝态氮水平（N，毫克/千克）	冬小麦夏闲期降水量（毫米）			
	<200	200~300	300~400	>400
<20	3	5	7	8
20~35	0	0	1.5	2.5
35~50	0	0	0	0
>50	0	0	0	0

5.2　磷肥用量确定

磷肥推荐用量见表3。

表3　旱地冬小麦磷肥推荐使用量（P_2O_5，千克/亩）

有效磷水平（P_2O_5，毫克/千克）	冬小麦夏闲期降水量（毫米）			
	<200	200~300	300~400	>400
<10	2.0	3.0	4.0	4.5
10~15	1.5	2.0	2.5	3
15~20	0.5	1.0	1.5	1.5
>20	0.5	0.5	0.8	1.0

5.3　钾肥用量确定

钾肥推荐用量见表4。

表4　旱地冬小麦磷肥推荐使用量（K_2O，千克/亩）

速效钾水平（K_2O，毫克/千克）	冬小麦夏闲期降水量（毫米）			
	<200	200~300	300~400	>400
<50	6.0	10.0	12.5	15.0
50~100	3.0	5.0	6.0	7.0
100~150	1.5	2.5	3.0	3.5
>150	1.0	1.5	2.0	2.0

6　施肥方法

　　采用有机无机肥配施原则，每亩施用腐熟的农家肥 2 000～3 000 千克或商品有机肥 100～200 千克，无机化肥采用一炮轰作基肥处理。施肥应执行 NY/T 496 的规定。

起草人：李廷亮　谢英荷　孙敏　栗丽　马红梅　孟会生

起草单位：山西农业大学

山西旱地冬小麦探墒沟播监控施肥技术

1　范围

本文件规定了山西旱地冬小麦探墒沟播监控施肥技术的术语和定义、休闲期耕作、播前准备、播种、田间管理、病虫草害防治及收获和生产档案。

本文件适用于一年一作旱地冬小麦生产。

2　规范性引用文件

下列文件对于本文件的应用是必不可少的。凡是注日期的引用文件，仅所注日期的版本适用于本文件。凡是不注日期的引用文件，其最新版本（包括所有的修改单）适用于本文件。

NY/T 1276—2007　农药安全使用规范　总则

GB 4404.1　粮食作物种子第1部分：禾谷类

GB/T 8321—2000　农药合理使用准则（所有部分）

GB 15671—2009　农作物薄膜包衣种子技术条件

NY/T 496—2002　肥料合理使用准则　通则

NY/T 851—2004　小麦产地环境技术条件

NY/T 2911—2016　测土配方施肥技术规程

HJ 643—2013　固体废物挥发性有机物的测定

NY/T 1121.7—2014　土壤检测第7部分：土壤有效磷的测定

DB14/T 1470—2017　旱地冬小麦宽窄行探墒沟播栽培技术规程

DB 14/T 902—2014　旱地冬小麦蓄水保墒耕作栽培技术规程

3　术语和定义

下列术语和定义适用于本文件。

3.1　旱地冬小麦

完全依靠天然降水进行生产的冬小麦。

3.2　休闲期

上茬小麦收获后到下茬小麦播种前，田间没有种植任何作物的这一时期。

3.3　宽窄行探墒沟播

选用带有锯齿圆盘开沟器的播种机，一次完成灭茬、开沟、起垄、施肥、播种、覆土、镇压等作业。开沟深度7～8厘米，起垄高度3～4厘米，沟内两侧的湿土中，形成宽行20～25厘米、窄行10～12厘米的宽窄行种植方式。

3.4 目标产量养分需求量

根据调查当地农户产量水平，在此基础上增加 10%～15% 为目标产量，确定其所需的养分量。

3.5 监控施肥

结合目标产量的养分需求量、土壤养分丰缺情况来调控化肥准确用量。

4 休闲期耕作

4.1 土壤条件

土壤活土层 25 厘米以上，土壤容重 1.1～1.3 克/厘米^3，土壤环境条件应符合 NY/T 851 的要求。

4.2 前茬小麦留茬高度

茬高 15～20 厘米。

4.3 施有机肥

入伏后，田间撒施有机肥，结合深翻每亩施入腐熟的有机肥 2 000～3 000 千克，或精制有机肥 100 千克；或者使用深松施肥一体机结合深松每亩施入精制有机肥 100 千克。

4.4 伏期深翻或深松

7 月中旬后趁墒深翻，深翻 25～30 厘米，保持土垡原状；或者使用深松施肥一体机深松，深松 30～40 厘米。

4.5 秸秆还田或覆盖

结合深翻，前茬秸秆残茬还田；或深松整地后将秸秆覆盖于地表。

4.6 秋后整地

立秋后，旋耕整地，旋耕深度 12～15 厘米，耕后耙平地表。

5 播前准备

5.1 目标产量养分需求量确定

目标产量为 225～250 千克/亩时，作物需氮（N）量为 6.3～7.0 千克/亩、需磷（P_2O_5）量为 2.5～2.75 千克/亩、需钾（K_2O）量为 6.1～6.75 千克/亩。

目标产量为 250～280 千克/亩时，作物需氮（N）量为 7.0～7.84 千克/亩、需磷（P_2O_5）量为 2.75～3.08 千克/亩、需钾（K_2O）量为 6.75～7.56 千克/亩。

5.2 播前土壤养分测定

5.2.1 土壤样品采集与制备方法

按 NY/T2911—2016 的规定执行。

5.2.2 土壤样品测试

土壤硝态氮，按 HJ 643 的规定执行；

土壤有效磷，按 LY/T 1233 的规定执行；

土壤速效钾，按 NY/T 889 的规定执行。

5.3 整地

播前旋耕麦田，旋耕深度 12~15 厘米。

5.4 监控施肥

$$施氮量（N，千克/亩）= 作物目标产量需氮量＋播前 1 米土壤硝态氮安全阈值－$$
$$播前 1 米土壤硝态氮残留量 \tag{1}$$
$$施磷量（P_2O_5，千克/亩）= 作物目标产量需磷量×施磷系数（Pi） \tag{2}$$
$$施钾量（K_2O，千克/亩）= 作物目标产量需钾量×施钾系数（Ki） \tag{3}$$

其中，目标产量需氮量＝目标产量（千克/亩）×28÷1 000，28 为每吨籽粒需氮量。目标产量为常年产量乘以系数 1.10。目标产量需磷量及需钾量的计算公式与氮相似，且 11 和 27 分别为每吨小麦籽粒的需磷量和需钾量，施钾系数（Ki）和施磷系数（Pi）如表 1 所示，式（1）、式（2）和式（3）的单位为千克/亩。土壤硝态氮安全阈值指 1 米土层的硝态氮安全残留量，在小麦收获时为纯 N3.7 千克/亩，播种时为 7.3 千克/亩。

表 1　土壤有效磷、速效钾供应指标及其优化施肥系数

评价指标	有效磷（毫克/千克）	施磷系数（Pi）	速效钾（毫克/千克）	施钾系数（Ki）
极低	<5	2	<50	1
偏低	5~10	1.5	50~90	0.5
适中	10~15	1	90~120	0.3
偏高	15~20	0.5	120~150	0.1
极高	>20	0.3	>150	0.0

所选肥料及施用按照 NY/T 496 的规定执行。

5.5 品种选择

选用通过国家或山西省审定，且适宜当地种植的旱地冬小麦品种。南部中熟冬麦区选用冬性或半冬性品种。中部晚熟冬麦区选用强冬性、冬性品种。种子质量应符合 GB 4404.1 的规定。

5.6 种子处理

选择对靶标活性强的农药进行种子包衣或拌种。种子包衣按照 GB 15671 的规定执行，药剂拌种按照 GB/T 8321（所有部分）的规定执行。

5.7 播种机选择

选用通过国家或省级农机部门鉴定的满足宽窄行探墒沟播的具有推广许可证的机具。

6 播种

6.1 播种期

露地播种期，南部中熟冬麦区南片适宜播期为 9 月 25 至 10 月 5 日；南部中熟冬麦区北片适宜播期为 9 月 23 日至 10 月 3 日；中部晚熟冬麦区适宜播期为 9 月 18～28 日。

6.2 播种量

露地播种适播期内，南部中熟冬麦区南片每亩播种 6～9 千克；南部中熟冬麦区北片每亩播种 7～10 千克；中部晚熟冬麦区每亩播种 9～12 千克。

6.3 播种深度

3～4 厘米。

6.4 播种要求

采用宽窄行探墒沟播机，免耕播种，播种作业速度不大于 5 千米/时。

7 田间管理

7.1 冬前管理

7.1.1 破除板结
露地田小麦播种后遇雨发生板结，墒情适宜时耧划破土。

7.1.2 查苗补种
播种后 7～10 天查苗，发现行内 10 厘米以上无苗，应及时用同一品种的种子浸种催芽后开沟补种，适当增加用种量。

7.1.3 秋季化学除草
小麦 3～5 叶期、杂草 2～4 叶期化学除草。除草剂应符合 GB/T 8321 的要求。

7.1.4 秋苗期病虫防治
秋苗期重点查治地下害虫、麦蜘蛛、麦蚜、灰飞虱、白粉病、锈病，同时预防纹枯病、根腐病等病害侵染。选用农药符合 GB/T 8321（所有部分）的要求。

7.2 春季管理

7.2.1 耙耱镇压
露地田早春顶凌耙耱，返青起身期划锄镇压。弱苗田轻耙耱浅划锄，旺苗田深中耕重镇压。

7.2.2 化学控旺

返青期每亩总茎蘖数达 100 万以上的旺苗田,在起身期前每亩选用 15％多效唑可湿性粉剂 34～40 克,兑水 30～40 升叶面喷施。

7.2.3 除草

返青至拔节期前化学除草,拔节后人工拔除杂草。选用除草剂符合 GB/T 8321(所有部分)的要求。

7.2.4 春季病虫害防治

返青至拔节期以防治地下害虫、麦蜘蛛、麦蚜为主,兼治白粉病、锈病;孕穗至抽穗开花期的防治重点是穗蚜、白粉病、锈病等。

7.2.5 预防春季冻害

南部麦区 4 月上中旬、中部麦区 4 月中下旬,根据天气预报,晚霜来临之前,提前叶面喷施微肥、植物生长调节剂等。选用微肥、植物生长调节剂应符合 NY/T 496、GB/T 8321(所有部分)的规定。

7.3 后期管理

7.3.1 叶面喷肥

抽穗至灌浆中期,每亩用尿素 100～130 克和磷酸二氢钾 50 克,兑水 35～45 升,叶面喷施 2～3 次。

7.3.2 后期病虫防治

孕穗至开花期,以防治麦蚜为主,兼治白粉病、锈病等;灌浆期以防治穗蚜、白粉病、锈病为重点。采取叶面喷施微肥、杀虫剂、杀菌剂、植物生长调节剂等混合液,实现"一喷三防",防病虫、防早衰、防干热风。选用农药符合 GB/T 8321(所有部分)的要求。

8 病虫草害防治

8.1 防治原则

预防为主,综合防治。农药选用应符合 GB 4285、GB/T 8321(所有部分)的规定,农药施用应符合 NY/T 1276 的规定。

8.2 化学防治

8.2.1 虫害

8.2.1.1 地下害虫

8.2.1.1.1 土壤处理

每亩用 40％辛硫磷乳油 250 毫升,加水 1～2 升,拌细沙土 25 千克制成毒土,或用 3％辛硫磷颗粒剂 1.5～2 千克,拌细沙土 15～20 千克,均匀撒施地面,随耕地翻入土中。

8.2.1.1.2 拌种

选用 40％辛硫磷乳油,按种子量的 0.2％拌种。

8.2.1.1.3 苗期防治

当麦田因地下害虫死苗率达到 3％时,每亩用 40％辛硫磷乳油,加水 2.5 升,拌沙土

30～35千克，拌匀，制成毒土，顺麦垄撒施防治。

8.2.1.2 麦蜘蛛

苗期，当33厘米行长有麦蜘蛛200头以上时，用4％联苯菊酯微乳剂30～50克喷雾防治。

8.2.1.3 蚜虫

播种期，采用600克/升吡虫啉悬浮种衣剂30毫升，加水400～500毫升，拌麦种15～25千克，预防蚜虫为害；苗期蚜株率超过5％、百株蚜量达到10头以上时，孕穗期至灌浆期百株蚜量达到500头以上时，每亩用5％氰戊菊酯乳油12～15毫升，或20％甲氰·氧乐果乳油50～75毫升，或25克/升高效氯氟氰菊酯乳油12～20毫升，或0.2％苦参碱水剂150克。

8.2.2 病害

8.2.2.1 拌种

播种期预防腥黑穗病、白粉病、锈病、纹枯病等多种病害，可选用25克/升咯菌腈悬浮种衣剂，每10毫升加水0.5～1升，拌麦种10千克；或选用2％戊唑醇湿拌种剂，按种子重量0.1％～0.2％拌种；或30克/升苯醚甲环唑悬浮种衣剂，按种子重量的0.2％～0.3％拌种；或15％多·福种衣剂1∶60～80（药种比）拌种。

8.2.2.2 生育期防治

白粉病、锈病、纹枯病、根腐病发病初期，每亩用25％三唑酮可湿性粉剂28～33克，或12.5％烯唑醇可湿性粉剂32～48克，或25％丙环唑乳油33～35毫升，或40％腈菌唑可湿性粉剂10～15克，或70％甲基硫菌灵可湿性粉剂60～70克，兑水30～45千克喷雾防治。

8.2.3 草害

小麦冬前3～5叶期或春季起身拔节前，选择气温5℃以上晴天中午进行化学除草。以阔叶杂草为优势种的麦田，每亩用10％苯磺隆可湿性粉剂9～15克，或720克/升2,4-滴二甲胺盐水剂50～70毫升，或200克/升氯氟吡氧乙酸乳油50～66.5毫升，兑水20～30千克，喷雾防治；以禾本科杂草为优势种的麦田，每亩用30克/升甲基二磺隆油悬浮剂20～30毫升，喷雾防治；禾本科杂草和阔叶杂草混生麦田，每亩用3.6％甲基碘磺隆钠盐·甲基二磺隆可分散粒剂15～25克，兑水20～30升，喷雾防治。

9 收获

蜡熟末期及时收获。

10 生产档案

应详细记录休闲期耕作、播前准备、播种、田间管理、病虫草害防治和收获等环节采取的主要措施，并建立生产档案，保留2年。

起草人：孙敏 高志强 林文 任爱霞 薛建福 丁鹏程 余少波 原亚琦 李梦涛 王文翔 李浩

起草单位：山西农业大学

山西旱地小麦蓄水保墒监控施肥栽培技术

1　范围

本文件规定了山西旱地小麦蓄水保墒探墒沟播监控施肥栽培技术规程的术语和定义、播前准备、播种、田间管理、病虫草害防治及收获和生产档案。

本文件适用于山西省一年一作旱地小麦生产。

2　规范性引用文件

下列文件对于本文件的应用是必不可少的。凡是注日期的引用文件，仅所注日期的版本适用于本文件。凡是不注日期的引用文件，其最新版本（包括所有的修改单）适用于本文件。

NY/T 1276—2007　农药安全使用规范　总则

GB 4404.1—2008　粮食作物种子　第 1 部分：禾谷类

GB/T 8321—2000　农药合理使用准则（所有部分）

GB 15671—2009　农作物薄膜包衣种子技术条件

NY/T 1121.7—2014　土壤检测　第 7 部分：土壤有效磷的测定

NY/T 889—2004　土壤速效钾和缓效钾含量的测定

NY/T 496—2002　肥料合理使用准则　通则

NY/T 851—2004　小麦产地环境技术条件

NY/T 391—2013　绿色食品　产地环境质量

NY/T 393—2000　绿色食品　农药使用准则

NY/T 394—2000　绿色食品　肥料使用准则

HJ 643—2013　固体废物　挥发性有机物的测定

DB 14/ T 902—2014　旱地冬小麦蓄水保墒耕作栽培技术规程

DB 14/T 783—2014　旱地小麦高产稳产栽培技术规程

DB14/T 1470—2017　旱地冬小麦宽窄行探墒沟播栽培技术规程

DB 1410/T106—2019　冬小麦农药减施增效技术规程

3　术语和定义

下列术语和定义适用于本文件。

3.1　旱地小麦

指秋季播种，夏初收获，不具有灌溉条件生产的小麦。

3.2　监控施肥

结合目标产量的养分需求量、土壤养分丰缺情况来调控化肥准确用量。

3.3 探墒沟播

选用带有锯齿圆盘开沟器的播种机,一次完成灭茬、开沟、起垄、施肥、播种、覆土、镇压等作业。开沟深度 7~8 厘米,起垄高度 3~4 厘米,秸秆残茬和表土分离于垄背上,化肥条施于沟底部中央,种子分别着床于沟底上方 3~4 厘米处、沟内两侧的湿土中,形成宽行 20~25 厘米、窄行 10~12 厘米的宽窄行种植方式。

3.4 休闲期

上茬小麦收获后到下茬小麦播种前,田间没有种植任何作物的这一时期。

4 休闲期耕作

4.1 土壤条件

土壤活土层 25 厘米以上,土壤容重 1.1~1.3 克/厘米^3,土壤环境条件应符合 NY/T 851 的要求。

4.2 前茬小麦留茬高度

茬高 15~20 厘米。

4.3 伏期深翻或深松

7月上中旬趁墒深翻,深翻 25~30 厘米,保持土垡原状;或者使用深松施肥一体机深松,深松 30~40 厘米。

4.4 秸秆还田或覆盖

结合深翻,前茬秸秆残茬还田;或深松整地后将秸秆覆盖于地表。

4.5 秋后整地

立秋后,旋耕整地,旋耕深度 12~15 厘米,耕后耙平地表。

5 播前准备

5.1 品种选择

选用高产稳产、抗病性强、抗旱性好、通过国家或山西省农作物品种审定委员会审定的适宜在本地区旱地种植的冬小麦品种。南部中熟冬麦区宜选用冬性或半冬性品种,中部晚熟冬麦区宜选用强冬性、冬性品种。种子质量应符合 GB 4404.1 的规定。

5.2 种子处理

选择对靶标活性强的农药进行种子包衣或拌种。种子包衣按照 GB15671 的规定执行,药剂拌种按照 GB/T 8321(所有部分)和 DB 1410 的规定执行。

5.3 防除杂草

休闲期地表喷施化学除草剂防除杂草。

5.4 播前土壤养分测定

5.4.1 土壤样品采集与制备方法
按 NY/T 2911—2016 的规定执行。

5.4.2 土壤样品测试
土壤硝态氮，按 HJ 643 的规定执行；

土壤有效磷，按 NY/T 1121.7—2014 的规定执行；

土壤速效钾，按 NY/T 889 的规定执行。

5.5 整地

播前旋耕麦田，旋耕深度 12~15 厘米，环境质量应符合 NY/T 391—2013 的规定。

5.6 监控施肥

$$施氮量（N，千克/亩）=作物目标产量需氮量＋播前 1 米土壤硝态氮安全阈值－$$
$$播前 1 米土壤硝态氮残留量 \quad\quad (1)$$
$$施磷量（P_2O_5，千克/亩）=作物目标产量需磷量×施磷系数（Pi） \quad (2)$$
$$施钾量（K_2O，千克/亩）=作物目标产量需钾量×施钾系数（Ki） \quad (3)$$

其中，目标产量需氮量=目标产量（千克/亩）×28÷1 000，28 为每吨籽粒需氮量。目标产量为常年产量乘以系数 1.10。目标产量需磷量及需钾量的计算公式与氮相似，且 11 和 27 分别为每吨小麦籽粒的需磷量和需钾量，施钾系数（Ki）和施磷系数（Pi）如表 1 所示，式（1）、式（2）和式（3）的单位为千克/亩。土壤硝态氮安全阈值指 1 米土层的硝态氮安全残留量，在小麦收获时为含 N 3.7 千克/亩，播种时为含 N 7.3 千克/亩。

表 1 土壤有效磷、速效钾供应指标及其优化施肥系数

评价指标	有效磷（P_2O_5，毫克/千克）	施磷系数（Pi）	速效钾（K_2O，毫克/千克）	施钾系数（Ki）
极低	<5	2	<50	1
偏低	5~10	1.5	50~90	0.5
适中	10~15	1	90~120	0.3
偏高	15~20	0.5	120~150	0.1
极高	>20	0.3	>150	0.0

所选肥料及施用按照 NY/T 496 的规定执行。

5.7 播种机选择

选用通过国家或省级农机部门鉴定的满足宽窄行探墒沟播作业且具有推广许可证的机具。

6 播种

6.1 播种期

露地播种期，南部中熟冬麦区南片适宜播期 9 月 25 日至 10 月 5 日；南部中熟冬麦区北片适宜播期 9 月 23 日至 10 月 3 日；中部晚熟冬麦区适宜播期 9 月 18～28 日。

6.2 播种量

适播期内，南部中熟冬麦区南片每亩播量 10～12 千克；南部中熟冬麦区北片每亩播量 12～14 千克；中部晚熟冬麦区每亩播量 13～15 千克。适播期后每推迟 3 天，每亩播量增加 0.5 千克。播种深度 3～4 厘米。

6.3 播种要求

采用宽窄行探墒沟播机，播种作业速度不大于 5 千米/时。

7 田间管理

7.1 冬前管理

7.1.1 破除板结
旱地小麦播种后如遇雨发生板结，墒情适宜时耧划破土。

7.1.2 查苗补种
播种后 7～10 天查苗，发现行内 10 厘米以上无苗，应及时用同一品种的种子浸种催芽后开沟补种，适当增加用种量。

7.1.3 秋季化学除草
小麦 3～5 叶期、杂草 2～4 叶期化学除草，选择白天气温高于 10 ℃、最低气温 4 ℃以上的无风晴天进行化学防治，遇大风或大幅降温停止喷药。除草剂应符合 GB/T 8321、NY/T 393—2000 和 DB1410 的要求

7.1.4 秋苗期病虫防治
秋苗期重点查治地下害虫、麦蜘蛛、麦蚜、灰飞虱、白粉病、锈病，同时预防纹枯病、根腐病等病害侵染。选用农药和使用符合 GB/T 8321、NY/T 393—2000 和 DB 1410 的要求。

7.1.5 中耕镇压
越冬前中耕镇压，弥合裂缝，提温保墒。

7.2 春季管理

7.2.1 耙耱镇压
露地田早春顶凌期耙耱，返青起身期划锄镇压。弱苗田轻耙耱浅划锄，旺苗田深中耕重镇压。

7.2.2 化学控旺
返青期每亩总茎蘖数达 100 万以上的旺苗田，在起身期前每亩选用 15%多效唑可湿性

粉剂 34～40 克，兑水 30～40 升叶面喷施。选用农药符合 GB/T 8321、NY/T 393—2000 和 DB 1410 的要求。

7.2.3　杂草防除

在返青起身期，杂草严重的麦田，应及时进行中耕除草或化学除草，拔节后人工拔除杂草。选用除草剂符合 GB/T 8321—2000、NY/T 393—2000 和 DB 1410/T106—2019 要求。

7.2.4　春季病虫害防治

返青至拔节期以防治地下害虫、麦蜘蛛、麦蚜为主，兼治白粉病、锈病；孕穗至抽穗开花期的防治重点是穗蚜、白粉病、锈病等。

7.2.5　预防春季冻害

南部麦区 4 月上中旬、中部麦区 4 月中下旬，根据天气预报，晚霜来临之前，提前叶面喷施微肥、植物生长调节剂等。选用微肥、植物生长调节剂应符合 NY/T 496—2002、GB/T 8321—2000、DB 1410/T106—2019 和 NY/T 393—2000 规定。

7.3　后期管理

7.3.1　叶面喷肥

抽穗至灌浆中期，每亩用尿素 100～130 克和磷酸二氢钾 50 克，兑水 30～45 升，叶面喷施 2～3 次。选用叶面肥应符合 NY/T 394—2000 和 DB 1410 规定。

7.3.2　后期病虫防治

孕穗至开花期，以防治麦蚜为主，兼治白粉病、锈病等；灌浆期以防治穗蚜、白粉病、锈病为重点。采取叶面喷施微肥、杀虫剂、杀菌剂、植物生长调节剂等混合液，实现"一喷三防"，防病虫、防早衰、防干热风。选用农药符合 GB/T 8321—2000、NY/T 393—2000 和 DB 1410/T106—2019 的要求。

8　病虫草害防治

8.1　防治原则

预防为主，综合防治。农药选用应符合 GB/T 8321—2000、NY/T 393—2000 和 DB 1410/T106—2019 的规定，农药施用应符合 NY/T 1276—2007 和 DB 1410/T106—2019 的规定。

8.2　化学防治

8.2.1　虫害

8.2.1.1　地下害虫

8.2.1.1.1　土壤处理

每亩用 40％辛硫磷乳油 250 毫升，加水 1～2 升，拌细沙土 25 千克制成毒土，或用 3％辛硫磷颗粒剂 2.5～3 千克，拌细沙土 15～20 千克，均匀撒施地面，随耕地翻入土中。

8.2.1.1.2　拌种

选用 40％辛硫磷乳油按种子量的 0.2％拌种。选用防病杀虫增产的高效复合种衣剂包衣，如 32％戊唑·吡虫啉悬浮种衣剂或 27％苯醚·咯·噻虫悬浮种衣剂，按药种比 1∶300 包衣，可有效预防小麦纹枯病、小麦全蚀病、小麦黑穗病、小麦根腐病等病害，减轻苗期蚜虫为害。

8.2.1.1.3 苗期防治

当麦田因地下害虫死苗率达到3%时，每亩用40%辛硫磷乳油200～250毫升，加水2.5升，拌沙土30～35千克，拌匀，制成毒土，结合浇水，顺麦垄撒施防治。麦叶螨发生初期11月上中旬，当33厘米行长有麦叶螨200头以上时，每亩选用20%唑螨酯悬浮剂7～10毫升或1.8%阿维菌素乳油40～60毫升或10%阿维·哒螨灵60～80毫升，兑水30～45升，使用自走式高杆喷雾机均匀喷雾；田间同时发生麦蚜等其他虫害，每亩使用10%阿维·吡虫啉悬浮剂10～15毫升，兑水40升，使用自走式高杆喷雾机均匀喷雾。

8.2.1.2 麦蜘蛛

苗期，当33厘米行长有麦蜘蛛200头以上时，用4%联苯菊酯微乳剂30～50克喷雾防治。

8.2.1.3 蚜虫

根据预测预报，小麦穗期百穗蚜虫数量小于1 000头，并且田间益害比大于1∶150，不予防治。小麦穗期百穗蚜虫数量大于1 000头，在小麦扬花后1～2天，每亩选用30%氯氟·吡虫啉悬浮剂4～5毫升或10%阿维·吡虫啉悬浮剂10～15毫升＋磷酸二氢钾100～150克进行喷雾防治，可使用无人机飞防或电动喷雾器喷雾。喷雾后如遇降雨，应及时进行补喷。可使用无人机飞防或电动喷雾器喷雾。喷雾后如遇降雨，应及时进行补喷。

8.2.2 病害

8.2.2.1 拌种

播种期预防腥黑穗病、白粉病、锈病、纹枯病等多种病害，可选用25克/升咯菌腈悬浮种衣剂，每10毫升加水0.5～1升，拌麦种10千克；或选用2%戊唑醇湿拌种剂，按种子重量0.1%～0.2%拌种；或30克/升苯醚甲环唑悬浮种衣剂，按种子重量的0.2%～0.3%拌种；或15%多·福种衣剂1∶60～80（药种比）拌种。

8.2.2.2 生育期防治

白粉病、锈病、纹枯病、根腐病发病初期，每亩用25%三唑酮可湿性粉剂28～33克，或12.5%烯唑醇可湿性粉剂32～48克，或25%丙环唑乳油33～35毫升，或40%腈菌唑可湿性粉剂10～15克，或70%甲基硫菌灵可湿性粉剂60～70克，兑水30～45升喷雾防治。根据天气预报，小麦抽穗扬花期若遇3天以上连阴雨，防治适期应提前到扬花前，在配方中每亩加入50%多菌灵100～120克，以预防小麦赤霉病的发生。

8.2.3 草害

小麦冬前3～5叶期或春季起身拔节前，选择气温5℃以上晴天中午进行化学除草。防除阔叶杂草播娘蒿、麦家公、荠菜、刺儿菜等宜选用75%苯磺隆干悬浮剂0.9～1.8克/亩，或5.8%双氟·唑嘧胺悬浮剂10毫升/亩，或3%双氟·唑草酮悬浮剂0.9～1.5克/亩；防除节节麦宜选用3%甲基二磺隆可分散油悬浮剂20～30毫升/亩；防除其他禾本科杂草选用70%氟唑磺隆水分散粒剂2～3克/亩。阔叶与禾本科杂草混发田块，应用复配剂或分次防除。以上配方添加脱脂植物油、有机硅、磺酸盐类助剂可减少30%除草剂用量。严格按照使用说明书推荐量用药，严禁随意增加用药量和重复喷药。

9 收获

完熟期，采用联合收割机收割。留茬高度15～20厘米。

10 生产档案

应详细记录播前准备、播种、田间管理、病虫草害防治和收获等环节采取的主要措施，并建立生产档案，保留2年。

起草人：孙敏 高志强 任爱霞 林文 侯非凡 杨珍平 薛建福 李廷亮 尹美强 佘少波

起草单位：山西农业大学

山西旱地冬小麦有机肥替代化肥生产技术

1 范围

本文件规定了黄土高原地区旱地冬小麦有机肥替代部分化肥生产的术语和定义、施肥原则、有机肥使用技术、化肥使用技术和冬小麦种植技术。

本文件适用于山西或其他类似地区。

2 规范性引用文件

下列文件对本文件的应用是必不可少的。凡是注日期的引用文件，仅所注日期的版本适用于本文件。凡是不注日期的引用文件，其最新版本（包括所有的修改单）适用于本文件。

NY 525—2012　有机肥料

NY/T 1118—2006　测土配方施肥技术规范

NY/T 1334—2007　畜禽粪便安全使用准则

DB14/T 669—2012　旱地冬小麦地膜覆盖膜际条播栽培技术规程

DB14/T 1197—2016　旱地冬小麦全覆膜穴播生产技术规程

DB14/T 1470—2017　旱地冬小麦宽窄行探墒沟播栽培技术规程

3 术语和定义

下列术语和定义适用于本文件。

3.1 旱地冬小麦

无任何补灌措施，完全依靠自然降水进行生产的冬小麦。

3.2 有机肥料

主要来源于植物和（或）动物，经过发酵腐熟的含碳有机物料，其功能是改善土壤肥力、提供植物营养和提高作物品质，质量执行 NY 525 规定。

4 施肥原则

基于养分需求和供应平衡，在不减产基础上，以有机肥替代部分化肥，实行有机物料与无机物料配合使用，达到改土培肥、保证农产品质量安全和保护生态环境的目标。

5 有机肥使用技术

5.1 肥料选择

有机肥料来源包括农家肥和商品有机肥。农家肥可采用农民自行积攒且沤制腐熟肥，无毒无害的人粪尿、畜禽粪尿、堆肥、沤肥、沼肥、饼肥以及有机物料废弃物等，其中畜禽粪便使用应符合 NY/T 1334 规定。商品有机肥选择符合国家有机肥料标准（NY 525）的商品肥料。施用时要根据作物与土壤实际情况，配合适量的氮、磷、钾化肥，相互调剂、平衡施肥，提高肥效。

5.2　肥料用量

粪肥、厩肥、土杂肥、沼肥、其他有机下脚料和废弃物，一般每亩用量为 1 000～3 000千克。饼肥一般为 100～500 千克。常用腐熟的鸡粪、羊粪、猪粪和牛粪有机肥每亩用量为1 500～3 000 千克（表 1）。商品有机肥可按具体商品推荐量施用，一般每亩用量为 300～500 千克。

表 1　常见农家肥氮、磷、钾含量（%）

农家肥类型	含水率	有机质		全氮（N）		全磷（P$_2$O$_5$）		全钾（K$_2$O）	
		范围	含量	范围	含量	范围	含量	范围	含量
鸡粪（n=85）	70.3	9.0～69.8	42.1±13.5	0.74～7.31	2.50±1.39	0.84～10.49	3.59±1.77	0.43～4.92	2.17±0.81
猪粪（n=65）	70.6	18.4～71.6	54.5±12.4	0.71～3.85	2.16±0.66	1.10～9.78	4.74±2.11	0.31～3.43	1.54±0.59
牛粪（n=59）	81.4	25.3～73.5	57.4±12.6	0.47～2.22	1.46±0.42	0.35～6.22	1.61±1.22	0.08～4.02	1.39±0.96
羊粪（n=24）	74.7	19.5～72.6	54.5±13.3	0.67～2.55	1.72±0.52	0.38～3.40	1.31±0.73	0.41～5.90	2.06±1.36

注：n 为统计样本数。

5.3　施肥方法

5.3.1　休闲期施肥

有机肥料一般适宜作基肥，可在小麦收获后，伏天将有机肥均匀施入土壤，与秸秆和麦茬一并翻入土壤，深翻深度 25～30 厘米；也可使用深松施肥一体机结合深松施入商品有机肥，深松深度 30～40 厘米。

5.3.2　播前施肥

在休闲期残膜覆盖蓄水、轮作体系或休闲期种植绿肥的地区，在小麦播前施用有机肥。有机肥可在残膜处理后、上茬作物秸秆粉碎后、绿肥刈割后，均匀撒入土壤，然后进行翻压，翻压深度≥25 厘米。

6　化肥使用技术

6.1　化肥理论用量

依据旱地冬小麦播前土壤墒情确定目标产量，结合冬小麦百千克产量养分需求量及肥料利用效率，计算理论化肥投入量，具体方法参照 NY/T 1118 执行。

6.2　小麦产量预期

在黄土高原地区年降水量 400～600 毫米区域，旱地冬小麦有机肥替代部分化肥生产技术的预期产量为 300～400 千克/亩。

6.3 化肥减施量

每投入1 000千克腐熟鸡粪（年矿化率为40％），可减施N 3.0千克、P_2O_5 4.3千克、K_2O 2.6千克；每投入1 000千克腐熟猪粪（年矿化率为25％），可减施N 1.6千克、P_2O_5 3.5千克、K_2O 1.1千克；每投入1 000千克腐熟牛粪（年矿化率为24％），可减施N 0.7千克、P_2O_5 0.7千克、K_2O 0.6千克；每投入1 000千克腐熟羊粪（年矿化率为25％），可减施N 1.1千克、P_2O_5 0.8千克、K_2O 1.3千克。商品有机肥投入化肥减施量依据具体商品有机肥水分和养分含量来计算。

7 冬小麦种植技术

膜际条播种植技术可参照DB14/T 669执行。全覆膜穴播种植技术可参照DB14/T 1197执行。探墒沟播种植技术可参照DB14/T 1470执行。

起草人：谢英荷　李廷亮　马红梅　贾俊香　孟会生

起草单位：山西农业大学

山西旱地麦田生物炭使用技术

1　范围

本文件规定了旱地生物炭培肥改土的术语和定义、使用原则、使用目标和使用技术。

本文件适用于山西或其他类似地区旱地麦田。

2　规范性引用文件

下列文件对本文件的应用是必不可少的。凡是注日期的引用文件，仅所注日期的版本适用于本文件。凡是不注日期的引用文件，其最新版本（包括所有的修改单）适用于本文件。

NY/T 310—1996　全国中低产田类型划分与改良技术规范

NY/T 496—2010　肥料合理使用准则　通则

NY 525—2012　有机肥料

NY/T 3041—2016　生物炭基肥料

DB14/T1398—2017　旱地麦田土壤培肥技术规程

3　术语和定义

下列术语和定义适用于本文件。

生物炭

生物炭是指在绝氧或限氧条件下，经过高温（500～700 ℃）裂解，将木材、草或其他农作物废物炭化后得到的稳定固体富炭产物。

4　使用原则

结合秸秆还田、增施有机肥或种植绿肥，配施无机肥，提高土壤有机质，改善土壤理化及生物学性状，满足作物生育期需水和需肥要求，达到高产高效减排的目的。

5　使用目标

在旱地农田种植区，经过几年生物炭的施用，使得土壤田间持水量增加 5％～15％，土壤保水率提高 10％～15％，有机质增加 10～15 克/千克，冬小麦产量提高 10％～15％。

6　使用技术

6.1　生物炭的选择

选用以禾本科作物秸秆为原料制备的生物炭，碳含量≥50％，pH≤10.4。其中污染物的含量应符合国家生物炭基肥料料标准（NY/T 3041—2016）。

6.2 用量

生物炭用量依据土壤有机质水平确定：有机质小于 5 克/千克的土壤，每亩用量 500～1 500 千克；有机质大于 5 克/千克的土壤，每亩用量 1 500～2 000 千克。为了不影响微生物群落结构和功能，每亩一次性用量最好不超过 750 千克；若用量超过 750 千克，建议分次施用。

6.3 使用时间和方法

6.3.1 休闲期使用

在休闲期（6 月下旬至 8 月）深耕使用，将生物炭均匀撒施于地表，立即和秸秆麦茬或有机肥（符合 NY 525 标准）一并翻入土壤，深耕深度以 30～35 厘米为宜。在此基础上，还可以种植绿肥，进一步培肥地力。在翻压绿肥时，可以用一次生物炭，即将生物炭均匀撒于地表，与绿肥一并深翻入土，深度以 30～35 厘米为宜。

6.3.2 播前使用

在播前（9 月中下旬）结合浅旋地，将生物炭均匀撒施于地表，与有机肥（符合 NY 525 标准）在翻地前均匀一次性施入，深度以 10～20 厘米为宜。在播种时，为缓解生物炭的碱性过强，选化学肥料作种肥时应选择中性或生理酸性肥料，避免施用碱性肥料，尤其是铵态氮肥，防止氮肥的损失。化学肥料应符合 NY/T 496 的要求，施用方法参照 DB14/T1398—2017。

起草人：马红梅　谢英荷　洪坚平　李廷亮　贾俊香

起草单位：山西农业大学

山西旱地冬小麦豆科绿肥作物轮作技术

1　范围

本文件规定了山西南部旱地冬小麦豆科绿肥作物轮作的术语和定义、豆科绿肥作物种植、冬小麦种植。

本文件适用于山西南部旱地冬小麦种植区。

2　规范性引用文件

下列文件对本文件的应用是必不可少的。凡是注日期的引用文件，仅所注日期的版本适用于本文件。凡是不注日期的引用文件，其最新版本（包括所有的修改单）适用于本文件。

GB 4404.2—2010　粮食作物种子　第 2 部分：豆类

GB/T 3543.1—1995　农作物种子检验规程

NY/T 496—2010　肥料合理使用准则　通则

DB14/T 669—2012　旱地小麦地膜覆盖膜际条播栽培技术规程

DB14/T 872—2014　冬小麦复播大豆高产栽培技术规程

DB14/T 1179—2016　复播绿豆硬茬直播栽培技术规程

DB14/T 1197—2016　旱地冬小麦全覆膜穴播生产技术规程

3　术语和定义

下列术语和定义适用于本文件。

3.1　旱地冬小麦

指无任何补灌措施，完全依靠自然降水进行生产的冬小麦。

3.2　豆科绿肥作物

冬小麦夏休闲期，6 月中下旬至 9 月上中旬期间种植的豆科绿肥作物，直接翻压到土壤中作肥料。

4　豆科绿肥作物种植

4.1　整地施肥

6 月上旬冬小麦收获后，每亩麦田施磷（P_2O_5）1～3 千克，利用翻耕机一次性完成灭茬和秸秆翻压还田，翻耕深度 20 厘米以上。耕后耙耱，做到上虚下实，田面平整。

4.2　豆科绿肥作物选择

根据当地气候条件，选用抗逆性和固氮能力强，而耗水量低的大豆、绿豆、小黑豆。豆类种子质量应符合 GB4404.2 标准。种子经营单位提供的种子，执行 GB/T 3543.1 规定，并附有合格证。

4.3 播种

4.3.1 播期

冬小麦收获后，6 月中下旬雨后抢墒播种。

4.3.2 播量

每亩播种绿豆 3～5 千克，播种小黑豆 6～8 千克，播种大豆 10～12 千克。每亩基本苗为 2 万～2.5 万株。

4.3.3 播种方式

采用条播，行距 20～30 厘米，深度 3～5 厘米，播后镇压。

4.4 田间管理

4.4.1 补苗

绿肥作物出苗后，对缺苗断垄>5%处及时浸种催芽，坐水补种。

4.4.2 病虫害防治

白粉病：每亩用 25%三唑酮可湿性粉 50～60 克，或 70%甲基硫菌灵可湿性粉剂 60～70 克，兑水 30～45 升喷雾防治。

蚜虫：每亩用 25%蚍虫·辛硫磷乳油 30～50 毫升，兑水 30～45 升喷雾防治。

其他病虫害的防治方法参照 DB14/T 872 和 DB14/T 1179 执行。

4.5 绿肥翻压

9 月上旬至中旬，在豆科绿肥作物盛花期直接粉碎翻压，翻压深度 10～15 厘米。

5 冬小麦种植

5.1 施肥

每亩冬小麦籽粒产量在 200～250 千克的麦田，施氮（N）6～8 千克，施磷（P_2O_5）3～4 千克，施钾（K_2O）1.5～2 千克；每亩籽粒产量在 150～200 千克的麦田，施氮（N）4～6 千克，施磷（P_2O_5）2～3 千克，施钾（K_2O）1～1.5 千克；每亩籽粒产量在 100～150 千克的麦田，施氮（N）3～5 千克，施磷（P_2O_5）1～2 千克，施钾（K_2O）0.5～1 千克。所选肥料及施肥执行 NY/T 496 规定。

5.2 播种

5.2.1 播期

旱地冬小麦应在适播期内抢墒播种，播期执行 DB14/T 1197 规定。

5.2.2 播量

旱地小麦播量与播期有关，播量执行 DB14/T 1197 规定。

5.2.3　播种方式

垄膜沟播：施肥整地后，起垄覆膜，沟内膜侧播种，播种 2 行，行距 20 厘米，垄宽 35 厘米，垄高 10 厘米，沟宽 30 厘米。

平膜穴播：施肥整地后，采用 120 厘米宽幅膜平铺地面，膜上覆土 0.5～1 厘米，进行穴播种植，播种深度 3～5 厘米，行距 15～16 厘米，穴距 12 厘米，每幅膜播 7～8 行。

5.3　田间管理

冬小麦出苗后，行内 10 厘米以上缺苗时应及时浸种催芽补苗。冬小麦生育期间病虫草害防治方法执行 DB14/T 669 规定。

5.4　收获

小麦蜡熟末期及时进行机械收获。

5.5　残膜处理

垄膜沟播种植在小麦灌浆期进行人工揭膜。平膜穴播种植在小麦收获后进行机械除膜。

起草人：李廷亮　李顺　谢英荷　杨珍平　马红梅　栗丽　谢钧宇　黄晓磊　李丽娜

孟会生　贾俊香

起草单位：山西农业大学

甘肃旱地全膜覆盖微垄沟播冬小麦高效施肥技术

1 范围

本文件规定了甘肃旱地全膜覆盖微垄沟播冬小麦高效施肥技术的术语和定义、节肥增效指标及生产管理措施中对肥料包括基肥和追肥的时间、施肥量、施肥方式等的要求。

本文件适用于甘肃半干旱区冬小麦栽培技术的生产与管理。

2 规范性引用文件

下列文件对于本文件的应用是必不可少的。凡是注日期的引用文件，仅注日期的版本适用于本文件。凡是不注日期的引用文件，其最新版本（包括所有的修改单）适用于本文件。

GB/T 2440—2017　尿素

NY 525—2017　有机肥料

GB/T 8321—2000　农药合理使用准则（所有部分）

NY/T 1118—2006　测土配方施肥技术规范

NY/T 496—2002　肥料合理使用准则　通则

DB65/T 3672—2014　无公害农产品春小麦 500 千克/亩平衡施肥技术规程

3 术语和定义

3.1 旱地

指干旱半干旱地区、半湿润偏旱区、半湿润和湿润地区无灌溉的雨养农田。

3.2 测土配方施肥

依据作物需肥规律、土壤供肥特性与肥料效应，在施用有机肥的基础上，合理确定氮、磷、钾和中微量元素的适宜用量和比例，并采用相应科学施用方法的施肥技术。

3.3 全膜微垄沟播冬小麦高效施肥技术

指在全膜微垄沟播冬小麦种植中，有机肥替代化肥用量，拔节期追施，且化肥深施到30 厘米，较传统施肥模式节约肥料 15％～30％，水分利用效率提高 10％～15％，氮肥料利用率提高 10％～20％，产量增加 10％以上的肥料高效管理技术。

3.4 基肥

指作物播种或定植前结合土壤耕作施用的肥料。

3.5 化学肥料

指用化学方法制成的含有一种或几种农作物生长需要的营养元素的肥料，主要的化学肥料有尿素、过磷酸钙、农业用硫酸钾、磷酸一铵、磷酸二铵等。

3.6　农家肥料

指含有大量生物物质、动植物残体排泄物等物质的肥料。它们不应对环境和作物产生不良影响。农家肥料在制备过程中，必须经无害化处理，以杀灭各种寄生虫卵、病原菌和杂草种子，去除有害有机酸和有害气体，达到卫生标准。

3.7　商品有机肥

指以动物畜禽粪便为主要原料，通过无公害化处理杀灭了有害病菌、病毒、虫卵和杂草种子，在短期内对有机蛋白进行分解和转化，无臭味，易运输的商品肥料，其氮、磷、钾3种养分的含量在5%以上，有机质含量在45%以上。

4　节肥增效指标

较传统施肥模式节约肥料15%～30%，水分利用效率提高10%～15%，氮肥利用率提高10%～20%，产量增加10%以上。

5　施肥

化肥选择应符合GB 2440、NY 525、NY/T 394的规定，禁止使用未经国家或省级农业部门登记的肥料，禁止使用重金属超标的肥料。

5.1　基肥施肥时期、施肥量和施肥方式

5.1.1　施基肥时期
地块整平后，覆膜起垄前。

5.1.2　基肥量
单纯施用化肥时，在多年测土配方施肥（纯N 9～11千克/亩，P_2O_5 7～9千克/亩）基础上总化肥用量减少10%，即纯N 8～10千克/亩、P_2O_5 6～8千克/亩。其中，基肥施纯N 5～6千克/亩、P_2O_5 3.5～5千克/亩。

化肥与商品有机肥配施时，在多年测土配方施肥（纯N 9～11千克/亩，P_2O_5 7～9千克/亩）基础上总化肥用量减少15%，即纯N 7.5～9.5千克/亩、P_2O_5 6～7.5千克/亩、商品有机肥一袋（40千克）。其中，基肥施纯N 4.5～5.5千克/亩、P_2O_5 3.5～4.5千克/亩。

化肥与农家肥配施时，在前茬作物收获后施腐熟农家肥（羊粪）1 000～1 500千克/亩，在多年测土配方施肥（纯N 9～11千克/亩，P_2O_5 7～9千克/亩）基础上总化肥用量减少20%，即纯N 7～9千克/亩、P_2O_5 5.5～7千克/亩。其中，基肥施纯N 4～5.5千克/亩、P_2O_5 3.5～4千克/亩。

5.1.3　施基肥方式
单纯施用化肥时，用小麦专用分层施肥机具（实用新型专利CN 208891189U）均匀施在15厘米处和30厘米处；

化肥与商品有机肥配施时，将商品有机肥和化肥按比例混合均匀后，用小麦专用分层施肥机具（实用新型专利CN 208891189U）均匀施在15厘米处和30厘米处；

化肥与农家肥配施时，农家肥均匀撒在地表翻耕后，化肥用小麦专用分层施肥机具（实用新型专利 CN 208891189U）均匀施在 15 厘米处和 30 厘米处。

5.2　追肥时期、追肥量及追肥方式

5.2.1　追肥时期

在冬小麦返青到拔节期追肥。

5.2.2　追肥量

单纯施用化肥时，追施纯 N 3~4 千克/亩、P_2O_5 2.5~3 千克/亩；

化肥与商品有机肥配施时，追施纯 N 3~4 千克/亩、P_2O_5 2.5~3 千克/亩；

化肥与农家有机肥配施时，追施纯 N 3~3.5 千克/亩、P_2O_5 2~3 千克/亩。

5.2.3　追肥方式

在雨前将肥料撒施于地表。

6　其他说明

本文件中未提到的播前准备、起垄覆膜、播种、田间管理、病虫害防治、适时收获、清除残膜等措施同地方标准 DB62/T 4002—2019。

起草人：侯慧芝　张绪成　王红丽　于显枫　方彦杰　马一凡

起草单位：甘肃省农业科学院旱地农业研究所

甘肃春麦区有机肥替代技术

1 范围

本文件规定了甘肃春麦区有机肥替代技术规程，包括有机肥施用技术和春小麦不同生育期田间管理要点。

本文件适用于甘肃河西走廊春麦区或其他类似地区春小麦有机肥替代减施增效管理。

2 规范性引用文件

下列文件对于本文件的应用是必不可少的。凡是注日期的引用文件，仅所注日期的版本适用于本文件。凡是不注日期的引用文件，其最新版本（包括所有的修改单）适用于本文件。

NY525—2012 有机肥料新标准

DB15/T 1802—2020 河套灌区小麦减肥增效技术规程

NY/T 496—2010 肥料合理使用准则 通则

NY/T 1276—2007 农药安全使用规范 总则

3 术语和定义

3.1 有机肥料

指主要来源于植物和（或）动物，经过发酵腐熟的含碳有机物料，其功能是改善土壤肥力、提供植物营养、提高作物品质。

3.2 农家肥

指在农村中收集、积制和栽种的各种有机肥料，如人粪尿、厩肥、堆肥、绿肥、泥肥、草木灰等。一般能供给作物多种养分和改良土壤性质。

3.3 冻垡

指在冬季耕层土壤水分结冰前对土壤进行灌溉，在土壤水分结冰季节通过土壤深层水分向地表运移及地面降水增加冰层厚度来提高耕层土壤含水量的措施。

4 甘肃春麦区有机肥替代技术

甘肃春麦区有机肥替代技术实施主要从以下几个不同时期进行：

4.1 播种

4.1.1 时间

3月中旬。

4.1.2 主攻目标

培肥保墒，出苗均匀整齐。

4.1.3 技术措施

4.1.3.1 时间

表层土壤解冻即可开始播种。

4.1.3.2 种子

春小麦种子选取具有一定抗逆性、抗病虫性强的品种，如宁春11号。

4.1.3.3 播种

播种量为30千克/亩，采用普通播种机播种。

4.1.3.4 基肥

磷、钾肥一次性基施，氮肥基施40%～50%，其余在返青拔节、抽穗期等分次追施。旋耕机旋耕使肥料和土壤混匀，深度为20厘米左右。肥料施用符合NY/T 496—2010的相关规定。

4.1.3.5 有机肥用量

商品有机肥施用量为200～300千克/亩，或者一般农家肥施用500～1 000千克/亩，化学氮肥可以减施20%。有机肥符合NY525—2012的相关规定。

如果土壤盐分含量较高，有机肥用量可适当加大，但减施氮用量最高以20%为宜。

4.1.3.6 春小麦不同产量地块肥料用量

可以参照表1进行调整。

表1 不同春小麦产量水平地块化肥和有机肥/农家肥施用量标准

小麦产量水平（千克/亩）	200	300	400	500
氮肥用量（N，千克/亩）	5.6±0.6	8.4±0.9	11.2±1.1	14.0±1.3
磷肥用量（P_2O_5，千克/亩）	8.7±0.2	10.0±0.3	10.7±0.4	12.0±0.7
商品有机肥（千克/亩）	200±20	267±26.7	300±33.3	333±33.3
或者农家肥（千克/亩）	500±33.3	667±33.3	833±33.3	1 000±33.3

4.2 出苗期

4.2.1 时间

3月下旬到4月上旬。

4.2.2 主攻目标

促根增蘖，培育壮苗。

4.2.3 技术措施

4.2.3.1 灌水

根据土壤墒情和天气情况进行灌溉。

春小麦分蘖期对盐分比较敏感，如果土壤盐分含量较高，灌溉时间可以选择在出苗后到分蘖前期进行，减少盐分对春小麦的影响。

4.2.3.2 杂草防控

主要杂草有野燕麦、猪殃殃、雀麦、播娘蒿、萹蓄、田旋花等。禾本科杂草使用异丙隆，对硬草、看麦娘、蜡烛草、早熟禾均有较好防效；麦喜（双氟·唑嘧胺）、麦草畏、苯磺隆、噻磺隆、使它隆、快灭灵（唑草酮）、苄嘧磺隆等防治阔叶杂草有效。药剂使用符合GB4285 的规定。

4.3 拔节期

4.3.1 时间
4 月中旬到 4 月下旬。

4.3.2 主攻目标
促进大蘖成穗，害虫防控。

4.3.3 技术措施
4.3.3.1 灌水
根据土壤墒情和天气情况进行灌溉。

4.3.3.2 尿素追施
追施 20%～30% 的氮肥。

4.3.3.3 害虫防控
主要的病虫害为蚜虫、红蜘蛛、条锈病、黑穗病、白粉病等。锈病应喷洒禾果利（烯唑醇）或三唑酮进行防治；白粉病用三唑酮或戊唑醇在发病初期进行叶面喷施。蚜虫等用吡虫啉、杀灭菊酯防治。药剂使用符合 GB4285 农药安全使用标准相关规定。

4.4 孕穗期

4.4.1 时间
5 月上旬到 5 月中旬。

4.4.2 主攻目标
保花增粒。

4.4.3 技术措施
4.4.3.1 灌水
根据土壤墒情和天气情况进行灌溉。

4.4.3.2 尿素追施
追施 20% 的氮肥。

4.4.3.3 病虫害防控
方法同拔节期。

4.5 灌浆期

4.5.1 时间
5 月下旬到 6 月上旬。

4.5.2 主攻目标
保证植株充分的生长条件，增加粒重。

4.5.3 技术措施
4.5.3.1 灌水
根据土壤墒情和天气情况进行灌溉。灌溉要避开大风天气，防止植株发生倒伏现象。

4.5.3.2 害虫防控

方法同拔节期。

4.6 成熟期

4.6.1 时间

6月中旬。

4.6.2 主攻目标

丰产丰收。

4.6.3 技术措施

4.6.3.1 适时采用机器收获，防止过早收获和过晚收获，确保丰收。

4.6.3.2 秸秆收获后作为牲畜饲料。

4.6.3.3 收获后对土壤进行翻耕晾晒，于11月土壤封冻之前进行灌溉，通过冻垡改善土壤条件。

起草人：王旭东　张育林

起草单位：西北农林科技大学

甘肃旱地春小麦秸秆还田与节肥绿色生产技术

1 范围

本文件规定了旱地春小麦秸秆还田与节肥绿色生产技术规程的规范性引用文件、术语和定义、环境条件、播前准备、播种、田间管理、收获和秸秆还田的作业标准及配套技术规范。

本文件适合于甘肃旱地春小麦产区。

2 规范性引用文件

下列文件是本文件应用时必不可少的。凡是注日期的引用文件，仅注日期的版本适用于本文件。凡是不注日期的引用文件，其最新版本（包括所有的修改单）适用于本文件。

NY/T 1276—2007 农药安全使用规范 总则

GB 4404.1—2008 粮食作物种子 第1部分：禾谷类

GB/T 8321—2000 农药合理使用准则（所有部分）

GB 15618—2018 土壤环境质量标准

NY/T 496—2002 肥料合理使用准则 通则

3 术语和定义

下列术语和定义适用于本文件。

3.1 秸秆覆盖还田

作物全生育期先将秸秆覆盖在地表保墒种植，收获后将秸秆旋耕打碎还田，培肥地力。

3.2 节肥技术

在前茬秸秆还田地块，通过秸秆所含必需矿质养分投入，适当减少当季化肥使用量，实现有机替代。

3.3 秸秆带状覆盖

指一种地面局部秸秆覆盖方式，田块分为覆盖带和播种带，两带相间排列，覆盖带和种植带的幅宽分别为50厘米和70厘米。利用玉米整秆进行局部覆盖，在不降低单位面积播种量前提下，种植带局部密植条播种植。根据玉米秸秆取材来源不同，可将秸秆带状覆盖分为搬迁式及双垄沟式，搬迁式及双垄沟式两带幅宽及比例相同。

3.4 搬迁式

覆盖所需秸秆从其他地块搬运而来。

3.5 双垄沟式

利用前茬为双垄沟地膜玉米整秆和原有大垄、小垄交替结构进行就地覆盖，将整秆覆盖在小垄之上的两行玉米留茬之间。

3.6 "一喷三防"

春小麦开花后叶面混合喷施农药和肥料，同时防控蚜虫、病害（锈病、白粉病）和干热风。

4 环境条件

适宜在降水量 280～500 毫米，全生育期≥10 ℃积温 1 400 ℃，年日照时数 1 700 小时以上，年平均气温 5～9 ℃，土壤全盐含量≤0.3%的环境条件下采用。土壤环境质量符合 GB 5618 的规定。

5 精准减量施肥

旱地春小麦提倡肥料全部用作基肥，基肥结合耕作施入。施肥量根据实现目标产量的需肥量、播前土壤基础养分含量、秸秆还田有机养分投入量，计算确定氮、磷肥用量。甘肃属富钾地区，不考虑施钾肥。

在前茬连续秸秆还田地块（年风干秸秆还田量≥600 千克/亩），当季采用秸秆带状覆盖接茬种植春小麦时，氮肥和磷肥施用量较秸秆不还田且无覆盖种植麦田各减少 20%以上。

5.1 氮肥施用量确定

播前采集 0～100 厘米土壤样品，测定硝态氮含量。氮素需用量＝目标产量需氮量＋（土壤硝态氮安全阈值－土壤硝态氮实测值）。上式中，氮均指纯 N。在小麦播前测定的土壤硝态氮（N）安全阈值为 7.33 千克/亩。氮肥施用量＝[氮素需用量×（1－秸秆还田氮肥替代率）（%）]/肥料含氮量（%）。

5.2 磷肥施用量确定

播前测定麦田 0～20 厘米土壤有效磷量，按以下公式确定磷肥施用量：磷素需用量＝目标产量需磷量×施磷系数；磷肥施用量＝[磷素需用量×（1－秸秆还田磷肥替代率）（%）]/肥料含磷量（%）。上述磷均指 P_2O_5。施磷系数由表 1 确定。

表 1　旱地麦田土壤供磷指标与施磷系数

评价指标	土壤有效磷（毫克/千克）	施磷系数
极低	<5	2.0
偏低	5～10	1.5
适中	10～15	1.0
偏高	15～20	0.5
极高	>20	0.3

5.3 秸秆还田有机替代率与参考化肥施用量

根据甘肃春小麦产区水热生产潜力和现实生产力，在玉米风干秸秆还田量≥600 千克/亩、秸秆氮肥和磷肥有机替代率（或节肥率）为 20%基础上，推荐的参考氮肥使用量如下：

目标产量 250～350 千克/亩麦田，施纯 N6.0～7.5 千克/亩、P_2O_5 4.5～6.5 千克/亩；目标产量 150～200 千克/亩麦田，施纯 N4.0～6.0 千克/亩、P_2O_5 3.0～4.5 千克/亩。若同时使用 3 000～4 000 千克/亩农家肥作基肥时，上述化肥基肥用量取低限。化肥的使用原则符合 NY/T 496 的规定。

6　播前耕作整地

6.1　搬迁式耕作整地

前作收获后及时深耕或旋耕灭茬，深耕深度 20～30 厘米，旋耕深度 12 厘米以上。深耕和旋耕可隔年交替进行，可将耕作灭茬、施基肥、耙糖平土一次性作业完成；地下害虫严重地块，结合整地制成毒土防治，方法为：每亩用 40% 辛硫磷乳油 200～250 毫升加水 2.5 升，与 25 升细土掺混制成毒土，耕前均匀施于地表，随耕地翻入土中。

6.2　双垄沟式耕作整地

对前茬为双垄沟地膜玉米田，在保留原大垄和小垄结构基础上，对大垄进行局部耕作与施肥后，留作春季小麦种植带。方法为：秋季覆秆前消除小垄聚乙烯地膜后继续保留大垄聚乙烯地膜用于保墒，在小麦春播前 7～10 天清除大垄聚乙烯地膜，然后对大垄进行旋耕和集中施肥。对大垄进行局部旋耕时，可将常规旋耕机两端各卸去 2 片旋耕刀，以保证旋耕只在 70 厘米幅宽范围进行。对大垄的局部旋耕、施肥和平土可一次性机械作业完成。基肥施用量、旋耕深度、土壤消毒等与搬迁式相同。若双垄沟地膜玉米采用生物可降解膜时，不再进行清除残膜，直接进行覆盖、耕作和施肥作业。

7　带状结构制作与秸秆覆盖

7.1　搬迁式带状结构制作与秸秆覆盖

在秋末完成耕作整地与施基肥以后，趁表土疏松马上进行机械压带形成秸秆覆盖沟，播前压带便于固定覆秆和保证两带幅宽均匀一致。可采用小四轮拖拉机轮胎来回碾压，形成宽度 50 厘米、深度 5 厘米左右的秸秆覆盖带沟，拖拉机内轮距间自然形成约 70 厘米宽的非碾压种植带。在秋末搬运玉米秸秆并放置玉米整秆在覆盖带沟内，以单层玉米整秆盖严覆盖带为原则，覆盖量为 600～900 千克/亩风干秸秆，相当于 3 500～4 500 株/亩玉米整秆。覆盖后每隔 1.5 米左右再覆秆压少许土，以防大风掀起秸秆。

7.2　双垄沟式带状结构制作与秸秆覆盖

双垄沟式带状结构制作与秸秆覆盖方法见 6.2。待大垄种植带的表土沉实约一周后，进行播种。

8　种子准备

根据各地条件，有针对性地选择丰产性、抗逆性和综合农艺性状适宜，水肥利用效率高的优良品种。在年降水量为 400 毫米以下地区，强调选用抗旱耐瘠、耐青干、株高 85～95

厘米的中强筋优良品种；年降水量 400 毫米以上地区，强调选用对条锈病和白粉病抗（耐）性较强、抗倒伏、株高不超过 90 厘米、耐旱性适度但水肥利用效率较高的中强筋优良品种。精选种子，种子质量应符合 GB 4404.1 的规定。

条锈病、白粉病、黑穗病、地下害虫发生较重地区，播种前要求药剂拌种。防治条锈病、白粉病、黑穗病、小麦全蚀病、根腐病的拌种方法为：用 15％三唑酮可湿性粉剂 200～300 克干拌麦种 100 千克，或用 20％三唑酮乳油 150～200 毫升拌种 100 千克；防治地下害虫、麦蜘蛛、麦蚜、小麦黄矮病的方法为：用 50％辛硫磷乳油 200 克兑水 2～3 升拌麦种 100 千克。

9 播种

9.1 播量

产量 150～200 千克/亩田块，一般按保证每亩基本苗 $15×10^4$～$20×10^4$ 下种，产量 250 千克/亩以上田块，按保证每亩基本苗 $25×10^4$～$30×10^4$ 下种。播种量按式（1）计算。

$$a=b×c/(d×e×f×10^6)   (1)$$

式中 a——播种量（千克/亩）；

        b——基本苗数（10^4/亩）；

        c——千粒重（克）；

        d——种子净度（％）；

        e——发芽率（％）；

        f——出苗率（％）。

9.2 播种

春季 0～5 厘米表层土壤解冻即可播种。在 70 厘米种植带条播种植 5 行小麦，行距不超过 15 厘米，边行与覆盖带边缘保留 5 厘米间距以防止秸秆压苗。播种深度 3～5 厘米，播后耱平。

10 田间管理

10.1 除草

拔节前人工除草。若杂草较多，可在拔节初 4～5 叶期进行化学除草。野燕麦等单子叶杂草，每亩用 6.9％骠马乳油 60～70 毫升兑水 30 升喷施；阔叶类杂草，每亩用 75％苯磺隆干悬浮剂 1.0～1.8 克兑水 30 升喷施，或 10％苯磺隆可湿粉剂 10 克兑水 30 升喷施；野燕麦和阔叶类杂草混合发生田块，每亩用 6.9％骠马乳油 60～70 毫升和 75％苯磺隆干悬浮剂 1.0～1.8 克混合，兑水 30 升喷施。

10.2 追肥与防倒伏

施足基肥的麦田，一般生育期间不再追肥。但若出现黄苗、弱苗或遭遇冻害后，可在拔节前趁雨追施少量氮肥，方法为：顺行撒施纯氮 1.0～2.0 千克/亩。有倒伏倾向的旺长田，拔节初期可用 50％矮壮素 100～300 倍液，或 20％的壮丰安乳剂 30～40 毫升兑水 30～40 升均匀喷雾预防。

10.3　病虫防治

生育期间条锈病白粉病叶率达到 10％时，每亩用 15％三唑酮可湿性粉剂 80～100 克，或 12.5％烯唑醇可湿性粉剂 20～30 克，兑水 30～45 升喷雾防治；发生麦蚜、麦蜘蛛的地块，达到防治指标时（百株麦蚜虫量达 500 头，每 1.0 米行长麦蜘蛛量达 600 头），每亩用 1.8％阿维菌素乳油 20 毫升兑水 30～45 升喷雾防治。

10.4　"一喷三防"

从开花后第 10 天开始，进行 1～2 次"一喷三防"，每次相隔 7～10 天，喷施要选择在气温较低的阴天，或晴天的傍晚和早晨进行。

每亩用 15％三唑酮可湿性粉剂 60～80 克、10％吡虫啉 20～30 克、磷酸二氢钾 50 克，混合后兑水 30～45 升喷雾；或每亩用 12.5％烯唑醇可湿性粉剂 25～30 克、50％抗蚜威可湿性粉剂 20 克、磷酸二氢钾 50 克，混合后兑水 30～45 升喷雾。

11　收获与秸秆带状覆盖二茬再利用

人工收获可在蜡熟末期进行，机械收获可在完熟期进行。秸秆带状覆盖可连续种植两茬小麦，若秸秆带状覆盖二茬再利用，头茬小麦需要高茬收割，留茬高度 10 厘米，以便固定原玉米秸秆和在原覆盖带上叠加前茬小麦秸秆。头茬小麦夏收后，立即采用灭生性除草剂灭草。方法为：每亩用 25 克草铵膦兑水 15 升喷施。秋末若仍有杂草滋生，可再次采用灭生性除草剂灭草，方法同前。

12　秸秆还田

秸秆带状覆盖利用结束后，在盛夏，当地表所有秸秆干燥时，结合旋耕灭茬，将地表所有玉米和小麦秸秆旋耕粉碎还田。秸秆还田宜早不宜晚，以便利用夏秋较多降水和较高温度，促进秸秆在土壤中尽快腐解和养分有效转化。

起草人：程宏波　柴雨葳　王朝辉　常磊　柴守玺　李亚伟　李瑞

起草单位：甘肃农业大学、西北农林科技大学

甘肃旱地冬小麦秸秆还田与节肥绿色生产技术

1 范围

本文件规定了旱地冬小麦秸秆还田与节肥绿色生产技术规程的规范性引用文件、术语和定义、环境条件、播前准备、播种、田间管理、收获和秸秆还田的作业标准及配套技术规范。

本文件适合于年降水量300～550毫米的旱地冬小麦产区。

2 规范性引用文件

下列文件是本文件应用时必不可少的。凡是注日期的引用文件，仅注日期的版本适用于本文件。凡是不注日期的引用文件，其最新版本（包括所有的修改单）适用于本文件。

NY/T 1276—2007　农药安全使用规范　总则

GB 4404.1—2008　粮食作物种子　第1部分：禾谷类

GB/T 8321—2000　农药合理使用准则（所有部分）

GB 15618—2018　土壤环境质量标准

NY/T 496—2002　肥料合理使用准则　通则

3 术语和定义

下列术语和定义适用于本文件。

3.1 秸秆覆盖还田

作物全生育期将秸秆覆盖在地表保墒种植，收获后将秸秆旋耕打碎还田，培肥地力。

3.2 节肥技术

在前茬秸秆还田地块，通过秸秆所含必需矿质养分投入，适当减少当季化肥使用量，实现有机替代。

3.3 秸秆带状覆盖

指一种地面局部秸秆覆盖方式，田块分为覆盖带和播种带，两带相间排列，覆盖带和种植带的幅宽分别为50厘米和70厘米。利用玉米整秆进行局部覆盖，在不降低单位面积播种量前提下，种植带局部密植条播种植。根据玉米秸秆取材来源不同，可将秸秆带状覆盖分为搬迁式及双垄沟式，搬迁式及双垄沟式两带幅宽及比例相同。

3.4 搬迁式

覆盖所需秸秆从其他地块搬运而来。

3.5　双垄沟式

利用前茬为双垄沟地膜玉米整秆和原有大垄、小垄交替结构进行就地覆盖，将整秆覆盖在小垄之上的两行玉米留茬之间。

3.6　"一喷三防"

冬小麦开花后叶面混合喷施农药和肥料，同时防控蚜虫、病害（锈病、白粉病）和干热风。

4　环境条件

宜在降水量 280～500 毫米，全生育期≥10 ℃积温 1 400 ℃、年日照时数 1 700 小时以上，年平均气温 7～15 ℃，土壤全盐含量≤0.3％的环境条件下采用。土壤环境质量符合 GB 5618 的规定。

5　精准减量施肥

旱地冬小麦提倡肥料全部用作基肥，基肥结合耕作施入。施肥量根据实现目标产量的需肥量、播前土壤基础养分含量、秸秆还田有机养分投入量，计算确定氮、磷肥用量。甘肃属富钾地区，不考虑施钾肥。

在前茬连续秸秆还田地块（年风干秸秆还田量≥600 千克/亩），当季采用秸秆带状覆盖接茬种植冬小麦时，氮肥和磷肥施用量较秸秆不还田且无覆盖种植麦田各减少 20％以上。

5.1　氮肥施用量确定

播前采集 0～100 厘米土壤样品，测定硝态氮含量。氮素需用量＝目标产量需氮量＋（土壤硝态氮安全阈值－土壤硝态氮实测值）。上式中，氮均指纯 N。在小麦播前测定的土壤硝态氮（N）安全阈值为 7.33 千克/亩。氮肥施用量＝[氮素需用量×（1－秸秆还田氮肥替代率）（％）]/肥料含氮量（％）。

5.2　磷肥施用量确定

播前测定麦田 0～20 厘米土壤有效磷量，按以下公式确定磷肥施用量：磷素需用量＝目标产量需磷量×施磷系数；磷肥施用量＝[磷素需用量×（1－秸秆还田磷肥替代率）（％）]/肥料含磷量（％）。上述磷均指 P_2O_5。施磷系数由表 1 确定。

表 1　旱地麦田土壤供磷指标与施磷系数

评价指标	土壤有效磷（毫克/千克）	施磷系数
极低	＜5	2.0
偏低	5～10	1.5
适中	10～15	1.0
偏高	15～20	0.5
极高	＞20	0.3

5.3 秸秆还田有机替代率与参考化肥施用量

根据甘肃冬小麦产区水热生产潜力和现实生产力，在玉米风干秸秆还田量≥600千克/亩、秸秆氮肥和磷肥有机替代率（或节肥率）为20%基础上，推荐的参考氮肥使用量如下：目标产量250千克/亩以上麦田，施纯N6.0～8.0千克/亩、P_2O_5 4.5～6.5千克/亩；目标产量150～200千克/亩麦田，施纯N4.0～6.0千克/亩、P_2O_5 3.0～4.5千克/亩。若同时使用3 000～4 000千克/亩农家肥作基肥时，上述化肥基肥用量取低限。化肥的使用原则符合NY/T 496的规定。

6 播前耕作整地

6.1 搬迁式耕作整地

前作收后及时深耕或旋耕灭茬，深耕深度20～30厘米，旋耕深度12厘米以上。深耕和旋耕可隔年交替进行，可将耕作灭茬、施基肥、耙糖平土一次性作业完成；地下害虫严重的地块，结合整地制成毒土防治，方法为：每亩用40%辛硫磷乳油200～250毫升加水2.5升，与25千克细土掺混制成毒土，耕前均匀施于地表，随耕地翻入土中。

6.2 双垄沟式耕作整地

对前茬为双垄沟地膜玉米田，在保留原大垄和小垄结构基础上，清除地膜，对大垄进行局部耕作与施肥后，留作秋季小麦种植带。对大垄进行局部旋耕时，可将常规旋耕机两端各卸去2片旋耕刀，以保证旋耕只在70厘米幅宽范围进行。对大垄的局部旋耕、施肥和平土可一次性机械作业完成。基肥施用量、旋耕深度、土壤消毒等与搬迁式相同。若双垄沟地膜玉米采用生物可降解膜时，不再进行清除残膜，直接进行覆盖、耕作和施肥作业。

7 带状结构制作与秸秆覆盖

7.1 搬迁式带状结构制作与秸秆覆盖

在秋末完成耕作整地与施基肥以后，趁表土疏松马上进行机械压带形成秸秆覆盖沟，播前压带便于固定覆秆和保证两带幅宽均匀一致。可采用小四轮拖拉机轮胎来回碾压，形成宽度50厘米、深度5厘米左右的秸秆覆盖带沟，拖拉机内轮距间自然形成约70厘米宽的非碾压种植带。在秋末搬运玉米秸秆并放置玉米整秆在覆盖带沟内，以单层玉米整秆盖严覆盖带为原则，覆盖量为600～900千克/亩风干秸秆，相当于3 500～4 500株/亩玉米整秆。覆盖后每隔1.5米左右在覆秆上堆状压土少许，以防大风掀起秸秆。

7.2 双垄沟式带状结构制作与秸秆覆盖

直接利用前茬双垄沟玉米地块的小垄作秸秆覆盖带，大垄用作种植带。小垄免耕不施肥，结合秋季玉米高茬收割（留茬高度5～10厘米），先清除大、小垄聚乙烯地膜，再将玉米整秆就地覆盖于小垄之上的两行高留茬之间，形成50厘米覆盖带。对大垄局部旋耕和施肥作业，形成70厘米种植带，方法见6.2。待大垄种植带的表土沉实约一周后，进行播种。

8　种子准备

根据各地条件，有针对性地选择丰产性、抗逆性和综合农艺性状适宜，水肥利用效率高的优良品种。在年降水量为 400 毫米以下地区，强调选用抗旱耐瘠、耐青干、株高 85～95 厘米的中强筋优良品种；年降水量 400 毫米以上地区，强调选用对条锈病和白粉病抗（耐）性较强、抗倒伏、株高不超过 90 厘米、耐旱性适度但水肥利用效率较高的中强筋优良品种。精选种子，种子质量应符合 GB 4404.1 的规定。

条锈病、白粉病、黑穗病、地下害虫发生较重地区，播种前要求药剂拌种。防治条锈病、白粉病、黑穗病、小麦全蚀病、根腐病的拌种方法为：用 15％三唑酮可湿性粉剂 200～300 克干拌麦种 100 千克，或用 20％三唑酮乳油 150～200 毫升拌种 100 千克；防治地下害虫、麦蜘蛛、麦蚜、小麦黄矮病的方法为：用 50％辛硫磷乳油 200 克兑水 2～3 升拌麦种 100 千克。

9　播种

9.1　播量

产量 150～200 千克/亩田块，一般按保证每亩基本苗 $15 \times 10^4 \sim 20 \times 10^4$ 下种；产量 250 千克/亩以上田块，按保证每亩基本苗 $25 \times 10^4 \sim 30 \times 10^4$ 下种。播种量按式（1）计算。

$$a = b \times c / (d \times e \times f \times 10^6) \tag{1}$$

式中　a——播种量（千克/亩）；

　　　b——每亩基本苗数（10^4）；

　　　c——千粒重（克）；

　　　d——种子净度（％）；

　　　e——发芽率（％）；

　　　f——出苗率（％）。

9.2　播种

较当地无覆盖露地种植早播 5～7 天。在 70 厘米种植带条播种植 5 行小麦，行距不超过 15 厘米，边行与覆盖带边缘保留 2～5 厘米间距以防秸秆压苗。播种深度 3～5 厘米，播后耱平。

10　田间管理

10.1　除草

进入越冬期（夜冻昼消时）前 10～15 天人工除草一次，若杂草较多，可进行化学除草，方法为：野燕麦等单子叶杂草，每亩用 6.9％骠马乳油 60～70 毫升兑水 30 升喷施；阔叶类杂草，每亩用 75％苯磺隆干悬浮剂 1.0～1.8 克兑水 30 升喷施，或 10％苯磺隆可湿粉剂 10 克兑水 30 升喷施；野燕麦和阔叶类杂草混合发生田块，每亩用 6.9％骠马乳油 60～70 毫升和 75％苯磺隆干悬浮剂 1.0～1.8 克混合，兑水 30 升喷施。越冬期前若未进行除草，可在春季拔节初 4～5 叶期化学除草，化学除草方法同越冬前。

10.2 追肥与防倒伏

施足基肥的麦田，一般生育期间不再追肥。但若出现黄苗、弱苗或遭遇冻害后，可在拔节前趁雨追施少量氮肥，方法为：顺行撒施纯氮 1.0～2.0 千克/亩。有倒伏倾向的旺长田，拔节初期可用 50％矮壮素 100～300 倍液，或 20％的壮丰安乳剂 30～40 毫升兑水 30～40 升均匀喷雾预防。

10.3 病虫防治

生育期间条锈病、白粉病病叶率达到 10％、白粉病病叶率达到 5％时，每亩用 15％三唑酮可湿性粉剂 80～100 克，或 12.5％烯唑醇可湿性粉剂 20～30 克，兑水 30～45 升喷雾防治；发生麦蚜、麦蜘蛛的地块，达到防治指标时（百株麦蚜虫量达 500 头，每 1.0 米行长麦蜘蛛量达 600 头），每亩用 1.8％阿维菌素乳油 20 毫升兑水 30～45 升喷雾防治。

10.4 "一喷三防"

从开花后第 10 天开始，进行 1～2 次"一喷三防"，每次相隔 7～10 天，喷施要选择在气温较低的阴天、晴天的傍晚或早晨进行。

每亩用 15％三唑酮可湿性粉剂 60～80 克、10％吡虫啉 20～30 克、磷酸二氢钾 50 克，混合后兑水 30 升喷雾；或每亩用 12.5％烯唑醇可湿性粉剂 25～30 克、50％抗蚜威可湿性粉剂 20 g、磷酸二氢钾 50 克，混合后兑水 30 升喷雾。

11 收获与秸秆带状覆盖二茬再利用

人工收获可在蜡熟末期进行，机械收获可在完熟期进行。秸秆带状覆盖可连续种植两茬小麦，若秸秆带状覆盖二茬再利用，头茬小麦需要高茬收割，留茬高度 10 厘米，以便固定原玉米秸秆和在原覆盖带上叠加前茬小麦秸秆。头茬小麦夏收后，立即采用灭生性除草剂灭草。方法为：25 克草铵膦兑水 15 升喷施。秋末若仍有杂草滋生，可再次采用灭生性除草剂灭草，方法同前。

12 秸秆还田

秸秆带状覆盖利用结束后，在盛夏当地表所有秸秆干燥时，结合旋耕灭茬，将地表所有玉米和小麦秸秆旋耕粉碎还田。秸秆还田宜早不宜晚，以便利用夏秋较多降水和较高温度，促进秸秆在土壤中尽快腐解和养分有效转化。

起草人：程宏波　柴雨葳　王朝辉　常磊　柴守玺　李亚伟　李瑞

起草单位：甘肃农业大学、西北农林科技大学

宁夏引黄灌区春小麦/绿肥油菜化肥定量施用技术

1　范围

本文件规定了宁夏引黄灌区不同肥力田块春小麦/绿肥油菜化肥定量施用过程中涉及的地力分级、施肥管理、生产条件和产量指标、备耕、田间管理等技术要求。

本文件适用于宁夏引黄灌区。具体操作中除应遵守本文件外，还应符合国家和行业有关规范、规程、标准中的强制性规定。

2　适用范围

本文件主要适用于宁夏引黄自流灌区的春小麦/绿肥油菜种植，其他地区参照执行；水源主要包括黄河水；主要适用于引黄灌区的灌淤土区。

DB64/T1060—2015　宁夏引黄灌区春小麦高产栽培技术规程

GB4404.1—2008　粮食作物种子　第 1 部分：禾谷类

NY/T 1112—2006　配方肥料

3　术语与定义

3.1　引黄自流灌区

一般指降水量为 200 毫米以下，宁夏北部引黄灌区中的卫宁自流灌区、青铜峡河东自流灌区、青铜峡河西银南自流灌区、青铜峡河西银北自流灌区，行政区主要包括中卫、中宁、利通区、灵武、青铜峡、永宁、银川三区、贺兰、平罗、惠农等地。

3.2　基肥

指作物播种前结合土壤耕作施用的肥料，也称底肥。

3.3　追肥

指作物生长期间为满足作物中后期营养需要而施用的肥料。

3.4　种肥

指作物播种时与种子一起播入土壤的肥料。

4　春小麦播前准备

4.1　冬灌与保墒

绿肥油菜收获后及时粉碎、耕翻，并在 11 月 10 日前后适时冬灌，为立春前后打糖保墒。

4.2　种子处理

选择当地主栽品种宁春 4 号、宁春 50 号、宁春 51 号等，种子质量按 GB4404.1 中的规定执行，播种前用包衣剂包衣。

4.3　整地

2 月下旬至 3 月上旬，晴天午后土壤化冻 8～10 厘米时耕翻、耙耱、整地。

5　春小麦播种技术

5.1　播期

适时顶凌播种，在 2 月下旬至 3 月上旬完成播种。

5.2　播量

适宜播量为每亩 22.5～25.0 千克。

5.3　播种方式

宽窄行、等行距或匀播种植，宽窄行种植时宽行行距 16 厘米、窄行行距 12 厘米。等行种植时行距为 15 厘米。

5.4　播种要求

播深 3～5 厘米，要求深浅一致，落子均匀，播后视墒情耱田或镇压保墒。

6　春小麦田间管理

6.1　破除板结

因春季潮水大或播后至小麦出苗前降雨，黏重土壤应注意出苗前及时破除板结，确保全苗。可结合旱追肥方式用播种机破除板结。

6.2　施肥量及时期

6.2.1　施肥总量

根据播前土壤中矿质态氮、有效磷和速效钾的含量及目标产量而定。在目标产量为每亩 500 千克以上时，春小麦播前及整个生育期每亩施氮素（N）15～18 千克、五氧化二磷（P_2O_5）5～8 千克、氧化钾（K_2O）0～3 千克。

6.2.2　基肥

播前整地前，用播肥机每亩施 N 3.3～4.0 千克，合尿素（含 N 46%）7.3～8.5 千克；每亩施 P_2O_5 3.3～5.3 千克，合重过磷酸钙（含 P_2O_5 52%）6.3～10.0 千克；每亩施 K_2O 0～3.0 千克，合氯化钾（含 K_2O 60%）0～5.0 千克。若施用配方肥，按 NY/T 1112 规定执行，氮、磷、钾施入量应达到基肥用量水平，或以单质化肥补足。

6.2.3　种肥

播种时用种肥一体机随种子一起施入，每亩施磷酸二铵（含 N46％，含 $P_2O_5$18％）10～15 千克。

6.2.4　追肥

在春小麦苗期和拔节期结合灌水施入氮肥。苗期（4 月下旬）每亩施 N3.6～4.3 千克，合尿素（含 N 46％）8.0～9.0 千克。拔节期（5 月中旬）每亩施 N2.4～3.0 千克，合尿素（含 N 46％）5.0～6.0 千克。

6.3　灌水

春小麦生育期总共灌 4 次水，分别在 4 月下旬、5 月中旬、5 月下旬、6 月中旬进行。后期灌水应注意天气变化，防止因灌水造成倒伏。

6.4　病虫草害防治

春小麦苗期（4 月中旬）喷除草剂，小麦抽穗期至灌浆期喷杀菌剂、杀虫剂和磷酸二氢钾，进行防病（锈病、白粉病、赤霉病）、防虫（蚜虫、吸浆虫）并防止小麦早衰，促进籽粒灌浆。

7　适时收获春小麦

在春小麦完熟初期（7 月上旬）收获，小麦茎叶全部变黄，茎秆还有一定的弹性，籽粒呈现品种固有色泽，含水量降至 18％以下。

8　麦后复种绿肥油菜

按每亩 0.75 千克油菜籽称量并与干细土混匀，在春小麦灌第 4 水前或待春小麦收获后灭茬整地后，均匀撒播。一般在 8 月中旬和 8 月下旬灌水，视降雨情况进行调整，绿肥油菜生长期间每亩施 N 12～13 千克、P_2O_5 6～7 千克、K_2O 3～4 千克，其中磷、钾肥于播种前一次性基施，氮肥 70％基施、30％在苗期（8 月下旬）追施。待油菜生物量达最大时粉碎翻压，一般在 9 月下旬或 10 月上旬。

起草人：王西娜　谭军利　何文寿

起草单位：宁夏大学

新疆冬小麦养分分区定量施肥技术

1　范围

本文件规定了基于土壤肥力分级的新疆维吾尔自治区冬小麦分区用量及滴灌模式和常规灌模式下的冬小麦基肥、种肥、追肥用量与方法。

2　规范性文件的引用

下列文件对于本文件的应用是必不可少的。凡是注日期的引用文件，仅限所注日期的版本适用于本文件。凡是不注日期的引用文件，其最新版本（包括所有的修改单）适用于本文件。

NY/T 2911—2016　测土配方施肥技术规程

GB/T 31732—2015　测土配方施肥　配肥服务技术规范

NY/T 496—2010　肥料合理使用准则　通则

NY/T 1121.1—2006　土壤检测　第 1 部分：土壤样品的采集、处理和贮存

NY/T 1121.6—2006　土壤检测　第 6 部分：土壤有机质的测定

NY/T 1121.7—2014　土壤检测　第 7 部分：土壤有效磷的测定

NY/T 889—2004　土壤速效钾和缓效钾含量的测定

FHZDZTR0051　土壤水解性氮的测定碱解扩散法

3　术语与定义

下列术语和定义适用于本文件。

3.1　土壤肥力

指土壤为作物正常生长提供并协调营养物质和环境条件的能力。

3.2　养分分区定量施肥

以满足高产和优质农作物生产的养分需求为目标，在考虑土壤肥力养分供应及其作物养分需求基础上，优化施肥用量进行定量调控，以避免过量施肥。

3.3　百千克籽粒氮磷钾需求量

形成 100 千克小麦籽粒所需要的氮（N）、磷（P_2O_5）和钾（K_2O）量，分别为 3.0 千克、1.2 千克和 2.1 千克。

3.4　目标产量

在正常的田间条件下，小麦可获得的预期产量，可由相应田块前三年（自然灾害年份除外）小麦的平均产量乘以系数 1.1 作为目标产量。

4 养分分区定量施肥技术

4.1 土壤肥力分级

农田土壤肥力主要以土壤有机质含量和全氮含量作为肥力判断的主要标准。土壤磷水平、钾水平分别以土壤有效磷、速效钾含量高低来衡量。

表 1 土壤肥力分级标准

肥力等级	土壤养分指标			
	有机质（克/千克）	全氮（N，克/千克）	有效磷（P_2O_5，毫克/千克）	速效钾（K_2O，毫克/千克）
高肥力	>20	>1.0	>20	>200
中肥力	10~20	0.5~1.0	8~20	100~200
低肥力	≤10	≤0.5	≤8	≤100

4.2 总施肥量

根据新疆地区土壤养分供应能力和肥料的肥效反应，结合各地丰产栽培实践，冬小麦各种养分施肥量见表2。

表 2 不同土壤肥力各种养分施肥量

肥力等级	施肥量			滴灌冬小麦目标产量（千克/亩）	常规灌冬小麦目标产量（千克/亩）
	N（千克/亩）	P_2O_5（千克/亩）	K_2O（千克/亩）		
高肥力	13~15	6~7	1~2	500~700	400~600
中肥力	15~17	7~8	2~3	400~600	300~500
低肥力	17~19	8~9.2	3~4	300~500	200~400

4.3 基肥

4.3.1 滴灌模式

基肥尽量在冬前（播前）全层施，按照测土配方施肥标准结合耕翻施入土壤（表3）。建议施优质农家肥1~2吨/亩或商品有机肥80~100千克/亩，可用20%的氮肥、40%磷肥充分混匀后机械撒施，做到施肥均匀、不重不漏，然后深翻。

表 3 滴灌冬小麦基肥推荐用量

肥力等级	农家肥（吨/亩）	商品有机肥（千克/亩）	N（千克/亩）	P_2O_5（千克/亩）
高肥力	1	90	2.6~3.0	2.4~2.8
中肥力	1~1.5	80~90	3.0~3.4	2.8~3.2
低肥力	1.5~2	90~100	3.4~3.8	3.2~3.7

4.3.2 常规灌模式

整个生育期所需的60%~70%的磷、全部的钾和微量元素锌及锰肥料，以及氮肥用量的60%用作基肥，在播前深翻，实施全耕层深施。

4.4 种肥

4.4.1 滴灌模式

5％的氮肥、20％的磷肥播种时施入，即3～5千克/亩的磷酸二铵作种肥。

4.4.2 常规灌模式

30％～40％的磷肥，即3～5千克/亩的磷酸二铵播种时施入。

4.5 追肥

4.5.1 滴灌模式

追肥可根据土壤养分状况和滴灌冬小麦的生长发育规律及需肥特性结合滴水施入，将剩余的75％的氮肥、40％的磷肥、全部钾肥分别在苗期、拔节期、孕穗期、扬花期、灌浆期随水滴施，以保证滴灌冬小麦高产对氮素营养的需要。具体施肥方案见表4。

表4 滴灌冬小麦追肥推荐量（纯养分，千克/亩）

肥力等级	养分/灌水	返青期—拔节期（拔节期）滴水1～2次	拔节期—扬花期（孕穗期）滴水2～3次	扬花期—灌浆期（扬花期）滴水1～2次	灌浆期—成熟期（灌浆期）滴水1～2次
高	N	2.6～3.0	4.0～4.5	2.6～3.0	0.6～0.8
	P	0.6～0.7	0.9～2.1	0.6～0.7	0.3～0.35
	K	0.35～0.7	0.25～0.5	0.2～0.4	0.2～0.4
中	N	3～3.5	4.5～5.1	3.0～3.5	0.8～0.9
	P	0.7～0.8	1.0～2.4	0.7～0.8	0.35～0.4
	K	0.7～1.05	0.25～0.5	0.4～0.6	0.4～0.6
低	N	3.5～4.0	5.1～5.7	3.5～4.0	0.9～1.0
	P	0.8～0.9	1.2～2.8	0.8～0.9	0.4～0.45
	K	1.05～1.4	0.5～1.0	0.6～0.8	0.6～0.8

注：根据土壤质地类型灌水5～8次，不同区域和不同土壤质地条件下灌溉制度存在较大差异。一般情况下，冬小麦南疆于3月中旬、北疆于4月上中旬开始滴水，滴水追肥4～8次。灌水周期7～12天。灌溉定额280～320米^3/亩。

4.5.2 常规灌模式

剩余的20％的氮肥在结合起身拔节期第一次灌水进行追肥，20％在第二次灌水时追施。叶面追肥：在抽穗期可喷施磷酸二氢钾1～2次，每次施磷酸二氢钾150～200克/亩、尿素100克/亩加水30升/亩左右。

起草人：陈署晃　赖宁　耿庆龙　李青军　高海峰　汤明尧　李永福　信会南　李娜　　　　　　　　　　　　　　　　　　　　　　　　　　　　　　　　　贾登泉　于建新

起草单位：新疆农业科学院土壤肥料与农业节水研究所、新疆农业科学院植物保护研究所、新疆维吾尔自治区土肥站、奇台县农业技术推广中心

新疆天山北坡滴灌小麦水肥一体化技术

1　范围

本文件适用于新疆天山北坡滴灌小麦的日常水肥管理。

2　规范性引用文件

下列文件对于本文件的应用是必不可少的。凡是注日期的引用文件，仅所注日期的版本适用于本文件。凡是不注日期的引用文件，其最新版本（包括所有的修改单）适用于本文件。

GB 5084—2001　农田灌溉水质标准

GB/T29404—2012　灌溉用水定额编制导则

HG/T4365—2012　水溶性肥料

NY1110—2010　水溶肥料汞、砷、镉、铅、铬的限量要求

NY/T 2623—2014　灌溉施肥技术规范

DB65/T 3206—2011　小麦滴灌水肥管理技术规程

3　术语和定义

下列术语和定义适用于本文件。

3.1　灌溉制度

指作物在全生育期内灌水时间、灌水定额、灌溉定额及灌水次数的总称。

3.2　灌溉定额

指作物全生育期各次灌水定额之和。单位：米^3/亩或毫米。

3.3　灌水定额

指一次灌水单位灌溉面积上的灌水量。单位：米^3/亩或毫米。

3.4　灌水次数

指作物在全生育期内实施灌溉的次数。

3.5　水肥一体化技术

水肥一体化技术又称为水肥耦合技术，它是将灌溉与施肥融为一体的农业新技术。它是利用压力灌溉系统，将可溶性固体肥料或液体肥料溶入施肥器中，与灌溉水一起通过各级管道，以点滴的形式输送到作物根部土壤的施肥过程。

滴灌水源水质应符合 GB5084—2005《农田灌溉水质标准》的规定，灌溉水定额应符合

GB/T29404—2012《灌溉用水定额编制导则》的规定。

4 冬小麦水肥一体化技术要求

4.1 产量指标

每亩小麦籽粒500～550千克。

4.2 群体结构指标

基本苗25万～30万/亩，有效穗数38万～43万/亩，千粒重43～58克。

4.3 铺设滴灌带质量要求

按照滴灌设计要求选择合适流量要求的滴灌带，确保滴水、滴肥均匀一致。滴灌带滴头（出水口）向上铺设，播后及时铺设支管（水带）并连接好（毛管与支管），为早滴水打基础。可采用流态指数≤0.55的单翼迷宫式、内镶式滴灌带（管），流量为1.8～2.8升/小时。

4.4 灌溉制度与总供肥标准

滴灌条件下，冬小麦全生育期一般灌水10次（包括滴出苗水），总灌溉定额280～300米^3/亩，随水施肥5次。氮肥（N）推荐施用量为15～17千克/亩，磷肥（P_2O_5）为6～7千克/亩，钾肥（K_2O）为2～3千克/亩。氮、磷、钾肥（纯量）施用比例范围为1：0.35～0.45：0.10～0.20。水肥一体化肥料应符合NY1110—2010和HG/T4365—2012的规定。

4.4.1 滴水出苗

冬小麦9月下旬播种，采用干播湿出。根据天气情况适时滴出苗水，灌水定额15～20米^3/亩，随水施肥1次，施用氮肥（N）1.0千克/亩、磷肥（P_2O_5）0.5千克/亩。

4.4.2 分蘖—越冬期

10月下旬至翌年3月，根据土壤墒情和小麦长势适时灌水。灌水定额28～30米^3/亩，随水施肥氮肥（N）2.25～2.55千克/亩、磷肥（P_2O_5）0.5千克/亩。

4.4.3 返青—拔节期

3月下旬至4月下旬，一般灌水2次，灌水定额35～37米^3/亩，随水施肥1次，施用氮肥（N）3.75～4.25千克/亩、磷肥（P_2O_5）1.2～1.4千克/亩、钾肥（K_2O）0.7千克/亩。

4.4.4 拔节—开花期

5月上中旬至5月下旬，灌水3次，每次灌水定额37～40米^3/亩，随水施肥，氮肥2次，磷肥和钾肥各1次，每次施用氮肥（N）3.0～4.0千克/亩、磷肥（P_2O_5）1.2～1.4千克/亩、钾肥（K_2O）0.7千克/亩。

4.4.5 开花—成熟期

6月上旬至7月上旬，灌水3次，每次灌水定额35～40米^3/亩，随水施肥1次，每次施用氮肥（N）3.0～4.0千克/亩、磷肥（P_2O_5）1.5～2.0千克/亩、钾肥（K_2O）0.7千克/亩。

5　春小麦水肥一体化技术要求

5.1　产量指标

每亩小麦籽粒 500～550 千克。

5.2　群体结构指标

基本苗 35 万～40 万/亩，有效穗数 36 万～38 万/亩，千粒重 44 克以上，穗粒数 35 粒以上。

5.3　铺设滴灌带质量要求

按照滴灌设计要求选择合适流量要求的滴灌带，确保滴水、滴肥均匀一致。滴灌带滴头（出水口）向上铺设，播后及时铺设支管（水带）并连接好（毛管与支管），为早滴水打基础。可采用流态指数≤0.55 的单翼迷宫式、内镶式滴灌带（管），流量为 1.8～2.8 升/小时。

5.4　灌溉制度与总供肥标准

滴灌条件下，春小麦全生育期一般灌水 7 次（包括滴出苗水），总灌溉定额 280～300 米^3/亩，随水施肥 4 次。氮肥（N）推荐施用量为 11～13 千克/亩，磷肥（P_2O_5）为 4～5 千克/亩，钾肥（K_2O）为 2～3 千克/亩。氮、磷、钾肥（纯量）施用比例范围为 1：0.35～0.45：0.10～0.20。水肥一体化肥料应符合 NY1110—2010 和 HG/T4365—2012 的规定。

5.4.1　出苗—拔节期

春小麦 4 月中下旬播种，采用干播湿出，根据天气情况适时滴出苗水，灌水 2 次，灌水定额 35～40 米^3/亩，随水施肥 1 次，施用氮肥（N）1.0 千克/亩、磷肥（P_2O_5）0.5 千克/亩。

5.4.2　拔节—开花期

5 月上旬至 5 月下旬，灌水 3 次，每次灌水定额 37～40 米^3/亩，随水施肥氮肥 2 次，磷肥和钾肥各 1 次，每次施用氮肥（N）3.0～4.0 千克/亩、磷肥（P_2O_5）1.2～1.4 千克/亩、钾肥（K_2O）1.0 千克/亩。

5.4.3　开花—成熟期

6 月上旬至 7 月上旬，灌水 2 次，每次灌水定额 35～40 米^3/亩，随水施肥 1 次，每次施用氮肥（N）3.0～4.0 千克/亩、磷肥（P_2O_5）1.5～2.0 千克/亩、钾肥（K_2O）1.0 千克/亩。

起草人：张磊　李怀胜　刘金霞　王贺亚　曾胜和　梁飞　王国栋　李全胜　郑国玉　石磊　戴昱余　田宇欣

起草单位：新疆农垦科学院农田水利与土壤肥料研究所、新疆生产建设兵团第九师农业科学研究所（畜牧科学研究所）、新疆昌吉木垒县农业技术推广站

新疆北疆绿洲滴灌小麦化肥有机替代技术

1　范围

本文件规定了新疆北疆绿洲滴灌冬小麦和春小麦基肥、种肥与追肥，有机肥替代部分化肥的技术规程。

2　规范性引用文件

下列文件对于本文件的应用是必不可少的。凡是提及有机肥或有机肥料，均符合标准。NY525—2021　有机肥料。

3　术语和定义

下列术语和定义适用于本文件。有机替代是指用有机肥料替代部分化肥，有机肥料中含有的养分，在施用的化肥中等量扣除。

4　北疆绿洲滴灌小麦化肥有机替代技术

4.1　基本原则

采用有机肥与化肥配合施用原则，结合新型肥料、肥料增效剂、水肥一体化等技术，实现北疆绿洲小麦增产、优质、高效的目标。

4.2　技术要点

4.2.1　土地选择

选土地平整，土层深厚，土壤肥力中上等，土壤有机质含量 10 克/千克以上、碱解氮含量 50 毫克/千克以上、有效磷 18 毫克/千克以上。小麦重茬不宜超过 3 年。

4.2.2　品种选择

选用高产、优质、耐肥、抗倒的中秆大穗型或中秆多穗型品种，主栽冬小麦品种新冬 22 号、新冬 18 号、新冬 42 号，主栽春小麦品种新春 6 号、新春 19 号、新春 38 号等。

4.2.3　基肥

总施肥量的 20%～30% 作为基肥施用，其中总施肥量的 8%～10% 用有机肥替代，最好在秸秆还田时配合撒施，深翻 25～30 厘米，适墒及时整地，整地质量达到"齐、平、松、碎、净"标准。

4.2.4　播种

冬小麦 9 月 10～25 日适期播种，早播精量 15 千克/亩，晚播播量逐渐增加，不超过 26.5 千克/亩。春小麦 3 月 15～31 日适期播种，播量 20～25 千克/亩。

4.2.5　出苗水滴施启动肥

播种后及时滴水出苗，先滴清水，然后滴植物启动肥 3～3.5 千克/亩，然后滴清水。

4.2.6　追肥水肥一体化

根据小麦养分需求规律，按照当地滴灌条件和水肥一体化施肥规律合理分配氮、磷、钾养分，滴施剩余养分。在第一次滴施氮肥时，先滴清水，然后把氮肥等肥料和150毫升/亩"伴能"肥料增效剂一起滴入，再滴清水。总追肥量比常规施肥量减少20％～25％。

4.2.7　精细管理

按照滴灌小麦高产栽培规程，精细管理，及时灌溉施肥，减少农药使用，有效防治病虫草害，适时收获，达到增产高效绿色环保的总目标。

起草人：李俊华　陈署晃　严军　赖军臣

起草单位：石河子大学、新疆农业科学院土壤肥料与农业节水研究所、

新疆生产建设兵团第六师奇台中心农场

新疆极端干旱区冬小麦化肥减施增效栽培技术

1 范围

本文件规定了新疆极端干旱区绿洲漫灌冬小麦化肥减施增效的栽培术语和定义、施肥量确定、播前灌水和施肥、播种、冬前管理、春季管理和收获等栽培技术要求。

本文件主要适用于年降水量不足 100 毫米的沙漠绿洲区域，主要包括新疆和田地区、阿克苏地区、喀什南部、麦盖提东部和叶城东北部等沙漠边缘地带的林粮间作和单作冬小麦种植区，其他相似区域亦可参考。

2 规范性引用文件

下列文件对于本文件的应用是必不可少的。凡是注日期的引用文件，仅所注日期的版本适用于本文件。凡是不注日期的引用文件，其最新版本（包括所有的修改单）适用于本文件。

DB65/T 3408—2012 南疆小麦、玉米两早配套一体化栽培技术规程

DB/T 925—2012 小麦主要病虫草害防治技术规范

NY/T 2911—2016 测土配方施肥技术规程

NY/T 1121.7—2014 土壤检测 第 7 部分：土壤有效磷的测定

NY/T 889—2004 土壤速效钾和缓效钾含量的测定

NF X31-115—2001 土壤质量．为测定新鲜土壤中矿物氮含量对土壤进行的取样和样品的储存

3 术语与定义

下列术语和定义适用于本文件。

3.1 土壤硝态氮安全阈值

指超过某一硝态氮累积量（0～100 厘米）时将会发生硝态氮明显淋溶损失时的数值。

3.2 腐植酸复合肥

采用纯天然优质腐植酸及氮、磷、钾复合而成。

3.3 腐植酸尿素

将腐植酸与尿素原液在生产系统中发生反应产生的多孔状腐植酸尿素复合物，经干燥、粉碎得到疏松的微粒状腐植酸尿素。

3.4 目标产量

以前三年（自然灾害年份除外）小麦平均产量上浮 10%～15% 作为目标产量。

3.5　百千克籽粒养分需求量

形成 100 千克小麦籽粒所需要的氮（N）、磷（P_2O_5）和钾（K_2O）量。

3.6　化肥减施增效

基于作物稳产的前提下，通过精准施肥、调整化肥施用结构、改进施肥方式、研发新型肥料、有机替代等措施，在减少化肥施用量、提高肥料利用率和施肥效益的同时，最终实现节本增效、减少面源污染、保护生态环境的目的。

4　总则

4.1　目标

监控小麦播前土壤氮、磷和钾累积变化，结合作物目标产量、土壤培肥和土壤残留养分量确定小麦化肥的减施量以及有机复合肥的养分配比，选择合适的冬小麦种子，平衡小麦生产中化肥减施增效和环境保护的冲突，以达到小麦丰产、养分高效、土壤培肥和环境友好的目标。

4.2　原则

4.2.1　小麦化肥减量同时还需增产增效

根据果粮间作小麦和果树根系分布特征和养分需求规律，将土壤养分供应量与小麦的目标产量和养分需求量作为施肥量和化肥种类筛选的依据。

4.2.2　选择品性优良、种子质量合格的小麦品种

基于果粮间作的遮阴问题首先要选择生育期较短的小麦品种，其次是具有抗病耐旱耐轻度盐碱性。选择市场上品性和质量优良的小麦品种以提高病虫害的抵抗能力，确保出苗率和亩穗数。

5　栽培技术要点

5.1　确定化肥施用量

氮肥用量确定：在小麦播前采集麦田 0～100 厘米土壤样品，测定硝态氮含量，按以下公式确定氮肥用量：施氮量＝目标产量需氮量＋（土壤硝态氮安全阈值－土壤硝态氮实测值）；氮肥用量＝纯 N 用量÷肥料含氮量；目标产量需氮量＝目标产量×百千克籽粒氮需求量（2.83）÷100。计算式中除肥料含氮量为百分数外，各指标单位均为千克/亩，土壤硝态氮（N）安全阈值为 7.3 千克/亩。

磷钾肥用量确定：在小麦播前，测定麦田 0～20 厘米土壤有效磷含量和速效钾含量；磷用量（P_2O_5）＝目标产量需磷量×施磷系数（1.5），磷肥料用量＝P_2O_5 用量÷肥料 P_2O_5 含量，目标产量需磷量＝目标产量×百千克籽粒磷需求量（1.1）÷100。计算式中除肥料 P_2O_5 含量为百分数外，各指标单位均为千克/亩。

钾肥料用量确定：钾用量（K_2O）＝目标产量需钾量×施钾系数（0.1，或者速效钾含

量＞150毫克/千克时为0），钾肥料用量＝K_2O用量÷肥料K_2O含量，目标产量需钾量＝目标产量×百千克籽粒钾需求量（2.7）÷100，计算式中除肥料K_2O含量为百分数外，各指标单位均为千克/亩。

5.2 种子筛选

适应于当地气候的冬性小麦品种，全生育期在250天左右，茎秆粗壮，抗倒伏能力强，穗层整齐；分蘖力强，成穗率高，耐寒性好，抗倒伏性强，高抗白粉病、叶锈病等。

5.3 播前施肥

基肥施用腐熟农家肥133～167千克/亩和腐植酸复合肥［N-P_2O_5-K_2O，（10～14）-（20～24）-（0～10）］20～25千克/亩，在耕地前均匀撒施，耕翻入土。基施复合肥的施用量以氮肥需求量为基准；是否含有钾，根据土壤有效钾含量确定，施用的化肥质量要符合国家相关标准规定。

5.4 播前灌水

在9月20号左右进行播前灌水，净灌溉量80～100米³/亩，灌水方式为漫灌。播前土壤耕层含水量一般不低于17％，若低于13％要补浇水。

5.5 播种

5.5.1 播期
当日平均气温以12～18℃时播种为宜，一般在9月底至10月10日前为适播期。

5.5.2 播量与行距
播量15～18千克/亩。播期略晚或整地质量以及土壤墒情较差的地块应适当加大播量。晚播每推迟1天，播量增加0.5千克/亩。采用小畦条播，行距为10～12厘米，播种深度3～5厘米。

5.6 冬前管理

5.6.1 查苗补种
应及时查苗补种，补种时种子必须浸水8～12小时，以缩小田间苗龄差距。

5.6.2 冬前灌水
在日平均气温稳定下降到3℃，麦田土壤含水量低于15％时，应及时冬灌。灌水量为80米³/亩左右。

5.6.3 禁止麦田放牧

5.7 春季管理

5.7.1 返青期灌水追肥
视苗情、温度、土壤墒情、肥力状况灵活掌握追肥灌水时间。以日平均气温在5℃以上开始为宜，一般在2月25日至3月5日进行，若气温较低可延迟，尽量在3月20日前结束。净灌水量为70～100米³/亩，灌水前1天追施腐植酸尿素8～10千克/亩。

5.7.2　拔节期追肥灌水

4 月中旬灌拔节水，净灌水量为 70～100 米³/亩，灌水前一天撒施尿素 8～10 千克/亩。

5.7.3　灌浆期浇水

开花后 8～10 天，开始浇灌浆水，净灌量为 70～80 米³/亩。

5.7.4　麦黄水

5 月底灌"麦黄水"，净灌量为 70～80 米³/亩。

5.7.5　病虫草害防治

5.7.5.1　蚜虫防治

百株蚜量超 500 头时，可用 5％吡虫啉可湿性粉剂 30 克/亩或 22％氟啶虫胺腈悬浮剂 10 毫升/亩，兑水 30～45 升喷雾防治。

5.7.5.2　其他病害防治

白粉病、锈病病叶率达到 10％以上时，可用 25％丙环唑乳油 30 毫升/亩或 25％三唑酮可湿性粉剂 30 克/亩，兑水 30～45 升/亩喷雾防治。

5.7.5.3　化学除草

小麦起身拔节期，杂草 2～4 叶时用 10％苯磺隆可湿性粉剂 10 克/亩防除双子叶杂草，兑水 30 升/亩喷雾防治；单子叶杂草 1 叶期，用 5％唑啉·炔草酯乳油 80 毫升/亩，或 7％双氟·炔草酯可分散油悬浮剂 70 毫升/亩，兑水 30 升/亩喷雾防治。

5.8　收获

在小麦蜡熟末期及时进行机械或人工收获。割茬高度不宜高于 15 厘米。

起草人：黄彩变　严军　龚建　凯麦尔尼萨·阿卜杜艾尼　鞠景枫
起草单位：中国科学院新疆生态与地理研究所、新疆墨玉县农业技术推广中心、
新疆策勒县农业技术推广中心

黑龙江春小麦有机肥替代化肥减施技术

1 范围

本文件规定了东北春小麦基肥、种肥与追肥及有机与无机相结合的施肥技术。

本文件适用于黑龙江黑土区或其他类似地区春小麦的有机肥替代减施化肥管理。

2 规范性引用文件

下列文件中的条款通过本文件的引用而成为本文件的条款。凡是注日期的引用文件，其随后所有的修改单（不包括勘误的内容）或修订版均不适用于本文件，然而，鼓励根据本文件达成协议的各方研究是否可使用这些文件的最新版本。凡是不注日期的引用文件，其最新版本适用于本文件。

GB 1351—2008 小麦

GB 4404.1—2008 粮食作物种子 禾谷类

GB/T 6274—2016 肥料和土壤调理剂术语

3 术语和定义

下列术语和定义适用于本文件。

3.1 肥料

指以提供植物养分为其主要功效的物料。

3.2 有机肥料

指主要来源于植物和（或）动物，经过发酵腐熟的含碳有机物料，其功能是改善土壤肥力、提供植物营养、提高作物品质。

3.3 无机肥料

指表明养分呈无机盐形式的肥料，由提取、物理和（或）化学工业方法制成，如尿素、过磷酸钙和硫酸钾。

3.4 施肥方法

指对作物和（或）土壤施以肥料的各种操作方法的总称。

3.5 施肥量

指施于单位面积耕地的肥料质量。单位：千克/亩。

3.6 土壤肥力

指土壤为作物正常生长提供并协调营养物质和环境条件的能力。

4　施肥技术规程的拟定

4.1　基本原则

施肥应采用的基本原则是增产、优质、高效、环保和改土。春小麦的施肥应采用有机无机配合施用的原则，要做到科学配比、养分平衡，同时要注意施肥技术与高产优质栽培技术相结合。东北黑土为保肥力强的黏性土底，施肥方法是施好基肥。施肥方法采用机械条播，施肥深度为 8 厘米以下，土壤墒情适宜镇压要轻，反之镇压要重，防止跑墒，适当增加有机肥料施用，可保证生育后期营养，对提高品质、增加百粒重具有重要作用。

4.2　土壤肥力分级

农田土壤肥力主要以土壤有机质含量和全氮含量作为肥力判断的主要标准（表1），土壤磷水平、钾水平分别以土壤有效磷、速效钾含量高低来衡量。

表 1　土壤肥力分级标准

肥力等级	土壤养分指标			
	pH	有机质（克/千克）	有效磷（P_2O_5，毫克/千克）	速效钾（K_2O，毫克/千克）
高肥力	6.5～7.0	>25	>30	>200
中肥力	5.0～6.5	15～25	10～30	80～200
低肥力	≤5.0	≤15	≤10	≤80

4.3　小麦品种

根据市场要求，选择适应当地生态条件，经审定推广高产、抗逆性强、抗病性强、耐密植、抗倒伏的中、强筋小麦品种。

4.4　施肥量确定

依据黑龙江省农业科学院黑河分院 39 年长期肥料定位试验（黑河暗棕壤生态环境科学观测试验站，E 127°27′07″，N 50°15′11″）。通过对往年小麦养分的需求、肥料利用率，长期定位数据计算氮、磷、钾均衡施肥范围。确定施纯氮（N）总量为 5 千克/亩，施磷（P_2O_5）总量为 5 千克/亩，施钾（K_2O）总量为 2.5 千克/亩。

4.5　施肥方式

化肥秋施肥量为整个生育期总量 2/3，配施有机肥 20～30 千克/亩，春季种肥占总量 1/3。商品有机肥用量：根据试验数据确定，利用商品有机肥可替代化肥 20％～35％施用时，应根据土壤肥力，使用不同量。有机质含量高的地块用低量，有机质含量低的地块用高量，有机肥应配合氮、磷、钾复混肥作基肥一次施用效果更好。

4.6　肥料的选择

基肥应选择品质有保证、销售商信誉高、售后服务质量好的肥料品种和销售商。有机肥应选择腐熟的有机肥或商品有机肥（表2、表3）。

表2 有机肥料技术指标

项目	指标
有机质的质量分数（以烘干基计,%）≥	45
总养分（氮＋五氧化二磷＋氧化钾）的质量分数（以烘干基计,%）≥	5
水分（鲜样）的质量分数（%）≤	30
酸碱度（pH）	5.5~8.5

表3 有机肥料中重金属的限量指标

总砷（As）（以烘干基计，毫克/千克）≤	15
总汞（Hg）（以烘干基计，毫克/千克）≤	2
总铅（Pb）（以烘干基计，毫克/千克）≤	50
总镉（Cd）（以烘干基计，毫克/千克）≤	3
总铬（Cr）（以烘干基计，毫克/千克）≤	150

4.7 肥料种类

磷酸二铵（46％ P_2O_5，18％ N）、尿素（46％N）、硫酸钾（50％ K_2O）或等量复合肥。

起草人：张久明　张军政　姜宇　郑淑琴　李大志　宋金柱

起草单位：黑龙江省农业科学院、哈尔滨工业大学

黑龙江小麦分期精量施肥配施有机肥技术

1　范围

本文件规定了小麦生产的品种选择、种子质量及种子处理、选茬、整地、连片种植、分期精量施肥、有机与无机相结合施肥、播种、田间管理、收获等技术。

本文件适用于黑龙江省北部地区，大豆采用垄作、小麦采用平作的大豆小麦轮作生产地块。

本文件适用于中、强筋小麦生产。

2　规范性引用文件

下列文件中的条款通过本文件的引用而成为本文件条款。凡是注日期的引用文件，其随后所有的修改单（不包括勘误的内容）或修订版均不适用于本标准，然而，鼓励根据本标准达成协议的各方研究是否可使用这些文件的最新版本。凡是不注日期的引用文件，其最新版本适用于本标准。

GB4404.1—1996　粮食作物种子　禾谷类

NY/T 496　肥料合理使用准则　通则

NY/T 1276—2007　农药安全施用规范　总则

NY 525—2012　有机肥料　农业土壤化肥标准

3　术语与定义

下列术语与定义适用于本文件。

3.1　北部小麦种植区

指黑龙江省大兴安岭地区、黑河市、齐齐哈尔市北部和绥化市北部等地区的小麦种植区。

3.2　分期精量施肥

利用肥料不同时期施用，即秋施肥、春施肥、叶面施肥。在不同施肥水平下，分期施用不同量的氮、磷、钾肥。精准地把握施肥种类、施肥用量和施肥方法，减少养分的挥发和淋溶，有效提高肥料的利用率。

3.3　商品有机肥

指主要来源于植物和（或）动物，施于土壤以提供植物营养为其主要功能的含碳物料。褐色或灰褐色，粒状或粉状，无机械杂质，无恶臭，能直接应用于大田作物，可改善土壤肥力、提供植物营养、提高作物品质。

3.4　秋施肥

指秋季作物收获后，根据明年所要种植作物的需要，结合秋耕整地而进行的土壤深施肥作业。

3.5　测土配方施肥

指在对土壤速效养分含量进行测定的基础上，根据作物计划产量计算出需肥数量及所需要施用肥料的效应，而提出的氮、磷、钾等肥料用量和比例及相应的施肥技术。

3.6　基肥

指作物翻种前结合土壤耕作施用的肥料。

3.7　种肥

指播种时施于种子附近，或与种子混播的肥料。

3.8　追肥

指在作物生长期间所施用的肥料。

4　种子及种子处理

4.1　品种选择

根据市场要求，选择适应当地生态条件，经审定推广高产、抗逆性强、抗病性强、耐密植、抗倒伏的中、强筋小麦品种。

4.2　种子清选

播前要进行种子清选，质量要达到 GB4404.1—1996 要求。纯度不低于良种，净度不低于 98%，发芽率不低于 85%，种子含水量不高于 13%。

5　选茬、整地、实行连片种植

5.1　选茬

在合理轮作的基础上，选用大豆茬且无长残留性禾本科除草剂的地块，避免甜菜茬。

5.2　整地

坚持伏秋整地。整地质量，要求整平耙细，达到待播状态。前茬无深松基础的地块，要进行伏秋翻地或耙茬深松，翻地深度为 18～22 厘米，深松要达到 25～35 厘米。前茬有深翻、深松基础的地块，可耙茬作业，耙深 12～15 厘米。耙茬采取对角线法，不漏耙，不拖耙，耙后地表平整，高低差不大于 3 厘米。除土壤含水量过大的地块外，耙后应及时镇压。整地作业后，要达到上虚下实，地块平整，地表无大土块，耕层无暗坷垃，每平方米 2～3 厘米直径的土块不得超过 2 块。三年深翻一次，提倡根茬还田。

6　分期精量施肥配施有机肥技术

6.1　基本原则

分期施肥应采用基本原则是肥料减施、稳产、优质、增效。分期精量施肥应采用有机无机配合施用的原则，采用精量种子包衣、小麦平衡施肥结合有机肥进行控氮补磷增钾为关键，采用有机无机进行秋施底肥、春施种肥的分期施肥，关键生长期喷洒叶面肥，依靠耕层氮、磷不同时期效应和养分库容提升植株养分吸收效率。施肥方法采用机械条播，施肥深度为 8 厘米以下，土壤墒情适宜镇压要轻，反之镇压要重，防止跑墒。适当增加有机肥料施用，可保证生育后期营养，对提高品质、增加粒重具有重要作用。

6.2　有机肥料参考用量

6.2.1　有机肥料技术指标要求

应符合表 1 的要求，有机肥料中重金属的限量指标应符合表 2 的要求。

表 1　有机肥料技术指标

项目	指标
有机质的质量分数（以烘干基计，%）≥	45
总养分（氮＋五氧化二磷＋氧化钾）的质量分数（以烘干基计，%）≥	5
水分（鲜样）的质量分数（%）≤	30
酸碱度（pH）	5.5～8.5

表 2　有机肥料中重金属的限量指标

项目	指标
总砷（As）（以烘干基计，毫克/千克）≤	15
总汞（Hg）（以烘干基计，毫克/千克）≤	2
总铅（Pb）（以烘干基计，毫克/千克）≤	50
总镉（Cd）（以烘干基计，毫克/千克）≤	3
总铬（Cr）（以烘干基计，毫克/千克）≤	150

6.2.2　商品有机肥用量

根据试验数据确定，利用商品有机肥可替代氮肥 20%～35%，商品有机肥施用 20～30 千克/亩，施用时应根据土壤肥力，使用不同量。有机质含量高的地块用低量，有机质含量低的地块用高量，有机肥应配合氮、磷、钾复混肥作基肥一次施用效果更好。

6.3　化肥参考量

6.3.1　土壤肥力分级

农田土壤肥力主要以土壤有机质含量作为肥力判断的主要标准，土壤磷水平、钾水平、酸碱度水平分别以土壤有效磷、速效钾含量高低来衡量（表 3）。

表 3　土壤肥力分级标准

肥力等级	土壤养分指标			
	pH	有机质（克/千克）	有效磷（P_2O_5，毫克/千克）	速效钾（K_2O，毫克/千克）
高肥力	6.5～7.0	＞25	＞30	＞200
中肥力	5.0～6.5	15～25	10～30	80～200
低肥力	≤5.0	≤15	≤10	≤80

6.3.2　总施肥量

根据黑龙江北部地区土壤养分供应能力和肥料的肥效反应，结合各地丰产栽培实践，春小麦各种养分施肥量见表 4。

表 4　不同土壤肥力各种养分总施肥量

肥力等级	土壤养分指标		
	N（千克/亩）	P_2O_5（千克/亩）	K_2O（千克/亩）
高肥力	4.0～5.0	4.3～4.7	2～2.5
中肥力	5	4.7～5.0	2.5
低肥力	5～5.3	5.0～5.7	2.5～2.7

6.3.3　基肥

基肥在秋收后深层施肥，按照测土配方施肥标准结合耕翻施入土壤。深度 12 厘米。2/3 氮肥（减去有机替代量和追肥的量）、1/2 磷肥、1/2 钾肥及有机肥全部作底肥（表 5）。

表 5　春小麦基肥推荐用量

肥力等级	商品有机肥（千克/亩）	N（千克/亩）	P_2O_5（千克/亩）	K_2O（千克/亩）
高肥力	20.0	2.1～2.7	3.2～2.3	1～1.2
中肥力	23.3	2.7	2.3～2.5	1.2～1.3
低肥力	30.0	2.7～2.9	2.5～2.9	1.3～1.4

6.3.4　种肥

春施 1/3 氮肥（减去追肥的量）、1/2 磷肥、1/2 钾肥作种肥。采用肥下种上的分层施肥法或肥下种上的分次施肥法。中量元素肥料：缺镁或缺硫地区和地块，施用 0.5 千克/亩镁肥，施用 0.33 千克/亩硫酸铵。微量元素肥料：缺硼地区和地块，作种肥施用硼肥 2～3 千克/亩。

6.3.5　追肥

根据土壤养分和春小麦生长发育规律及需肥特性进行叶面喷肥，主推无人机超低量喷雾，其次是大型机械喷灌，喷施时期为 4 叶期至拔节前，喷施 0.5 千克/亩尿素；抽穗期和扬花前，每公顷用磷酸二氢钾 0.15 千克/亩，加尿素 0.33 千克/亩，兑水喷施。

7　播种

土壤化冻达到 5～6 厘米深时，及时播种。采用 10 厘米、15 厘米单条播或 30 厘米双条播。要边播种边镇压。镇压后的播深为 3～4 厘米，误差在 ±0.5 厘米范围内。

7.1　密度

密度要根据品种特性、土壤肥力和施肥水平等确定。实行精量播种。播种密度以 43.3 万～46.7 万株/亩为宜。

7.2　播量及播量计算

按每公顷保苗株数、种子千粒重、发芽率、净度和田间保苗率（一般为 90%）计算播量。其公式如下：

$$每公顷播量（千克/亩）=\frac{每亩保苗株数×千粒重（克）}{发芽率（\%）×净度（\%）×10^6×田间保苗率（\%）}$$

播量确定后应进行播量试验和播种机单口流量调整。正式播种前还应进行田间播量矫正。

7.3　播种期

黑龙江省一般在春季化冻后，东部地区土壤化冻 3 厘米深度、北部地区土壤化冻达到 5～6 厘米深度、西部地区化冻达 7～8 厘米深度时，及时播种。具体是东部地区 3 月底至 4 月初播种，北部和西部麦区适合播期应在 4 月 15 日左右。

7.4　播种质量

秋整地后，应早春活雪耢地，耢平后播种。播种和镇压要连续作业。播种过程中应经常检查播量，总播量误差不超过±2％，单口排种量误差不超过±2％。匀速作业，作业中不停车。多台播种机联合作业时，台间衔接行距误差不超过±2 厘米。做到不重播、不漏播、深浅一致，覆土严密，地头整齐。

8　田间管理

8.1　压青苗

小麦 3 叶期压青苗，根据土壤墒情和苗情用镇压器镇压 1～2 次。机车行进速度：10～15 千米/小时，禁止高速作业。

8.2　化控防倒伏

小麦拔节前叶面喷施壮丰安化控剂，每亩 40 毫升；小麦旗叶展开后，叶面喷施麦壮灵化控剂，每亩 25 毫升。

8.3　化学除草

防除阔叶杂草：在分蘖末期到拔节初期，每亩用 72％ 2,4 -滴丁酯乳油 60 毫升，或 72％ 2,4 -滴丁酯乳油 30 毫升混合 48％百草敌水剂 25 毫升，选晴天、无风、无露水时均匀喷施。

防除单子叶杂草：野燕麦、稗草可用 6.9％精噁唑（骠马）浓乳剂每亩 40～50 毫升，或 64％野燕枯可溶性粉剂 120～150 毫升，兑水喷施。手动喷雾器每亩用水量 15～20 升。

8.4　防治病虫

防治黑穗病：用种子量 0.3％的 50％福美双拌种，防治小麦腥、散黑穗病，兼防根腐病。拌后即播。或用同药种衣剂包衣，晾一段时间后播种。

防治根腐病：用 11％福酮种衣剂按药种比 1.5～2∶100 拌种或用 2.5％适乐时种衣剂按药种比 0.15～0.2∶100 拌种。此方法可同时兼防小麦散黑穗病。

防治赤霉病：每亩用 40％多菌灵胶悬剂 100 毫升或 25％咪鲜胺乳油 53.3～66.7 毫升于小麦扬花期兑水喷施。

防治黏虫：每平方米有黏虫 30 头时，在幼虫 3 龄前，每亩喷施 4.5％杀灭菊酯乳油 30 毫升，兑水喷施。

防治蚜虫：可在每百穗有 800 头蚜虫时，每亩用 10％吡虫啉可湿性粉剂 20 克，兑水 30～40 升喷雾处理。

9 机械收获

9.1 收获时期

在蜡熟末期进行机械分段收获，在完熟初期进行联合收割机收获。

9.2 收割质量

机械分段收获：割茬高度为 20～25 厘米。麦铺放成鱼鳞状，角度为 45°～75°，厚度为 6～8 厘米，放铺整齐，连续均匀，麦穗不接触地面。割晒损失率不得超过 1％。籽粒含水量下降到 16％以下时，应及时拾禾脱粒。拾禾脱粒损失率不得超过 2％。

联合收割机收割：割茬高度不高于 25 厘米，综合损失率不得超过 2％，破碎粒率不超过 0.1％，综合损失率不得超过 3％，清洁率大于 95％。

起草人：姜宇　张久明　张军政　郑淑琴　马献发　张起昌　李大志　米刚　周鑫
起草单位：黑龙江省农业科学院、哈尔滨工业大学、东北农业大学

第二章　小麦农药精准减施和绿色防控技术

小麦赤霉病自动化监测预警技术

1　范围

本文件规定了基于小麦赤霉病自动监测预警技术方法。

本文件适用于北方冬小麦及春小麦产区。

2　规范性文件的引用

下列文件对于本文件的应用是必不可少的。凡是注日期的引用文件，仅限所注日期的版本适用于本文件。凡是不注日期的引用文件，其最新版本（包括所有的修改单）适用于本文件。

GB/T15796—2011　小麦赤霉病测报技术规范

3　初始菌源量调查

3.1　秋苗期调查

3.1.1　小麦-玉米轮作区

3.1.1.1　田间玉米残秆数量调查

在秋苗期选择有代表性的麦田，按照麦田面积大小，分别取样调查麦田玉米残秆数量，具体取样方法见表1。

表1　田间玉米残秆取样方法

麦田面积（亩）	每样点面积（米²）	取样点数（个）
≥15	100	3～5
6～15	25	3～5
≤5	10	3～5

所取玉米残秆以带节5～6厘米长的残秆作为标准样秆，对于较大具有多个节的残秆应按节折算为标准秆，统计计算每平方米的标准残秆数。随机调查5块田。

3.1.1.2　带菌量测定

将田间采集的带节玉米残秆，根据调查取样田块的大小，分别随机选取50～300个，每个残秆由节部剪取5～6厘米长的一段作为样秆（避免剪取玉米秆上部茎节和支撑根），冲洗干净后平放排列在平底搪瓷盘或者塑料盘内，间距1～2厘米，盘内注入无菌水或凉开水，水面不超过样秆断面高度的一半，在室温自然光照条件下放置 10 天后（期间视情况加水以保证水面高度），调查统计样秆子囊壳产生情况，推算单位面积的产壳秸秆率（个/米^2）。

3.2 抽穗期调查

3.2.1 小麦-玉米轮作区

在小麦抽穗始期，在各个监测点设置的 5 个测试区采用大五点取样法，每个样点 10 米^2（2 米×5 米），捡拾玉米残秆，以每个带节 5～6 厘米长的残秆作为标准样秆，检查标准样秆上是否有子囊壳（表 2），统计玉米残秆数量，计算麦田每平方米产壳玉米秸秆密度。

表 2　玉米秸秆带菌率调查

田块/测试区	带菌玉米残秆数/玉米残秆总数				
	样点 1	样点 2	样点 3	样点 4	样点 5
1					
2					
3					
4					
5					

注：表中数据为标准残秆数，2/13 表示的是 13 个玉米残秆中有 2 个是带菌残秆。

3.2.2 小麦-水稻轮作区

在小麦抽穗始期，在各个监测点设置的 5 个测试区采用五点取样法，每个样点 4 米^2（2 米×2 米），检查稻桩是否有子囊壳（表 3），统计稻桩数量，计算麦田产壳稻桩密度（丛/米^2）。

表 3　稻丛带菌率调查

田块/测试区	带菌稻丛数/稻丛总数				
	样点 1	样点 2	样点 3	样点 4	样点 5
1					
2					
3					
4					
5					

注：表中数据为稻丛数，2/13 表示 13 个稻丛中有 2 个带菌。

3.3 确定初始菌源量

根据上述调查结果，确定初始菌源量。

4 病情调查方法

在当地小麦品种蜡熟期，每个区随机选取 10 个样点，每样点 5 行，每行 10 穗，共 500 穗，按照以下标准记载严重度（表 4），并计算病穗率和病情指数。

严重度分级标准（GB/T15796—2011）：

0 级：无病；

1 级：发病小穗数占全部小穗数的 1/4 以下；

2 级：发病小穗数占全部小穗数的 1/4～1/2；

3 级：发病小穗数占全部小穗数的 1/2～3/4；

4 级：发病小穗数占全部小穗数的 3/4 以上。

病情指数 $= \sum (N_i \times i)/(M \times 4) \times 100$

式中，N_i 为病害严重度级别为 i 的小麦穗数，M 为调查的总穗数。

5　预测结果准确度检验方法

首先根据病穗率分别对实测调查结果和预测结果进行赤霉病流行等级划分（GB/T15796—2011）：病穗率（DF）≤0.1%，0 级，不发生；0.1%＜DF≤10%，1 级，轻发生；10%＜DF≤20%，2 级，偏轻发生；20%＜DF≤30%，3 级，中等发生；30%＜DF≤40%，4 级，偏重发生；DF＞40%，5 级，大发生。采用最大误差参照法检验预测的准确度（肖悦岩，1997）：

$$R = \frac{1}{n} \sum_{i=1}^{n} \left(1 - \frac{|F_i - A_i|}{M_i}\right) \times 100\%$$

式中，R 为预测准确度，F_i 为预测结果的流行等级值，A_i 为实际调查结果的流行等级值，M_i 为第 i 次预测的最大参照误差，该值为实际流行等级值和最高流行等级值与实际流行等级值之差中最大的值，如实际流行等级值为 2，为最高流行等级值与实际流行等级值之差 3（赤霉病流行等级最高值为 5），那么 M_i 值为 3。一般认为，预测流行等级与实际流行等级差值小于 1 时，为准确；差值为 1 时，为基本准确；大于 1 时，为不准确。

6　注意事项

6.1　赤霉病自动检测预警系统

在相同气候特征区可以监测半径为 15 千米的区域；在设置示范区监测点时依据此参数设置仪器数量。

6.2　仪器安装

监测仪器应安装在田间开阔的地方，四周 10 米范围内无大树、墙面等遮挡物。

起草人：胡小平

起草单位：西北农林科技大学

表 4　小麦赤霉病调查表（严重度）

调查人_____，地点_____，经纬度：N_____E_____，品种_____，调查日期：_____年____月____日

样点编号	1	2	3	4	5	6	7	8	9	10	11	12	13	14	15	16	17	18	19	20	21	22	23	24	25	26	27	28	29	30	31	32	33	34	35	36	37	38	39	40	41	42	43	44	45	46	47	48	49	50
1																																																		
2																																																		
3																																																		
4																																																		
5																																																		
6																																																		
7																																																		
8																																																		
9																																																		
10																																																		

备注：

小麦赤霉病防控技术

1　范围

本文件规定了小麦赤霉病防控技术的术语和定义、农业防治、药剂防治和防效评价。

本文件适用于陕西省小麦-玉米两熟区赤霉病的综合防控。

2　规范性文件的引用

下列文件对于本文件的应用是必不可少的。凡是注日期的引用文件，仅限所注日期的版本适用于本文件。凡是不注日期的引用文件，其最新版本（包括所有的修改单）适用于本文件。

GB/T 8321.1—2000　农药合理使用准则（一）

GB/T 8321.2—2000　农药合理使用准则（二）

GB/T 8321.3—2000　农药合理使用准则（三）

GB/T 15796—2011　小麦赤霉病测报技术规范

NY/T 1276—2007　农药安全使用规范　总则

NY/T 1443.4—2007　小麦抗病虫性评价技术规范　第4部分：小麦抗赤霉病评价技术规范

NY/T 1464.15—2007　农药田间药效试验准则　第15部分：杀菌剂防治小麦赤霉病

3　术语和定义

3.1　小麦赤霉病

由禾谷镰孢 *Fusarium graminearum* Schwabe ［*Gibberella zeae*（Schwein）Petch］等镰孢菌所引起的以小麦穗部产生坏死和枯萎症状的病害。

3.2　发病程度

小麦赤霉病发生的轻重程度，用病穗率、严重度和病情指数表示。

4　农业防治

4.1　种植抗耐病品种

应选用中抗赤霉病品种或耐病品种，不得使用高感赤霉病品种，病害发生程度依据 GB/T 15796 确定，品种的抗病性级别依据行业标准 NY/T 1443.4 确定。

4.2　栽培措施

4.2.1　小麦-玉米两熟区，在玉米秸秆还田操作时，将玉米秸秆翻埋于地下。播种时做到精量播种，避免密度过大。小麦出苗后，结合农事操作，清除地表的玉米残秆。

4.2.2 控制氮肥施用，增施磷、钾肥，提高植株免疫力。

5 药剂防治

5.1 预测预报

根据小麦赤霉病预测预报数据，结合田间菌源量、赤霉病菌子囊壳发育进度和气象条件，综合预测小麦赤霉病发病程度与流行趋势，确定最佳喷药时期和次数。

5.2 防治适期

5.2.1 小麦抽穗—扬花初期

扬花初期最佳。遇有阴雨天气且持续2天以上，应在小麦齐穗期预防。

5.2.2 高感品种

首次喷药时间提前至挑旗期。

5.3 防治技术

5.3.1 防治用药按照GB/T 8321.1、GB/T 8321.2、GB/T 8321.3和NY/T 1276执行。每个生长季最多喷药2次。

5.3.2 每亩选用50%多菌灵可湿性粉剂100克、43%戊唑醇悬浮剂15毫升或者25%氰烯菌酯悬浮剂150毫升，兑水10升喷雾，喷药时应对准小麦穗部均匀喷施。

5.3.3 施药2小时内遇雨，雨后应及时补喷。若有持续降雨，第一次用药后5～7天再补喷1次。

5.3.4 高感品种应喷药2次。

5.3.5 对于赤霉病菌已对苯并咪唑类药剂产生抗性的地区，应停止使用多菌灵等药剂。

5.3.6 田间喷药器械宜使用自走式喷雾机或植保无人机。

6 防效评价

对于田间药剂防治田块，在小麦收获前，按照NY/T 1464.15的调查和计算方法，评估田间药剂防治效果。

起草人：王保通　李强　陈宏　胡小平　康振生　周永明

起草单位：西北农林科技大学

小麦白粉病自动监测预警技术

1　范围

本文件规定了基于自动监测预警技术的小麦白粉病田间监测预警方法。

本文件适用于北方冬小麦及春小麦产区。

2　规范性引用文件

在小麦白粉病发生区域按照白粉病自动监测预警系统，测试其预测的准确度，评价仪器的可靠性等。在当地小麦白粉病盛发期，按照小麦白粉病病情严重度分级标准调查，计算病情指数，依据农业行业标准 NY/T 613—2002 中规定的关于小麦白粉病发生程度分级标准划分级别，采用肖悦岩（1997）方法评价预测结果的准确性。

3　发生程度、严重程度分级

3.1　发生程度分级标准

根据病情指数的不同，将小麦白粉病发生程度分为 5 级（表 1）。

表 1　小麦白粉病发生程度分级指标

级别值	病情指数（I）
1	I≤10
2	10<I≤20
3	20<I≤30
4	30<I≤40
5	I>40

3.2　病害发生严重度分级标准

根据病害在小麦植株茎叶上的发生情况，分为 5 级。

1 级：最下一片叶轻度到中度发病（菌丝层面积占 5%～25%），下部第二叶轻度发病（5%），其他叶片无病，或整茎仅个别叶片或者穗上有零星菌丝层（1% 以下）。

2 级：下部两片叶轻度到中度发病（5%～25%），第三叶片或者旗叶上有零星菌丝层（1% 以下）；或者整茎叶片均轻度发病（5%）。

3 级：下部两片叶严重发病（50% 以上），第三片叶和旗叶轻度到中度发病（5%～25%）。

4 级：下部 3 片叶严重发病（50% 以上），旗叶发病显著（25%～50%），穗部有一定程度发病。

5 级：整茎叶片严重发病，全穗为菌丝层所覆盖。

调查时如病茎有 5 片叶，则将最下两片叶合并为最下一叶。

4 病害发生程度预测结果准确的评价方法

首先根据小麦白粉病发生程度分级标准分别对实测调查结果和预测结果进行白粉病流行等级划分（NY/T 613—2002），采用肖悦岩（1997）的预测预报准确度评估方法即最大误差参照法检验预测的准确度：

$$R=\frac{1}{n}\sum_{i=1}^{n}\left(1-\frac{\mid F_i-A_i\mid}{M_i}\right)\times100\%$$

式中，R 为预测准确度，F_i 为预测结果的流行等级值，A_i 为实际调查结果的流行等级值，M_i 为第 i 次预测的最大参照误差，该值为实际流行等级值和最高流行等级值与实际流行等级值之差中最大的值，如实际流行等级值为 2，最高流行等级值与实际流行等级值之差 3（小麦白粉病发生程度等级最高值为 5），那么 M_i 值为 3。一般认为，预测流行等级与实际流行等级差值小于 1 时，为准确；差值为 1 时，为基本准确；大于 1 时，为不准确。

5 注意事项

仪器应安装到田间开阔的地方，四周 10 米范围内不得有大树、墙面等遮挡物。

起草人：胡小平
起草单位：西北农林科技大学

小麦条锈病菌生理小种鉴定技术

1　范围

本文件规定了小麦条锈菌生理小种鉴定的方法。

2　规范性引用文件

下列文件对于本文件的应用是必不可少的。凡是注日期的引用文件，仅所注日期的版本适用本文件。凡是不注日期的引用文件，其最新版本（包括所有的修改单）适用于本文件。

GB/T 15795—2011　小麦条锈病测报技术规范

NY/T 1443.1—2007　小麦抗病虫性评价技术规范　第一部分：小麦抗条锈病评价

3　术语和定义

3.1　人工接种

在适宜条件下，通过人工操作将接种体放于植物体感病部位并使之发病的过程。

3.2　抗性评价

根据采用的技术标准判别寄主植物对特定病虫害反应程度和抵抗水平的定性描述。

3.3　生理小种

病原菌种、变种或专化型内的分类单位，各生理小种之间形态上无差异但对具有不同抗病基因的鉴别品种的致病力存在差异。

3.4　鉴别寄主

用于鉴定和区分特定病原菌生理小种或菌系的一套带有不同抗性基因的寄主品种。

3.5　小麦条锈病

由小麦条锈病菌 *Puccinia striiformis* West. f. sp. *tritici* Eriks et Henn 所引起的以叶部产生铁锈状病斑症状的小麦病害。小麦条锈病主要危害叶片，也可危害叶鞘、茎秆和穗部。小麦受害后，叶片表面长出褪绿斑，以后产生黄色粉疱，即病菌夏孢子堆，后期长出黑色疱斑，即病菌冬孢子堆。夏孢子堆鲜黄色，窄长形至长椭圆形，成株期排列成条状与叶脉平行，幼苗期不成行排列，形成以侵染点为中心的多重轮状。冬孢子堆狭长形，埋于表皮下，成条状。

4　小麦条锈菌生理小种鉴定

4.1　标样采集

采集刚显病症具有典型条锈病病斑的小麦发病叶片（秆），用吸水纸包好置于冷凉处干燥压平后转入信封或小纸袋里放入 4 ℃干燥器中保存。详细记录采集信息：地点（××省××市××县××镇××村）、采集时间、品种名称、生育期、发病程度、海拔高度、纬度（N××°××′××″）、经度（E××°××′××″）、采集单位或个人姓名及联系方式。

4.2 接种菌株分离

标样叶片冲洗表面低温水化后，置于铺有滤纸的培养皿中，平展叶片，浸泡 16～24 小时，用接种针取夏孢子涂抹于感病品种铭贤 169 上，均匀喷雾，置于 9～13 ℃的保湿间内黑暗保湿 18～24 小时，15 天后观察发病情况，获得分离物。分离物经形态学鉴定确认为 *Puccinia striiformis* West. f. sp. *tritici* Eriks et Henn 后，进行单孢纯化，经致病性测定后，扩繁保存备用。

4.3 接种鉴定

生理小种鉴别寄主采用：Trigo Eureka，Fulhard，保春 128（Lutescens 128），南大 2419（Mentana），维尔（Virgilio），阿勃（Abbondanza），早洋（Early Premium），阿夫（Funo），丹麦 1 号（Danish 1），尤皮 2 号（Jubilejina 2），丰产 3 号（Fengchan 3），洛夫林 13（Lovrin13），抗引 655（Kangyin 655），水源 11（Shuiyuan 11），中四（Zhong 4），洛夫林 10（Lovrin10），Hybrid46，*Triticum spelta album* 和贵农 22（Guinong 22）共 19 个小麦品种。

将鉴别寄主按顺序点播于 36 厘米×25 厘米的塑料盆中，每穴 6～10 粒，于常温温室长至幼苗第 1 片叶充分展开后接种。采用无毒轻量矿物油喷湿法将小麦条锈菌新鲜夏孢子均匀接种于鉴别寄主幼苗上，接种后幼苗于 9 ℃±1 ℃黑暗保湿 24 小时，取出后置于低温温室中（温度 13～16 ℃，湿度 80%，光照强度 10 000 勒克斯，光照时间 16 小时/天）培育 16 天，待对照品种叶片充分发病时开始调查，按 0～4 级标准调查记载侵染型（表 1）。根据条锈菌与鉴别寄主相互作用产生的抗病或感病模式，确定不同菌株所属的生理小种。

表 1　小麦条锈菌生理小种鉴定反应型分级

	反应型	症状描述
抗病	0	没有夏孢子堆和任何其他症状
	0;	没有夏孢子堆，但有过敏性坏死斑点
	1	夏孢子堆很小，周围有清晰的坏死区
	2	夏孢子堆小到中等，往往产生在绿岛中，绿岛周围有明显褪绿或坏死的边缘
感病	3	夏孢子堆大小中等，合并现象很少，无坏死，但可能有褪绿区，尤其在生长条件不适宜时
	4	夏孢子堆大，常常合并在一起，无坏死，但在生长条件不适宜时可能有褪绿现象

起草人：刘博　刘太国　陈万权
起草单位：中国农业科学院植物保护研究所

小麦矮腥黑穗病的抗病性鉴定技术

1　范围

本文件规定了小麦矮腥黑穗病的抗病性鉴定技术规范的术语和定义、病原物接种体制备及田间抗性鉴定，其中包括：鉴定圃选址、感病对照和诱发行品种选择、鉴定圃田间配置及大田播种、接种、接种前后田间管理、病情调查及记载标准、抗性评价及标准及鉴定记载表格等。

本文件适用于新疆北疆范围内小麦矮腥黑穗病抗病性鉴定与评价。

2　规范性引用文件

下列文件对于本文件的应用是必不可少的。凡是注日期的引用文件，仅所注日期的版本适用于本文件。凡是不注日期的引用文件，其最新版本（包括所有的修改单）适用于本文件。

NY/T 393—2013　绿色食品——农药使用准则

3　术语和定义

下列术语和定义适用于本文件。

3.1　小麦矮腥黑粉菌

小麦矮腥黑粉菌：小麦矮腥黑穗病是由小麦矮腥黑粉菌（*Tilletia controversa* Kühn，TCK）引起的国际检疫性病害（附录 A）。

3.2　抗病性鉴定

广义的抗病性鉴定还应包括病原物的致病性鉴定等，在实际工作中则需根据作物、病害种类、目的要求和设备条件而定。

3.3　田间接种鉴定

这种方法是将病原菌萌发的孢子直接接种到温室或田间植株幼穗上，它适合对所有作物进行抗病性鉴定。由于抗病现象是寄主、病原物及环境条件三者共同作用的结果，因此，这种鉴定结果能真实地反映被鉴定材料的抗病性，可靠性强。接种鉴定的技术规程包括育苗、接种体的制备（病菌的分离、保存与孢子萌发）。

4　病原接种体制备

4.1　土壤浸提液培养基

土壤浸提液培养基：称取 75 克已灭菌的土壤，用 500 毫升沸水经五层纱布过滤后，加入16～18 克琼脂，加蒸馏水定容至 1 升，分装后 121 ℃高压蒸汽灭菌 30 分钟。

4.2　冬孢子萌发培养

将小麦矮腥黑粉菌的冬孢子制成孢子悬浮液，并调配成浓度为 $1×10^6$ 个孢子/毫升，将其均匀地涂布在土壤浸提液培养基平板中，5 ℃人工培养箱中全光照培养。4 周后在倒置显微镜下观察其萌发情况，将萌发率较高的孢子用蒸馏水冲洗下来并收集。

4.3　菌丝收集

冬孢子萌发产生侵染丝后即可刮取，每个培养皿各加入 5 毫升灭菌水，用涂布棒轻轻将菌丝刮下，倒入 50 毫升离心管中于 4 ℃存放。

5　小麦矮腥黑穗病抗病性鉴定技术规范

5.1　检测样品的采集

采集调查田间感病小麦植株，做好标记。

5.2　鉴定圃选址

鉴定圃设置在新疆北疆小麦矮腥黑穗病适发区。选择具备良好自然发病环境和可控排灌条件、地势平坦及土壤肥沃的地块。

5.3　感病对照和诱发行品种选择

鉴定小麦矮腥黑穗病所用感病对照和诱发行品种均采用东选 3 号，此外，建议各试验点增加当地感病对照品种。

5.4　鉴定圃田间配置及大田播种

5.4.1　田间配置

鉴定圃采用开畦条播、等行距配置方式。畦埂宽 50 厘米，畦宽 250 厘米，畦长视地形、地势而定；距畦埂 125 厘米处顺畦种 1 行诱发行，在诱发行两侧 20 厘米横向种植鉴定材料，行长 100 厘米，行距 25～33 厘米，重复 1 次，顺序排列，编号，鉴定圃四周设 100 厘米宽的保护区（图 1）。

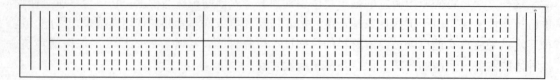

图 1　鉴定圃田间配置示意

注：矩形框表示畦埂；实线表示诱发行和对照品种；虚线表示鉴定材料。

5.4.2　播种
5.4.2.1　播种时间

播种时间与大田生产一致，或适当调整不同材料的播种期以使植株接种期和发病期能够与适宜的气候条件（湿度与温度）相遇。冬性材料按当地气候正常秋播，弱冬性材料晚秋播，春性材料顶凌春播。

5.4.2.2　播种方式及播种量

采用人工开沟，条播方式播种。每份材料播种 1 行，每隔 20 份鉴定材料播种 1 组感病对照品种，鉴定材料每行均匀播种 100 粒；诱发行按每 100 厘米行长均匀播种 100 粒。

5.4.2.3　栽培管理

冬前灌水 1 次、返青后灌水 1 次、4 月中旬至 5 月中旬 10 天灌水 1 次，生长季不少于 4 次，注意保持水肥条件适中，防止土壤干旱和植株倒伏，以免影响试验结果。适时喷洒杀虫剂防治蚜虫，不得喷洒杀菌剂，远离生产防治田块或人工接种试验小区。

5.5　接种

人工侵染方式采用注射法，即小麦幼穗发育期，向每株小麦的幼穗注射 1 毫升冬孢子萌发悬液（浓度为 1×10^6 孢子/毫升），播种时以每平方米 30 万个冬孢子的浓度撒于土壤表面，在成熟期调查其染病情况。

5.6　接种前后田间管理

注意保持水肥条件适中，防止土壤干旱和植株倒伏，以免影响试验结果。适时喷洒杀虫剂防治蚜虫，不得喷洒杀菌剂，远离生产防治田块或人工接种试验小区。

5.7　病情调查及记载标准

具体参见附录 B。

5.8　抗性评价及标准

抗性分级：发病率 0%～10% 视为抗病（R），11%～30% 视为中抗（MR），31%～50% 视为中感（MS），51%～70% 视为感（S），70% 以上视为高感（HS）（参照《小麦腥黑穗病和黑粉病》，杨岩，中国农业科学技术出版社）。

起草人：高利　李广阔　高海峰　陈万权　刘太国
起草单位：中国农业科学院植物保护研究所、新疆农业科学院植物保护研究所

附录 A
（资料性附录）
小麦矮腥黑粉菌形态特征

A.1 小麦矮腥黑粉菌

A.1.1 分类地位

小麦矮腥黑粉菌属于担子菌门、黑粉菌纲、腥黑粉菌目、腥黑粉菌科、腥黑粉菌属。

A.1.2 形态特征

1. 冬孢子

冬孢子堆多生于子房内，形成黑粉状的孢子团，即黑粉病瘿，每个病瘿视大小不同可含有冬孢子10万至100万个。冬孢球形或近球形，黄褐色至暗棕褐色。外孢壁的多角形网眼状饰纹，网眼通常直径3～5微米，偶尔呈脑纹状或不规则形，肉脊平均高度为1.425微米±0.144微米，网目数为4.63～6.4个，网脊高度为0.82～1.77微米。孢壁外围有透明胶质鞘包被，不育细胞球形或近球形，无色透明或微绿色，有时有胶鞘，直径通常小于冬孢子9～16微米，偶尔可达22微米，表面光滑，孢壁无饰纹。

2. 菌丝

矮腥黑穗菌的生活史与玉米黑粉菌一样都具有二型态现象，冬孢子在适宜的条件下由休眠的冬孢子（2n）萌发产生2～4个先菌丝（n）和担孢子（n），随后，初生担孢子进行异宗配合，呈"H"形结合，双核体再发芽生出新月形的次生小孢子，再由次生小孢子上萌发出侵染丝，通过侵染丝侵染寄主。菌丝最初在寄主细胞中内生，其后为寄主细胞中间生，直接从寄主细胞内吸取营养，到达寄主生长点后，随小麦的生长而生长，最后侵入穗部和花器，破坏整个子房，再次形成冬孢子，使籽粒内充满黑粉，形成菌瘿，从而导致小麦严重减产。

3. 发病植株

小麦矮腥黑穗病菌会造成病株矮化，发病植株的高度为健株的1/4～2/3，最矮的病株仅高10～25厘米。在重病田可明显见到健穗在上面病穗在下面，形成"二层楼"的现象。分蘖增多，病株分蘖一般比健株多一倍以上，健株分蘖2～4个、病株4～10个，甚至可多达20～40个分蘖。病粒近球形，较硬，不易压破，破碎后呈块状。在小麦生长后期，如水分多病粒可胀破，使孢子外溢，干燥后形成不规则的硬块。小麦矮腥黑穗病冬孢子有自发荧光现象，而小麦网腥黑穗病（除少数未成熟冬孢子之外）则无荧光。

附录 B
（规范性附录）
_____年小麦矮腥黑穗病鉴定调查记录表

播种日期： 年 月 日 调查日期： 年 月 日

品种编号	重复	感病小麦病穗数										发病率	抗性评价
		1	2	3	4	5	6	7	8	9	10		
品种 1	Ⅰ												
	Ⅱ												
	Ⅲ												
品种 1	Ⅰ												
	Ⅱ												
	Ⅲ												
品种 N	Ⅰ												
	Ⅱ												
	Ⅲ												
感病对照	Ⅰ												
	Ⅱ												
	Ⅲ												

鉴定人：

记录人：

鉴定技术负责人：

小麦蚜虫监测预警及绿色防控技术

1 范围

本文件麦蚜包括麦长管蚜、禾谷缢管蚜和麦二叉蚜，其中麦长管蚜是优势种，且在是穗期影响产量的主要害虫。三种蚜虫田间混合种群发生。

本文件规定了小麦蚜虫发生程度记载项目和分级指标，系统调查方法，监测预警方法及绿色防控方法。

2 规范性文件的引用

下列文件对于本文件的应用是必不可少的。凡是注日期的引用文件，仅限所注日期的版本适用于本文件。凡是不注日期的引用文件，其最新版本（包括所有的修改单）适用于本文件。

NY/T612—2002　小麦蚜虫测报调查规范

GB/T 17980.79—2004　田间药效实验准则（二）　第 79 部分：杀虫剂防治小麦蚜虫

NY/T 2726—2015　小麦蚜虫抗药性监测技术规程

3 术语与定义

下列术语和定义适用于本文件。

3.1 系统调查

为了解一个地区病虫发生消长动态，进行定点、定时、定方法的调查。

3.2 挽回损失

指小麦通过防治蚜虫后挽回的产量损失，即防治区比不防治对照区增加的产量。

3.3 实际损失

指小麦通过防治蚜虫后仍因残存蚜虫造成的产量损失。

3.4 蚜茎率（%）

指调查有蚜麦茎数（指单蘖或单穗）占总调查麦茎数的百分率。

3.5 百茎蚜量

调查或折算 100 茎小麦上的蚜虫数量为百茎蚜量。

3.6 发生期

当季蚜虫累计发生量达发生总量的 16%、50%、84% 的时间分别为始盛期、高峰期、盛末期，从始盛期至盛末期一段时间为发生盛期。

4　蚜虫发生程度分级标准

发生程度分为5级，主要以当地小麦蚜虫平均百茎蚜量来确定，各级指标见表1。

表1　小麦蚜虫发生程度分级指标

指标 \ 级别	1	2	3	4	5
百茎蚜量（头，Y）	Y≤500	500<Y≤1 500	1 500<Y≤2 500	2 500<Y≤3 500	Y>3 500

5　初始虫口数量调查

在小麦返青拔节期，选择有代表性、集中连片、周围无高大建筑遮挡的、面积不小于30亩的小麦田。在其中心选择3亩作为抽样调查的田块（小区），采用单对角线取样，每亩5点，每点调查10茎。确定当年蚜虫的初始虫口数量，记录结果并汇入表2。

表2　小麦蚜虫系统调查表

地点：_____　　　　　　　　　　　　　　　　　品种：_____

调查日期	生育期	调查茎数	有蚜茎数	有蚜茎率（%）	蚜虫种类及其数量（头）						百茎蚜量（头）	备注
					麦长管蚜		麦二叉蚜		禾缢管蚜			
					有翅	无翅	有翅	无翅	有翅	无翅		

6　系统调查

6.1　调查时间

小麦返青拔节期至乳熟期止，开始每5天调查一次，当日增蚜量超过300头时，每3天查一次。

6.2　调查田块

选择当地肥水条件好、生长均匀一致的麦田2～3块作为系统观测田，每块田面积不少于2亩。

6.3　调查方法

采用单对角线5点取样，每点固定50茎，当百茎蚜量超过500头时，每点可减少至20茎。调查有蚜茎数、蚜虫种类及其数量，记录结果并汇入表2。

7　气象资料收集

在有气象站条件的调查地点，逐日收集12月份至翌年5月温度、湿度、降水量和日照时数的气象数据，在无气象站条件的调查地点，参考距离最近的气象局气象基站数据。

8 蚜虫高峰日发生量预测

结合初始虫口数量及气象资料数据，采用数理统计方法预测蚜虫高峰日发生量，从而指导防治用药量。

9 小麦蚜虫绿色防控技术要点

9.1 天敌人工助迁

瓢虫、草蛉、食蚜蝇类等天敌昆虫对蚜虫具有明显的控制作用。早春在枫杨、榆树、柳树、凤苞菊等植物上大量发生异色瓢虫，可通过人工采集异色瓢虫的蛹，低温下存储，在麦蚜大发生的早期释放到田间。

9.2 人工饲养天敌释放

采用甜菜夜蛾低龄幼虫为替代饲料的异色瓢虫饲养技术，可实现异色瓢虫的规模化人工饲养，突破了"瓢虫天敌工厂"产业化的技术瓶颈。该项技术可以不受自然条件的影响，周年全天候室内生产异色瓢虫。

9.3 作物邻间作

利用不同作物生育期时相上的差异，涵养天敌，结合栽培措施，使天敌种群在不同作物间迁移，达到自然控制的目的。可用的几种邻间作控蚜措施：小麦与油菜邻作、小麦与豌豆间作、小麦与油菜和大麦邻作。

9.4 物理防控

针对麦蚜的生态学特性和不同种类的生态位，利用人工喷水、吹风为主体的麦长管蚜无害化防控技术。可采用机动喷雾机喷水防治，人工喷水处理的最佳时期为小麦灌浆初期，即在该阶段进行一次喷水处理，可以获得最佳的防治效果和保产作用。有目标地对靶标喷施处理，不仅节约用水，而且防治效果明显高于全部小麦植株普遍喷水的非目标喷施处理；背负式机动喷粉机作为吹风器具，在小麦扬花末期（灌浆初期）进行吹风处理的防治效果显著高于拔节期、抽穗期、灌浆中期和乳熟后期的处理。

9.5 药剂防治

若预测麦蚜百茎蚜量达 500 头以上时，喷施吡虫啉、吡蚜酮、啶虫脒、抗蚜威等药剂，交替使用。

起草人：胡祖庆
起草单位：西北农林科技大学

小麦蚜虫的天敌防控技术

1　范围

本技术规定了小麦蚜虫的天敌防控方法。

本技术适用于冬小麦蚜虫的防治。

2　规范性文件的引用

下列文件对于本文件的应用是必不可少的。凡是注日期的引用文件，仅限所注日期的版本适用于本文件。凡是不注日期的引用文件，其最新版本（包括所有的修改单）适用于本文件。

DB/T 925—2012　小麦主要病虫草害防治技术规范

3　术语与定义

下列术语和定义适用于本文件。

3.1　绿色防控

绿色防控是指从农田生态系统整体出发，以农业防治为基础，积极保护利用自然天敌，恶化病虫的生存条件，提高农作物抗虫能力，在必要时合理使用化学农药，将病虫危害损失降到最低限度。它是持续控制病虫灾害，保障农业生产安全的重要手段。

3.2　百株（茎）蚜量

指调查或折算 100 株（茎）小麦上的蚜虫数量。

4　麦蚜的天敌防控

4.1　麦蚜数量动态的调查与监测

在蚜虫发生严重为害的时期开始调查。一般四月中下旬开始，无翅蚜在中下部叶片开始繁殖，逐渐向上，到抽穗期时为害穗部。密切调查百株小麦上蚜虫发生情况。当麦田瓢虫类、食蚜蝇类、草蛉类、蜘蛛类、蚜茧蜂类和寄生螨类等天敌单位与蚜虫数比例大于1∶120 时，可不用化学防治，可以释放天敌或者利用自然天敌进行防控；百株（茎）蚜量超过 500 头，或天敌单位与蚜虫数比例小于 1∶120 时，应立即发出防治警报，迅速开展化学防治或者淹没式释放大量的麦蚜天敌。

4.2　利用功能植物储蓄天敌防控麦蚜

4.2.1　背景

波斯菊作为蜜源植物，对捕食性天敌具有诱集助迁作用。麦田伴植或间作波斯菊可显著提高瓢虫和食蚜蝇数量，压低麦长管蚜无翅蚜发生量，起到明显防蚜作用。

4.2.2 方案

方案一：将波斯菊花带与小麦以 50 厘米：250 厘米比例行间作种植（适用于可自由设计的试验田）。

方案二：将波斯菊花带种植于小麦畦地头，若一畦宽为 3 米，则种植 3 米×0.3 米（长×宽）花带（长宽可根据试验地灵活掌握）。此方案不影响农户收割。调查的对照组麦田距离花带种植组间隔 20 米以上，若无对照，可不设，仅保留试验示范田即可。以下示例仅供参考，如试验用地不设重复，则可播种连续的花带。

示例：网格块为麦田，黑色块为花带。

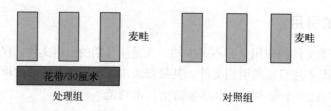

4.2.3 调查方法

每处理小区采用五点取样法调查，每点调查百株麦苗上的蚜虫、蓟马、瓢虫、小花蝽、草蛉等的数量。

4.2.4 波斯菊定植方法

4.2.4.1 波斯菊基本情况

北方一般 3～6 月播种，4～7 月陆续开花，秋凉后又继续开花直到霜降。波斯菊用种子繁殖，有自播能力，一经栽种，会生出大量自播苗；若稍加保护，便可照常开花，一般播种后 50 天左右开花。

4.2.4.2 种植方法

播种：幼苗 4～5 片真叶期（苗高 5 厘米）移植，并摘心，也可直播后间苗。可于最低气温 3℃左右露地床播，播种量 5 克种子/米^2，播种覆土约 1 厘米，如温度适宜 6～7 天小苗即可出土。3～4 月春播，发芽迅速，播后 7～10 天发芽。在生长期间可行扦插繁殖，于节下剪取 15 厘米左右的健壮枝梢，插于沙壤土内，适当遮阴及保持湿度，6～7 天即可生根。

栽培：如栽植地施以基肥，则生长期不需再施肥，土壤若过肥，枝叶易徒长，开花减少。波斯菊性强健，喜阳光，耐干旱，对土壤要求不严，但不能积水。若将其栽植在肥沃的土壤中，易引起枝叶徒长，影响开花质量。

可在生长期间每隔 10 天施 5 倍水的腐熟尿液一次；天旱时浇 2～3 次水，即能生长、开花良好。其生长迅速，可以多次摘心，以增加分枝。可在小苗高 20～30 厘米时去顶，以后对新生顶芽再连续数次摘除，植株即可矮化；同时增加花数。

4.3 天敌的释放应用

4.3.1 适用范围

百株（茎）蚜量为 200～500 头，或天敌单位与蚜虫数比例小于 1：120。

4.3.2 天敌的释放应用

目前可应用于田间且商品化程度较高的天敌有：捕食性的异色瓢虫、七星瓢虫、东亚小花蝽和寄生性的蚜茧蜂，这些天敌昆虫均可用于麦蚜防控。

目前寄生性天敌的释放模式为在田间放置含有僵蚜的载体植物，按照 10 万～20 万头/亩用量释放。捕食性天敌可以直接释放或通过载体植物进行释放，益害比为 1∶120。麦红蜘蛛严重时，可辅以释放加州新小绥螨或巴氏钝绥螨，每亩释放 15 万～30 万头。

4.3.3 注意事项

天敌对药剂敏感，释放需避开用药前后各一周。由于大田条件不易控制，在天气炎热时，需选择傍晚释放，并避开连续降雨时段释放。因麦蚜在田间扩散后繁殖速度快，天敌的释放时机最好选在麦蚜扩散之前。

起草人：邱宁　王甦
起草单位：北京市农林科学院

麦田杂草综合防控技术

1 范围

本技术规定了麦田杂草防控技术的术语和定义、防控原则、防控对象、防控技术和防控档案。

本技术适用于山西南部冬小麦田杂草的防控。

2 规范性引用文件

下列文件对于本文件的应用是必不可少的。凡是注日期的引用文件，仅所注日期的版本适用于本文件。凡是不注日期的引用文件，其最新版本（包括所有的修改单）适用于本文件。

GB 4404.1—2008 粮食作物种子 第1部分：禾谷类

GB 5084—2005 农田灌溉水质标准

GB 7412—2003 小麦种子产地检疫规程

GB/T 8321—2000 农药合理使用准则（所有部分）

NY/T 496—2010 肥料合理使用准则 通则

NY/T 1276—2007 农药安全使用规范

NY/T 1997—2011 除草剂安全使用技术规范 通则

3 术语和定义

下列术语和定义适用于本文件。

3.1 禾本科杂草

指胚含有一片子叶（种子叶）的杂草。通常叶片窄、长，叶脉与叶边平行，无叶柄，叶鞘开张，有叶舌，茎圆或扁平，有节、节间中空。

3.2 阔叶杂草

阔叶杂草又称双子叶杂草，是指胚含有两片子叶的杂草。草本或木本，叶脉网纹状，叶片宽阔，有叶柄，茎切面为圆形或方形。

3.3 用药量

指单位面积上施用农药制剂的体积或质量。

4 防控原则

遵循"预防为主，综合防治"的植保方针，以农业防控措施为基础，化学防控措施为补充。农药使用应符合 GB/T 8321（所有部分）、NY/T 1276、NY/T 1997 的规定。

5　防控对象

5.1　禾本科杂草

冬小麦田禾本科杂草主要包括节节麦、雀麦、早熟禾、野燕麦、看麦娘等。

5.2　阔叶杂草

冬小麦麦田阔叶杂草主要包括播娘蒿、荠菜、麦家公、离子草、婆婆纳、猪殃殃、葎草、打碗花、小蓟、牛繁缕、狼紫草、大巢菜、藜、野豌豆、泽漆、佛座、萹蓄等。

6　防控技术

6.1　农业防控

6.1.1　深耕除草

小麦播种前或收获后，对杂草密度大的地块，进行深耕翻土，深耕的深度应不小于 25 厘米；深耕年限为每 2～3 年 1 次；其他年份只浅耕、旋耕或免耕。

6.1.2　精选种子

选择适宜当地种植的小麦品种，小麦种子质量应符合 GB 4404.1 的规定。调运、引种和供种必须按 GB 7412 的规定进行检疫。

6.1.3　合理密植

适时适量播种。水地冬小麦适播期为 10 月 1～15 日，旱地可提早 2～3 天。普通麦田适播期内播量为 10.0～12.5 千克/亩。适播期后每推迟 1 天，播量增加 0.5 千克/亩。秸秆还田麦田适播期的播量应控制在 15 千克/亩左右。

6.1.4　水肥管理

6.1.4.1　冬前水肥管理

按照 NY/T 496 的规定施用肥料。有机肥施用前应充分腐熟发酵。对上个麦季杂草危害严重地块，将化肥和商品有机肥施到小麦播种行下方，深度 15 厘米以上。灌溉水质量应符合 GB 5084 的规定。越冬水适宜灌溉时间为 11 月上中旬，适宜灌溉量为 30～40 米^3/亩。

6.1.4.2　春季水肥管理

小麦起身拔节期，水地小麦在日均气温 3～5 ℃时结合春季灌水，每亩开沟追施纯氮（N）4～5 千克，灌水量 50～60 米^3。连续多年秸秆还田或底肥不足的麦田，应结合灌水每亩开沟追施纯氮（N）7～8 千克。

6.1.5　清理收割机

在收割机进入本地麦田前和在地块间转移时，应认真清理机头、机身、机仓、轮胎等可能携带杂草的部位。同时，对清除的杂草种子应深埋 30 厘米以上或灭活处理。

6.1.6　休耕轮作除草

在有条件的地方，小麦收获后，应对地块进行休耕处理，并及时耕翻除草。或与大豆、油葵、玉米等作物轮作。

6.1.7 人工除草

小麦出苗后到抽穗前，应逐行、逐块进行检查，发现杂草应随见随拔，逐苗齐根拔除并带出田外。小麦抽穗后拔出的杂草应深埋（30 厘米以上）或灭活处理。

6.2 化学防控

化学防控方法见附录 A。

7 防控档案

小麦生产单位应建立杂草防控档案，详细记录播前准备、种植品种、播量及播种技术、田间管理、草害防控和收获等环节采取的主要措施，由专人管理，并保存 3～4 年。

起草人：王睿　王克功　谢咸升　陈丽　张红娟　贺健元　赵芳　任瑞兰　武银玉

起草单位：山西省农业科学院小麦研究所

附录 A
（规范性附录）
麦田杂草化学防控药剂及使用方法

防控对象	药剂名称及每亩用药量	防控时期及指标	施药方法
节节麦、雀麦等禾本科杂草	3％甲基二磺隆可分散油悬浮剂 20～35 克	防控时期为小麦 3～5 叶期，杂草 2～4 叶期；禾本科杂草防除指标为 2.35～4 株/米², 阔叶杂草防除指标为 4～4.3 株/米²	二次稀释法配药，茎叶喷雾，机动喷雾器每亩用水量 15～20 千克，手动喷雾器每亩用水量 30 千克
野燕麦、看麦娘等禾本科杂草	6.9％精噁唑禾草灵水乳剂 40～60 克		
	15％炔草酯可湿性粉剂 15～30 克		
播娘蒿、荠菜、麦家公等阔叶杂草	10％苯磺隆可湿性粉剂 10～20 克		
	13％2 甲 4 氯钠水剂 300～500 毫升		
	10％唑草酮可湿性粉剂 10～20 克		
	15％噻吩磺隆可湿性粉剂 10～20 克		
	10％苄嘧磺隆可湿性粉剂 30～50 克		
节节麦等禾本科杂草和播娘蒿等阔叶杂草	3％甲基二磺隆可分散油悬浮剂 20 克加 10％苯磺隆可湿性粉剂 10～20 克		
	3％甲基二磺隆可分散油悬浮剂 20 克加 15％噻吩磺隆可湿性粉剂 10～20 克		
节节麦、雀麦等禾本科杂草	3％甲基二磺隆可分散油悬浮剂 20～30 克	防控时期为小麦返青期，冬前未施药；禾本科杂草防除指标为 2.35～4 株/米², 阔叶杂草防除指标为 4～4.3 株/米²	
野燕麦、看麦娘等禾本科杂草	6.9％精噁唑禾草灵水乳剂 40～60 克		
	15％炔草酯可湿性粉剂 15～30 克		
播娘蒿、荠菜、麦家公等阔叶杂草	10％苯磺隆可湿性粉剂 10～15 克		
	13％2 甲 4 氯钠水剂 300～500 毫升		
	10％唑草酮可湿性粉剂 10～20 克		
	15％噻吩磺隆可湿性粉剂 10～20 克		
节节麦等禾本科杂草和播娘蒿等阔叶杂草	3.6％二磺·甲碘隆水分散粒剂 15～25 克		
	70％氟唑磺隆水分散粒剂 3～4 克		

北方小麦绿色防控 VDAL 制剂应用技术

1 范围

本技术规定了 VDAL 在北方小麦生产中的确定方法和限量要求。

本技术适用于北方冬小麦及春小麦产区。

2 规范性文件的引用

下列文件对于本文件的应用是必不可少的。凡是标注日期的引用文件，仅限所标注日期的版本适用于本文件。凡是不注日期的引用文件，其最新版本（包括所有的修改单）适用于本文件。

T/CAI 002—2018 生物刺激素甲壳寡聚糖

3 术语与定义

下列术语和定义适用于本文件。

3.1 监控施用 VDAL 技术

指基于小麦播种量，确定 VDAL 制剂（*Verticillium dahliae Asp - f2* like protein，VDAL 纯蛋白含量为 1.5%）在小麦种子包衣中施用量的技术。

3.2 VDAL 在种衣剂中添加的安全阈值

指小麦种衣剂中允许的 VDAL 最高值。小麦播种前在种衣剂中的添加量不超过 0.16 克/亩。

3.3 VDAL 在小麦抽穗期喷施的安全阈值

指小麦抽穗期允许喷施的 VDAL 最高值。小麦抽穗期叶面喷施量不超过 2.00 克/亩。

3.4 目标产量

指在正常的田间条件下，小麦可获得的预期产量。可由相应田块前三年（自然灾害年份除外）小麦的平均产量乘以系数 1.1 作为目标产量。

4 施用量的确定

4.1 种衣剂添加 VDAL 用量确定

在小麦播前应用 VDAL 种衣剂包衣时，按以下公式确定 VDAL 用量：

VDAL 用量（克）＝种子用量（千克）÷播种量（克/亩）÷6.25

4.2 抽穗期喷施 VDAL 用量

在小麦抽穗期，VDAL 叶面喷施用量 1 克/亩。

5　施用 VDAL 限量要求

以监控施用 VDAL 技术确定的小麦施用量为合理施用量。实际生产中，农户小麦实际产量与预期产量之间会有一定变化。因此，以 0.9～1.1 倍的合理施用量为适宜施用 VDAL，低于 0.7 倍合理施用量的为施用偏低水平，低于 0.5 倍合理施用量的为施用很低水平，高于 1.5 倍合理施用量的为施用偏高水平。高于 2.0 倍合理施用量的为施用很高水平。其中施用量低于 0.7 倍合理施用量的为施用不足，施用量超过 1.5 倍合理施用量的为施用过量。

6　施用 VDAL 方法

冬（春）麦区：VDAL 分 2 次施用，包括种子包衣，在此基础上于抽穗期叶面喷施。

VDAL 为蛋白，需要现配现用，种衣剂添加量极微，必须充分混匀；叶面喷施可以与杀虫剂混合施用。

起草人：齐俊生　巩志忠　崔艮中
起草单位：中国农业大学、北京中捷四方生物科技股份有限公司

陕西小麦全生育期主要病虫草害防控技术

1 范围

本文件规定了陕西省小麦主要病虫草害全生育期的防治策略、主要防治技术。

本文件适用于陕西省不同小麦产区。

2 规范性文件的引用

下列文件对于本文件的应用是必不可少的。凡是注日期的引用文件，仅限所注日期的版本适用于本文件。凡是不注日期的引用文件，其最新版本（包括所有的修改单）适用于本文件。

GB/T 35238—2017　小麦条锈病防治技术规范

GB/T 15795—2011　小麦条锈病测报调查规范

GB/T 8321.1—2000　农药合理使用准则（一）

GB/T 8321.2—2000　农药合理使用准则（二）

GB/T 8321.3—2000　农药合理使用准则（三）

NY/T 1608—2008　小麦赤霉病防治技术规范

NY/T 2683—2015　农田主要地下害虫防治技术规程

3 术语和定义

下列术语和定义适用于本文件。

3.1　全生育期

指小麦自播种到收获所经历的整个过程。

3.2　综合防治

从农业生产全局出发，根据病虫草害与农林植物、有益生物、耕作制度和环境等因素之间的辩证关系，因地制宜，合理应用必要的农业、生物、物理和化学等综合技术措施，经济、安全和有效地控制病虫危害，达到增产增收的目的。

3.3　农业防治

根据栽培管理的需要，综合农事操作，有目的地创造有利于作物生长而不利于病虫草害发生的农田生态环境，以达到抑制和消灭病虫草害的目的。

4 技术要求

在做好病虫草害发生情况监测的基础上，通过采取种植抗（耐）病品种、早期预防、生态调控及应急防治等措施，将全省小麦主要病虫草害的总体危害损失控制在5％以下。

5　主要防治技术

5.1　播种期

5.1.1　防治对象

小麦条锈病、小麦白粉病和地下害虫。

5.1.2　技术措施

在陕南麦区和关中西部小麦条锈病发生较重地区，可用31.9%戊唑·吡虫啉种衣剂，每100千克种子用350毫升；或2%戊唑醇60克+50%辛硫磷乳油200毫升，兑水1400毫升，拌种100千克，堆闷5～6小时，摊晾后即可播种。

在其他地下害虫发生较重地区，可用50%辛硫磷乳油200毫升或者48%毒死蜱乳油100～200毫升，兑水1400毫升，拌种100千克，堆闷5～6小时，摊晾后即可播种。

5.2　出苗期—越冬期

5.2.1　防治对象

阔叶杂草和禾本科杂草。

5.2.2　技术措施

对以阔叶杂草为主的地区，可选用：①50克/升双氟磺草胺悬浮剂3.5毫升/亩+10%唑草酮可湿性粉剂10.5克/亩；②10%苄嘧磺隆可湿性粉剂21克/亩+200克/升氯氟吡氧乙酸异辛酯乳油28毫升/亩；③9%双氟·唑草酮悬乳剂13毫升/亩；④15%双氟·氯氟吡氧乙酸异辛酯悬乳剂42克/亩。

对于阔叶杂草与禾本科杂草野燕麦混生区，在上述用药方法基础上，加用15%炔草酯可湿性粉剂17.5克/亩或5%唑啉草酯乳油42毫升/亩。

5.3　返青期—拔节期

5.3.1　防治对象

小麦条锈病、小麦白粉病、红蜘蛛等。

5.3.2　技术措施

关中西部小麦条锈病早发常发区，如果田间发现条锈病单片病叶时应以病点为中心及时对病点周围2米的区域防治，发现单个发病中心时及时对周围20～30米区域喷药防治。药剂可用15%三唑酮可湿性粉剂，每亩用量80～100克。

3月下旬至4月下旬，当田间条锈病平均病叶率达到0.5%～1%时，白粉病病茎率达到15%～20%或病叶率达到5%～10%时，开展大面积应急防治。每亩地可用15%三唑酮可湿性粉剂100克，或25%烯唑醇可湿性粉剂50克，或43%戊唑醇悬浮剂10克。

田间红蜘蛛每33厘米行长红蜘蛛大于200头或每株有虫6头以上，进行药剂防治，防治方法以挑治为主。药剂可用75%克螨特乳油2000倍液，或1.8%阿维菌素乳油2000倍液，或5%甲氰菊酯乳油3000倍液喷雾。

5.4　孕穗期—扬花期

5.4.1　防治对象

小麦条锈病、小麦白粉病、小麦赤霉病、小麦蚜虫、小麦吸浆虫。

5.4.2 技术措施

当条锈病病叶率达 0.5%～1%时，或白粉病病茎率达 15%～20%或病叶率达 5%～10%时，或当每茎蚜虫 5 头以上或田间蚜株率 20%以上时，实施"一喷多防"措施。如小麦抽穗至扬花期遇有阴雨、露水和多雾天气且持续 3 天以上或 10 天内有 5 天以上阴雨天气时，应于扬花初期及时预防赤霉病。药剂每亩可选用：①43%戊唑醇乳油 20 毫升＋0.5%甲基阿维菌素微乳剂 30 毫升＋磷酸二氢钾 50 克；②400 克/升戊唑·咪鲜胺水乳剂 20 毫升/亩＋25 克/升高效氟氯氰菊酯乳油 15 毫升/亩或者 70%吡虫啉水分散剂 5 克/亩＋磷酸二氢钾 50 克。根据短期天气预报，若 5～7 天后仍有连阴雨或露雾，应进行第二次药剂防治。

小麦吸浆虫发生严重的地区同时监测吸浆虫危害，小麦抽穗初期每 10 块黄板或白板（120 毫米×100 毫米）有 1 头以上吸浆虫成虫，或在小麦抽穗期，吸浆虫每 10 网复次有 10 头以上成虫，或者用两手扒开麦垄，一眼能看到 2～3 头成虫时，可以选用毒死蜱、溴氰菊酯和吡虫啉等药剂进行喷雾防治，可兼治麦蚜、黏虫等害虫。

起草人：李强 王保通 成卫宁 郭云忠
起草单位：西北农林科技大学植物保护学院

山西水地冬小麦农药减施增效技术

1　范围

本文件规定了冬小麦农药减施增效技术的术语和定义、防治原则、防治对象和防控技术。

本文件适用于水地冬小麦主要病虫草害的综合防控。

2　规范性引用文件

下列文件对于本文件的应用是必不可少的。凡是注日期的引用文件，仅所注日期的版本适用于本文件。凡是不注日期的引用文件，其最新版本（包括所有的修改单）适用于本文件。

GB/T 8321—2000（所有部分）　农药合理使用

GB/T 15671—2009　农作物薄膜包衣种子技术条件

3　术语和定义

下列术语和定义适用于本文件。

3.1　农药减施增效技术

通过加强农业防治、物理防治、生物防治措施的应用，科学合理使用环保低毒农药来保障作物健康生长的植保技术。

3.2　防治原则、防治对象

3.2.1　防治原则

按照"预防为主、综合防治"的植保方针，贯彻"公共植保、绿色植保"的理念。通过加强耕地整理、作物轮作、种植抗病虫品种，结合物理防治、生物防治及精准化科学施药等技术措施的实施，建立冬小麦农药减施增效技术。使用化学农药严格执行 GB/T 8321 的规定。我国主要禁限用农药目录见附录 A。

3.2.2　防治对象

害虫包括蛴螬、金针虫、麦叶螨、麦蚜、小麦吸浆虫等。病害包括小麦白粉病、小麦纹枯病、小麦锈病、小麦全蚀病、小麦黑穗病、小麦赤霉病、小麦根腐病等。杂草包括播娘蒿、麦家公、节节麦、雀麦、荠菜、刺儿菜等。小麦主要病害症状和害虫形态特征见附录 B。

4　防控技术

4.1　农业防治

4.1.1　深翻深松土壤

间隔 2~3 年深翻或深松一次，深翻 25 厘米以上，深松 30 厘米以上，以降低田间杂草出草量，减少病虫害发生。

4.1.2 秸秆还田

夏玉米机械收获后，秸秆粉碎至 5 厘米以下还田，每亩施 10 千克尿素，加速秸秆腐化，深旋 15 厘米以上。

4.1.3 品种选择

选用适宜当地种植、丰产性好、抗倒伏、抗病虫性强且通过国家或山西省农作物品种审定委员会审定的品种。

4.1.4 适时、适量播种

适播期每亩播种量 12.5～15 千克；秸秆还田地块增加播量 1～2 千克；播期每推迟 1 天，播量增加 0.5 千克。

4.2 物理防治

4.2.1 灯光诱杀

铜绿丽金龟、暗黑鳃金龟、叩头甲等发生严重区域，于 6 月下旬至 7 月下旬每 45～60 亩设置杀虫灯 1 台诱杀成虫，降低田间落卵量。

4.2.2 糖醋液诱杀

在白星花金龟等成虫高发期 7～8 月，按照每亩设置 3～5 盆糖醋液诱杀器，糖醋液配比为白糖：醋：白酒：水＝3：4：1：2，同时加入少量的 90％晶体敌百虫，每 10～15 天更换一次。每日及时补充诱杀液和清除虫尸。

4.2.3 性诱剂/植物源诱杀

根据田间害虫发生测报结果，从成虫发生期开始，于 6 月下旬至 7 月下旬按照每亩设置 6～8 个暗黑鳃金龟或铜绿丽金龟性诱剂/植物源诱捕器诱杀成虫，直至成虫发生期结束。期间每日捞出诱捕器中诱到的成虫并添加蒸发掉的水分，保持诱捕器中有足够的水分。

4.3 生物防治

对上年小麦根腐病、纹枯病等病害严重的地块，使用芽孢杆菌和木霉菌复合制剂或 6％寡糖·链蛋白可湿性粉剂进行拌种。

4.4 化学防治

4.4.1 种子包衣

选用防病杀虫增产的高效复合种衣剂包衣，如 32％戊唑·吡虫啉悬浮种衣剂或 27％苯醚·咯·噻虫悬浮种衣剂，按药种比 1：300 包衣，可有效预防小麦纹枯病、小麦全蚀病、小麦黑穗病、小麦根腐病等病害，减轻苗期蚜虫的危害。

4.4.2 苗期虫害管理

麦叶螨发生初期 11 月上中旬，当 33 厘米行长有麦叶螨 200 头以上时，每亩选用 20％唑螨酯悬浮剂 7～10 毫升或 1.8％阿维菌素乳油 40～60 毫升或 10％阿维·哒螨灵 60～80 毫升，兑水 40～45 升，使用自走式高秆喷雾机均匀喷雾；田间同时发生麦蚜等其他虫害，每亩使用 10％阿维·吡虫啉悬浮剂 10～15 毫升，兑水 40～45 升，使用自走式高秆喷雾机均匀喷雾。

4.4.3　除草剂减量喷施

4.4.3.1　喷施时间及防除指标

对达到化防指标的地块，于小麦 3～5 叶期，选择白天气温高于 10 ℃的无风晴天进行化学防治，遇大风或大幅降温停止喷药。秋季未化学除草、已达到防除指标的地块，于春季小麦返青后到拔节前，日均气温稳定在 8 ℃以上的无风晴天，进行补防。

4.4.3.2　除草剂选择

防除阔叶杂草播娘蒿、麦家公、荠菜、刺儿菜等宜选用 75％苯磺隆干悬浮剂 0.9～1.8克/亩或 5.8％双氟·唑嘧胺悬浮剂 10 毫升/亩或 3％双氟·唑草酮悬浮剂 0.9～1.5 克/亩；防除节节麦宜选用 3％甲基二磺隆可分散油悬浮剂 20～30 毫升/亩；防除其他禾本科杂草选用 70％氟唑磺隆水分散粒剂 2～3 克/亩。阔叶与禾本科杂草混发田块，应用复配剂或分次防除。以上配方添加脱脂植物油、有机硅、磺酸盐类助剂可减少 30％除草剂用量。严格按照使用说明书推荐量用药，严禁随意增加用药量和重复喷药。

4.4.4　小麦穗期

根据预测预报，小麦穗期百穗蚜虫数量小于 1 000 头，并且田间益害比大于 1∶150，不予防治。

小麦穗期百穗蚜虫数量大于 1 000 头，每亩选用 30％氯氟·吡虫啉悬浮剂 4～5 毫升或10％阿维·吡虫啉悬浮剂 10～15 毫升＋磷酸二氢钾 50 克进行喷雾防治，可使用无人机飞防或电动喷雾器喷雾。喷雾后如遇降雨，应及时进行补喷。

根据天气预报，小麦抽穗扬花期若遇 3 天以上连阴雨，防治适期应提前到扬花前，在以上配方中每亩加入 50％多菌灵 100～120 克，以预防小麦赤霉病的发生。

起草人：陆俊姣　李大琪　任美凤　董晋明　李静　王全亮
起草单位：山西省农业科学院植物保护研究所、临汾市农业农村局

甘肃小麦条锈病绿色防控技术

1 范围

本文件规定了小麦条锈病的防治策略、主要防治技术。

本文件适用于甘肃省冬、春小麦产区。

2 规范性引用文件

下列文件中的主要条款通过本文件的引用而成为本文件的条款。凡注明日期的引用文件，其随后所有的修改单（不包括勘误的内容）或修订版均不适用于本文件。鼓励根据本文件达成协议的各方研究是否使用这些文件的最新版本。

凡是未注明日期的引用文件，其最新版本适用于本文件。

NY/T 1276—2007 农药安全施用规范 总则

GB/T 8321.7—2002 农药合理使用准则（七）

GB/T 17980.23—2000 农药田间药效试验准则（一）杀菌剂防治禾谷类锈病（叶锈、条锈、秆锈）

GB/T 15795—2011 小麦条锈病测报技术规范

3 术语和定义

下列术语和定义适用于本文件。

3.1 小麦条锈病

指由禾谷柄锈菌小麦专化型（*Puccinia striiformis* f. sp. *tritici*）引起的真菌性病害。主要危害叶片，严重时可危害茎秆和穗部。典型症状为：苗期染病，幼苗叶片上产生多层轮状排列的鲜黄色夏孢子堆。成株叶片发病，初期夏孢子堆为小长条状，与叶脉平行，后期表皮破裂，出现鲜黄色粉末（即夏孢子及夏孢子堆），严重时汇集成大病斑，造成叶片枯死。后期叶片背面出现黑色斑点（即冬孢子及冬孢子堆）。冬孢子堆短线状，扁平，常数个融合，埋伏在表皮内，成熟时不开裂。

3.2 发病率（%）

也称普遍率，以小麦发病叶片数占调查总叶片数表示。

3.3 病点率（%）

指田间调查发病病点数占调查总点数的百分数。

3.4 病田率（%）

指田间调查发病田块数占调查总田块数的百分数。

3.5　病情指数

3.5.1　成株期叶片病情划分标准

0 级：无病斑；

1 级：病斑面积占整个叶片面积的 5% 以下；

3 级：病斑面积占整个叶片面积的 6%～25%；

5 级：病斑面积占整个叶片面积的 26%～50%；

7 级：病斑面积占整个叶片面积的 51%～75%；

9 级：病斑面积占整个叶片面积的 76% 以上。

3.5.2　病情指数计算方法

$$DI = \sum_{i=0}^{n}(X_i \cdot S_i) / \sum_{i=0}^{n}(X_i \cdot S_{max}) \times 100$$

其中，DI 为病情指数，i 为病级数（0～n），X_i 为 i 级的单元数，S_i 为 i 级严重度的代表值，S_{max} 为严重度最高级值，$\sum$ 为累加符号，从 0 级（无病单位）开始累加。

3.6　防治指标

指防治小麦条锈病的最佳时期。一般病叶率超过 10%，病情指数 5 以上即达到防治指标。

4　防治策略

贯彻"预防为主，综合防治"的植保方针，坚持以种植抗病品种为主，其他农业措施、化学防治为辅的技术措施，将小麦条锈病危害损失率控制在 5% 以下。

4.1　综合防治技术

在结合小麦种植品种、生长期、温湿度环境及条锈病发生现状，因地制宜采用生态调控措施、农业措施、种子处理、药剂防治等技术，有效控制小麦条锈病发生流行。

4.2　分区治理

小麦条锈病偶发区的河西走廊（兰州以西地区，包括兰州市、武威市、金昌市、张掖市），宜选用抗病品种、农艺调控、成株期药剂防治等技术措施；小麦条锈病常发区的兰州以东地区（包括兰州市榆中县、白银市会宁县、甘南藏族自治州舟曲县及临夏回族自治州、定西市、天水市、陇南市、平凉市、庆阳市），宜采取抗病品种、种子包衣、农艺调控、苗期、成株期药剂防治等多种技术措施联动的综合防治措施。

5　综合防控技术

5.1　预测预警

按照 GB/T 15795—2011，系统进行小麦条锈病发生情况定点调查和大面积普查。对于甘肃陇南小麦条锈病越夏区，10 月下旬后即开始调查，并对发病田块和中心病点，选用 15％或 25％三唑酮可湿性粉剂、20％三唑酮乳油进行喷药防治。

5.2 种植抗病品种

根据甘肃省不同生态区，种植不同类型的抗（耐）病品种，尽可能压缩含有贵农 21、贵农 22、南农 92R 及 Moro 血缘生产品种。进一步开展抗病基因特别是抗病品种合理布局，实现抗病品种（基因）多样化。

其中在条锈病越夏区的陇南条锈病常发易变区（包括天水市、陇南市），在不同生态区种植不同类型品种。其中海拔 1 350 米及以下川道区和浅山区，种植天选 54 号～天选 63 号、兰天 30 号、兰天 32 号～兰天 35 号、中植 4 号～中植 7 号、兰航选 01、武都 20 号等；在海拔 1 350～1 750 米半山区，种植天选 47 号、天选 48 号、天选 52 号、兰天 18 号、兰天 23 号、兰天 27 号、兰天 28 号、陇鉴 9851 等；在海拔 1 750 米以上高山区，种植中梁 30 号、兰天 19 号、兰天 26 号、兰天 29 号等。

在条锈病越夏区的定西市和临夏回族自治州（中部冬春麦混作区），冬小麦种植临农 9555、临农 7230、兰天 28 号、陇中 2 号～陇中 5 号等；春小麦种植临麦 35 号、临麦 36 号、陇春 27 号～陇春 30 号、定西 42 号、定西 48 号、会宁 18 号～会宁 20 号等。

平凉市、庆阳市条锈病“桥梁”地带，种植陇鉴 101、陇鉴 102、陇鉴 108、陇鉴 107、陇鉴 386、普冰 151、宁麦 9 号、陇育 4 号～陇育 6 号等。

河西条锈病偶发区（春麦区），种植陇春 30 号、陇春 36 号、陇春 42 号、永良 15 号、甘春 20 号、甘春 25 号～甘春 27 号、张春 22 号、张春 23 号、武春 8 号、武春 9 号、银春 10 号、定丰 18 号、酒春 6 号～酒春 8 号。

5.3 农业防治

5.3.1 适期晚播

兰州以东冬小麦种植区，在不影响产量的前提下，适当延期播种 7～10 天，可显著减少当地秋苗发病程度，从而降低向外传播菌源量，减轻湖北、四川等地冬繁区压力和翌年黄淮海麦区春季流行程度。

5.3.2 降低初侵染源数量

一是在小麦条锈病越夏区，采用人工铲（翻）除、化学防除等多种方法，尽可能消灭田边地埂及场院中的自生麦苗，降低越夏寄主量和菌源量。二是在转主寄主小檗密度较大地区，于 4 月中下旬至 6 月中旬，向生长在田间地埂的小檗上喷洒 15％三唑酮可湿性粉剂、20％三唑酮乳油、25％三唑酮可湿性粉剂，尽可能消灭小檗叶片上的条锈菌有性生殖性孢子。三是在 4 月中下旬至 5 月中下旬，用塑料遮挡场院麦草垛，以防条锈菌冬孢子扩散到小檗叶片上。

5.3.3 增施磷、钾肥，减施氮肥

以降低植株徒长，提高小麦植株自身抵抗能力，降低病害发生危害程度。

5.3.4 精量播种，合理密植

开展健身栽培等农艺措施，改变农田生态环境，提高通风透光能力，进而提高自身抗病性。

5.4　化学防治

5.4.1　种子包衣/药剂拌种

冬小麦种植区，应尽可能开展药剂拌种或种子包衣措施，特别是在陇南条锈病越夏区，更是如此，以防治秋苗期小麦条锈病的发生流行，降低向我国东部麦区传播菌源的量。同时兼防地下害虫。种子包衣应选用立克秀等种衣剂。拌种选用三唑酮、戊唑醇等杀菌剂，药剂量控制在种子量的 0.3% 以下，采用干拌或湿拌法进行。要现拌现播，避免误食。

5.4.2　苗期防治

冬小麦种植区，从 10 月下旬开始进行带药侦查，发现发病中心或零星病叶，及时选用三唑酮、戊唑醇、烯唑醇等药剂进行喷药防治。

5.4.3　成株期防治

甘肃省生态条件差异大，小麦生长期不一，各地应根据实际，开展防治工作。按照小麦生长特点，从 3 月中旬开始调查，坚持"发现一点、防治一片"的原则进行。成株期达防治指标后，采用机防队、植保无人机等统防统治措施进行。每亩选用 15% 三唑酮可湿性粉剂80 克、20% 三唑酮乳油 60 毫升、25% 三唑酮可湿性粉剂 60 克、25% 烯唑醇可湿性粉剂 50克、12.5% 烯唑醇悬浮剂 50 毫升等，进行叶面喷雾防治。

6　防效评价

按照 GB/T 17980.22 的规定，进行调查、计算和防效评价。结合未来降雨、品种抗病性及农田环境，若防效低于 85%，再进行第二次田间防治，或补防漏防田块。

起草人：曹世勤　孙振宇　贾秋珍　王万军　黄瑾　张勃　王晓明

起草单位：甘肃省农业科学院

甘肃小麦白粉病绿色防控技术

1 范围

本文件规定了小麦白粉病的防治策略、主要防治技术。

本文件适用于甘肃省冬、春小麦产区。

2 规范性引用文件

下列文件中的主要条款通过本文件的引用而成为本文件的条款。凡注明日期的引用文件，其随后所有的修改单（不包括勘误的内容）或修订版均不适用于本文件。然而，鼓励根据本文件达成协议的各方研究是否使用这些文件的最新版本。

凡是未注明日期的引用文件，其最新版本适用于本文件。

NY/T 1276—2007 农药安全使用规范 总则

GB/T 8321.7—2000 农药合理使用准则（七）

GB/T 17980.22—2000 农药田间药效试验准则（一）杀菌剂防治禾谷类白粉病

NY/T 613—2002 小麦白粉病测报调查规范

3 术语和定义

下列术语和定义适用于本文件。

3.1 小麦白粉病

由布氏白粉菌（*Blumeria graminis* f. sp. *tritici*）引起的真菌性病害。主要危害叶片，严重时危害茎秆和穗部。典型症状为患病部位覆盖一层灰白色粉状霉层（菌丝体及分生孢子），后期布满黑色斑点（闭囊壳）。

3.2 发病率（％）

也称普遍率，以小麦发病叶片（株/茎）数占调查总叶片（株/茎）数的百分数表示。

3.2.1 病茎率（％）

指田间发病病茎数占调查总茎数的百分数。苗期田间调查时使用。

3.2.2 病株率（％）

指田间发病病株数占调查总株数的百分数。成株期田间调查时使用。

3.2.3 病叶率（％）

也称普遍率，以小麦发病叶片数占调查总叶片数的百分数表示。

3.3 病点率（％）

指田间调查发病病点数占调查总点数的百分数。

3.4　病田率（％）

指田间调查发病田块数占调查总田块数的百分数。

3.5　病情指数

3.5.1　成株期叶片病情划分标准

0 级：无病斑；

1 级：病斑面积占整个叶片面积的 5％以下；

3 级：病斑面积占整个叶片面积的 6％～15％；

5 级：病斑面积占整个叶片面积的 16％～25％；

7 级：病斑面积占整个叶片面积的 25％～50％；

9 级：病斑面积占整个叶片面积的 50％以上。

3.5.2　病情指数计算方法

$$DI = \sum_{i=0}^{n}(X_i \cdot S_i) / \sum_{i=0}^{n}(X_i \cdot S_{\max}) \times 100$$

其中，DI 为病情指数，i 为病级数（0～n），X_i 为 i 级的单元数，S_i 为 i 级严重度的代表值，$S_{\max}$ 为严重度最高级值，$\sum$ 为累加符号，从 0 级（无病单位）开始累加。

3.6　防治指标

指防治小麦白粉病的最佳时期。一般病叶率超过 10％，病情指数 5 以上即达到防治指标。

4　防治策略

贯彻"预防为主，综合防治"的植保方针，以种植抗病品种为主，其他农业措施、化学防治为辅的技术措施，将小麦白粉病危害损失率控制在 5％以下。

4.1　综合防治技术

在结合小麦种植品种、生长期、温湿度环境及条锈病发生现状，因地制宜，采用生态调控措施、农业措施、种子处理、药剂防治等技术，有效控制小麦条锈病发生流行。

4.2　分区治理

小麦白粉病单发区的河西走廊（乌鞘岭以西地区，包括武威市、金昌市、张掖市），宜选用抗病品种、农艺调控、成株期药剂防治等技术措施；小麦条锈病和白粉病混发区的乌鞘岭以东地区（包括兰州市、白银市、甘南藏族自治州舟曲县及临夏回族自治州、定西市、天水市、陇南市、平凉市、庆阳市），宜采取抗病品种、种子包衣、农艺调控、苗期、成株期药剂防治等多种技术措施联动的综合防治措施。

5　综合防控技术

5.1　预测预警

按照 NY/T 613，系统进行小麦白粉病发生情况定点调查和大面积普查。对于甘肃陇南及陇东小麦白粉病常发区，10月中下旬后即开始调查，有条件的地方对发病田块选用 15％ 或 25％三唑酮可湿性粉剂、20％三唑酮乳油进行喷药防治。

5.2 种植抗病品种

根据甘肃省不同生态区，种植不同类型的抗（耐）病品种，尽可能压缩含有洛夫林、山前麦等血缘的、含有 *Pm*8 抗病基因的品种，种植具有 *Pm*2、*Pm*21、*Pm*24 抗病基因品种。进一步开展抗病基因特别是抗病品种合理布局，实现抗病品种（基因）多样化。

其中在陇南麦区（包括天水市、陇南市），在种植抗白粉病品种的同时，要充分考虑对条锈病的抗病性，兼抗条锈病和白粉病的品种最为有效。其中在海拔 1 350 米及以下川道区和浅山区，种植天选 54 号～天选 63 号、兰天 30 号、兰天 32 号～兰天 35 号、兰航选 01 等；在海拔 1 350～1 750 米半山区，种植天选 47 号、天选 48 号、天选 52 号、兰天 23 号、兰天 27 号、兰天 28 号、陇鉴 9851 等；在海拔 1 750 米以上高山区，种植中梁 30 号、兰天 19 号、兰天 26 号、兰天 29 号、中梁 32 号、中梁 33 号等。

在定西市和临夏回族自治州（中部冬春麦混作区），冬小麦种植临农 9555、兰天 28 号、陇中 4 号、陇中 5 号等；春小麦种植临麦 35 号、临麦 36 号、陇春 27 号～陇春 30 号、定西 42 号、定西 48 号、会宁 18 号～会宁 20 号等。

在平凉市、庆阳市，种植陇鉴 101、陇鉴 102、陇鉴 108、陇鉴 107、陇鉴 386、普冰 151、宁麦 9 号、陇育 4 号～陇育 6 号等。

河西春麦区，种植陇春 30 号、陇春 36 号、陇春 42 号、永良 15 号、甘春 20 号、甘春 25 号～甘春 27 号、张春 22 号、张春 23 号、武春 8 号、武春 9 号、银春 10 号、定丰 18 号、酒春 6 号～酒春 8 号。

5.3 农业防治

5.3.1 适期晚播

兰州以东冬小麦种植区，在不影响产量的前提下，适当延期播种 7～10 天，可显著减少当地秋苗发病程度，从而降低越冬菌源量。

5.3.2 降低初侵染源数量

一是采用人工铲（翻）除、化学防除等多种方法，尽可能消灭田边地埂及场院中的自生麦苗，降低越夏寄主量和菌源量。二是在 4 月中下旬至 5 月中下旬，用塑料布遮挡场院麦草垛，以防小麦秸秆上的闭囊壳扩散到小麦上。

5.3.3 增施磷、钾肥，减施氮肥

以降低植株徒长，提高小麦植株自身抵抗能力，降低病害发生危害程度。

5.3.4 精量播种，合理密植

开展健身栽培等农艺措施，改变农田生态环境，提高通风透光能力，进而提高自身抗病性。

5.4 化学防治

5.4.1 种子包衣/药剂拌种

冬小麦种植区，应尽可能开展药剂拌种或种子包衣措施，以防治秋苗期小麦条锈病和白

粉病的发生流行。同时，兼防地下害虫。种子包衣应选用立克秀等种衣剂。拌种选用三唑酮、戊唑醇等杀菌剂，药剂量控制在种子量的 0.3% 以下，采用干拌或湿拌法进行。要现拌现播，避免误食。

5.4.2　苗期防治

冬小麦种植区，从 10 月下旬开始进行带药侦查，发现发病中心或零星病叶，及时选用三唑酮、戊唑醇、烯唑醇等药剂进行喷药防治。

5.4.3　成株期防治

甘肃省生态条件差异大，小麦生长期不一，各地应根据实际，开展防治工作。按照小麦生长特点，从 3 月中旬开始调查，坚持"发现一点、防治一片"的原则进行。成株期各地达防治指标后，采用机防队、飞机防治等统防统治措施进行。每亩选用 15% 三唑酮可湿性粉剂 80 克、20% 三唑酮乳油 60 毫升、25% 三唑酮可湿性粉剂 60 克、25% 烯唑醇可湿性粉剂 50 克、12.5% 烯唑醇悬浮剂 50 毫升等，进行叶面喷雾防治。小麦扬花后，结合条锈病、蚜虫等，再一次进行喷雾防治。

6　防效评价

按照 GB/T 17980.22 的规定，进行调查、计算和防效评价。结合未来降雨、品种抗病性及农田环境，若防效低于 85%，再进行第二次田间防治，或补防漏防田块。

起草人：曹世勤　孙振宇　贾秋珍　王万军　黄瑾　张勃　王晓明
起草单位：甘肃省农业科学院

甘肃陇南麦田一年生阔叶杂草防除高效替代技术

1 范围

本文件规定了甘肃陇南麦田一年生阔叶杂草防除高效替代技术。

本文件适用于甘肃陇南冬小麦。

2 规范性引用文件

GB 1351—2008 小麦

NY/T 1276—2007 农药安全使用规范 总则

GB/T 17980.41—2000 农药田间药效试验准则（二）除草剂防治麦田杂草

GB/T 17997—2008 农药喷雾机（器）田间操作规程及喷洒质量评定

GB/T 25415—2010 航空施用农药操作准则

NY/T 650—2013 喷雾机（器）作业质量

NY/T 1533—2007 农用航空器喷施技术作业规程

3 术语和定义

3.1 一年生阔叶杂草

主要由播娘蒿［*Descurainia sophia*（L.）Schur.］、荠菜［*Capsella bursa - pastoris*（L.）Medic)]、猪殃殃［*Galium aparine* L. var. *tenerum*（Gren. et Godr.）Rcbb.］、藜（*Chenopodium album* Linn.）、刺儿菜（*Herba cirsii* Setosi）、萹蓄（*Polygonum aviculare* L.）、牛繁缕［*Malachium aquaticum*（L.）Fries（*Stellaria aquatica*（L.）Scop.）］、大蓟（*Cirsium japonicum* Fisch. ex DC.）、泽漆（*Euphor biahelioscopia* L.）、马齿苋（*Portulaca oleracea* L.）、反枝苋（*Amaranthus retroflexus* L.）等组成。

3.2 药剂（Herbicide）

2,4-滴丁酯乳油（常用），400 克/升 2 甲·溴苯腈乳油（替代药剂）。

3.3 药械

工农 15 型人工喷雾器（农户常用），电动喷雾器（山东卫士，替代药械 1），植保无人机（替代药械 2）。

3.4 适宜施药时期

冬小麦返青—拔节期（3 月下旬至 4 月中旬），一年生阔叶杂草 2～3 叶期进行。

3.5 施药方法

电动喷雾器（喷头有锥形和扇形两种均可，压力≥45 帕）或植保无人机喷雾法。在晴天、微风、田间墒情好时茎叶均匀喷施。手动喷雾器单喷头喷幅为 3～4 米，单头喷两遍，双喷头喷一遍。

3.6　施药量

选用 400 克/升 2 甲·溴苯腈乳油，按 33 毫升/亩施用量喷施。电动喷雾器每亩兑水量 20 升，植保无人机每亩兑水量 15 升。

3.7　施药次数

施药 1 次。

3.8　杂草调查

药后 7 天、15 天各观察 1 次，药后 20 天、40 天分别调查两次。每小区随机取样 3 点，样点面积 0.25 米^2，药后 20 天调查株防效；40 天时再次调查残存株数和地上部鲜重，计算除株效和鲜重效。成熟期采用 100 分级法目测各处理区杂草的最终控制效果。

3.9　计算方法

株防效（％）＝100×（对照区杂草株数－处理区杂草株数）/对照区杂草株数

鲜重防效（％）＝100×（对照区杂草鲜重－处理区杂草鲜重）/对照区杂草鲜重

4　技术参数

4.1　替代药剂

用 400 克/升 2 甲·溴苯腈乳油防除田间阔叶杂草，较 2,4-滴丁酯乳油高效、安全。

4.2　替代药械

电动喷雾器和植保无人机防治效率远高于工农 15 型人工喷雾器，可替代使用。

4.3　植保无人机技术参数

飞行高度距离地表 3～3.5 米，行速度以 6 米/秒为宜，用药量 0.8～1.0 升/亩，具有较好的防除田间一年生阔叶杂草效果，且对小麦生长安全。

5　喷雾器选择

根据地块大小，选择合适的喷雾器械。土地面积在 15 亩以下，选择使用电动喷雾器喷雾；面积在 15 亩以上，选择使用植保无人机喷雾。

6　配药

使用时药剂充分摇混，使其溶解均匀，无沉淀，无结晶，再对农药进行二次稀释也称为两步配制法，可采用下列方法对农药进行二次稀释。

6.1 选用带有容量刻度的医用盐水瓶，将药放置于瓶内，注入适量的水，配成母液，再用量杯计量使用。

6.2 使用电动式喷雾器时，可在药桶内直接进行二次稀释。先将喷雾器内加少量的水，再加放少许的药液，充分摇匀，然后再补足水混匀使用。

6.3 用植保无人机进行大面积施药时，可用较大一些的容器进行母液一级稀释。二级稀释时可放在喷雾器药桶内进行配制，混匀使用。

起草人：曹世勤　王万军　刘东旭　张建吉　孙振宇　贾秋珍　黄瑾　张勃　王晓明
起草单位：甘肃省农业科学院、甘肃吉农农业科技公司

甘肃植保无人机防治小麦田有害生物技术

1 范围

本文件规定了利用植保无人机防治小麦条锈病、白粉病和蚜虫和农田草害技术。

本文件适用于甘肃省冬小麦、春小麦。

2 规范性引用文件

GB 1351—2008 小麦

NY/T 1276—2007 农药安全使用规范 总则

GB/T 17980.23—2000 农药田间药效试验准则（一）杀菌剂防治禾谷类锈病（叶锈、条锈、秆锈）

GB/T 17980.22—2000 农药田间药效试验准则（一）杀菌剂防治禾谷类白粉病

GB/T 17980.79—2004 农药田间药效试验准则（二）杀虫剂防治小麦蚜虫

GB/T 17980.41—2000 农药田间药效试验准则（二）除草剂防治麦田杂草

GB/T 17997—2008 农药喷雾机（器）田间操作规程及喷洒质量评定

GB/T 25415—2010 航空施用农药操作准则

NY/T 650—2013 喷雾机（器）作业质量

NY/T 1533—2007 农用航空器喷施技术作业规程

3 术语和定义

3.1 小麦条锈病

由禾谷柄锈菌小麦专化型（*Puccinia striiformis* f. sp. *tritici*）引起的真菌性病害。主要危害叶片，严重时可危害茎秆和穗部。典型症状为：苗期染病，幼苗叶片上产生多层轮状排列的鲜黄色夏孢子堆。成株叶片发病，初期夏孢子堆为小长条状，与叶脉平行，后期表皮破裂，出现鲜黄色粉末（即夏孢子及夏孢子堆），严重时汇集成大病斑，造成叶片枯死。后期叶片背面出现黑色斑点（即冬孢子及冬孢子堆）。冬孢子堆短线状，扁平，常数个融合，埋伏在表皮内，成熟时不开裂。

3.1.1 发病率（%）

也称普遍率，以小麦发病叶片数占调查总叶片数表示。

3.1.2 病点率（%）

指田间调查发病病点数占调查总点数的百分数。

3.1.3 病田率（%）

指田间调查发病田块数占调查总田块数的百分数。

3.1.4 病情指数

3.1.4.1 成株期叶片病情划分标准

0级：无病斑；

1级：病斑面积占整个叶片面积的 5% 以下；

3级：病斑面积占整个叶片面积的 6%～25%；

5级：病斑面积占整个叶片面积的 26%～50%；

7级：病斑面积占整个叶片面积的 51%～75%；

9级：病斑面积占整个叶片面积的 76% 以上。

3.1.4.2 病情指数计算方法

$$DI = \sum_{i=0}^{n}(X_i \cdot S_i) / \sum_{i=0}^{n}(X_i \cdot S_{max}) \times 100$$

其中，DI 为病情指数，i 为病级数（0～n），X_i 为 i 级的单元数，S_i 为 i 级严重度的代表值，S_{max} 为严重度最高级值，$\sum$ 为累加符号，从 0 级（无病单位）开始累加。

3.1.5 防治指标

指防治小麦条锈病的最佳时期。一般病叶率超过 10%，病情指数 5 以上即达到防治指标。

3.2 小麦白粉病

指由布氏白粉菌（*Blumeria graminis* f. sp. *tritici*）引起的真菌性病害。主要危害叶片，严重时可危害茎秆和穗部。典型症状为患病部位覆盖一层灰白色粉状霉层（菌丝体及分生孢子），后期布满黑色斑点（闭囊壳）。

3.2.1 发病率（%）

也称普遍率，以小麦发病叶片（株/茎）数占调查总叶片（株/茎）数表示。

3.2.1.1 病茎率（%）

指田间发病病茎数占调查总茎数的百分数。苗期田间调查时使用。

3.2.1.2 病株率（%）

指田间发病病株数占调查总株数的百分数。成株期田间调查时使用。

3.2.1.3 病叶率（%）

也称普遍率，以小麦发病叶片数占调查总叶片数表示。

3.2.1.4 病点率（%）

指田间调查发病点数占调查总点数的百分数。

3.2.1.5 病田率（%）

指田间调查发病田块数占调查总田块数的百分数。

3.2.2 病情指数

3.2.2.1 成株期叶片病情划分标准

0级：无病斑；

1级：病斑面积占整个叶片面积的 5% 以下；

3级：病斑面积占整个叶片面积的 6%～15%；

5级：病斑面积占整个叶片面积的 16%～25%；

7级：病斑面积占整个叶片面积的 25%～50%；

9级：病斑面积占整个叶片面积的 50% 以上。

3.2.2.2　病情指数计算方法

$$DI = \sum_{i=0}^{n} (X_i \cdot S_i) / \sum_{i=0}^{n} (X_i \cdot S_{\max}) \times 100$$

其中，DI 为病情指数，i 为病级数（$0 \sim n$），X_i 为 i 级的单元数，S_i 为 i 级严重度的代表值，$S_{\max}$ 为严重度最高级值，$\sum$ 为累加符号，从 0 级（无病单位）开始累加。

3.2.3　防治指标

指防治小麦白粉病的最佳时期。一般病叶率超过 10%，病情指数 5 以上即达到防治指标。

3.3　小麦蚜虫

3.3.1　主要种群

主要由麦长管蚜（*Sitobion avenae* Fabricius）、禾谷缢管蚜（*Rhopalosiphum Padi* Linnaeus）、麦无网长管蚜（*Metopolophium dirhodum* Walker）、麦二叉蚜（Schizaphis graminum Rondani）的混合种群组成。其中麦长管蚜和麦无网长管蚜主要危害穗部，禾谷缢管蚜危害叶片和穗下部，麦二叉蚜危害基部叶片。

3.3.2　计算方法

虫口减退率（%）＝100×(施药前虫数−施药后虫数)/施药前虫数

防治效果（%）＝100×(处理区虫口减退率−空白对照虫口减退率)/(100−空白对照虫口减退率)

3.3.3　防治指标

指防治小麦蚜虫的最佳时期。一般百株蚜量超过 1 000 头，益害比超过 1∶150，即达到防治指标。

3.4　农田杂草

3.4.1　主要种群

3.4.1.1　禾本科杂草

主要由节节麦 [*Aegilops tauschii* Coss.（Gramineae）]、野燕麦（*Avena fatua* L.）、早熟禾（*Poa annuas* L.）、狗尾草 [*Setaria viridis*（L.）Beauv.]、冰草 [*Agropyron cristatum*（L.）Gaertn.] 等禾本科杂草组成。

3.4.1.2　一年生阔叶杂草

主要由播娘蒿 [*Descurainia sophia*（L.）Schur.]、荠菜 [*Capsella bursa - pastoris*（L.）Medic]、猪殃殃 [*Galium aparine* L. var. *tenerum*（Gren. et Godr.）Rcbb.]、藜（*Chenopodium album* Linn.）、刺儿菜（*Herba cirsii* Setosi）、萹蓄（*Polygonum aviculare* L.）、牛繁缕 {*Malachium aquaticum*（L.）Fries [*Stellaria aquatica*（L.）Scop.]}、大蓟（*Cirsium japonicum* Fisch. ex DC.）、泽漆（*Euphor biahelioscopia* L.）、马齿苋（*Portulaca oleracea* L.）、反枝苋（*Amaranthus retroflexus* L.）等组成。

3.4.2　计算方法

株防效（%）＝100×(对照区杂草株数−处理区杂草株数)/对照区杂草株数

鲜重防效（％）＝100×(对照区杂草鲜重－处理区杂草鲜重)/对照区杂草鲜重

4 技术参数

4.1 飞行高度

条锈病、白粉病和蚜虫防治，距离小麦田冠层高度以 1.5～2.0 米为宜；早春田间杂草防治，距离地表以 3～3.5 米为宜。

4.2 飞行速度

条锈病、白粉病和蚜虫防治，飞行速度以 4.5 米/秒为宜；早春田间杂草防治，飞行速度以 6 米/秒为宜。

4.3 用液量

以 0.8～1.0 升/亩为宜。

4.4 助剂使用

选用助剂"激健"，具有较好的减量增效作用。

起草人：曹世勤 刘东旭 王万军 张建吉 孙振宇 贾秋珍 黄瑾 张勃 王晓明
起草单位：甘肃省农业科学院、甘肃吉农农业科技公司

甘肃省小麦品种抗白粉病评价技术

1　范围

本技术规定了小麦品种抗性评价标准。

本技术适用于普通小麦、杂交小麦及近缘种的苗期抗白粉病抗性评价。

2　规范性引用标准

下列文件中的条款通过本文件的引用而成为本文件的条款。

凡是注日期的引用文件，其随后所有的修改单（不包括勘误的内容）或修订版均不适用于本文件。鼓励根据本文件达成协议的各方研究是否可使用这些文件的最新版本。

凡是不注日期的引用文件，其最新版本适用于本文件。

GB/T 17980.23—2000　农药　田间药效试验准则（一）杀菌剂防治禾谷类白粉病

NY/T 967—2006　农作物品种审定规范　小麦

3　术语和定义

下列术语和定义适用于本文件。

3.1　抗病性

指小麦所具有的能够减轻或克服病原物致病作用的可遗传性状。

3.2　致病性

指病原菌所具有的破坏寄主和引起病变的能力。

3.3　抗性评价

指根据采用的技术标准判别寄主植物对特定病虫害反应程度和抵抗水平。

3.4　反应型

苗期根据病菌孢子堆发育和小麦细胞坏死，按其程度划分的反应级别，用以表示小麦品种抗白粉病程度，按0、0；、1、2、3、4六个类型记载，各类型可附加"＋"或"－"号，以表示偏重或偏轻。

3.5　严重度

指发病植物单元上发病面积占该单元总面积的百分率。

也可用分级法表示，即将发病的严重程度由轻到重划分出几个级别，分别用一些代表值表示，说明病害发生的严重程度。

0级：无病斑；

1 级：病斑面积占整个叶片面积的 5％以下；

3 级：病斑面积占整个叶片面积的 6％～15％；

5 级：病斑面积占整个叶片面积的 16％～25％；

7 级：病斑面积占整个叶片面积的 25％～50％；

9 级：病斑面积占整个叶片面积的 50％以上。

3.6 普遍率

3.6.1 病叶率

指发病叶片数占调查叶片总数的百分率，苗期、成株期用以表示发病的普遍程度。

3.6.2 病茎率

指发病茎数占调查茎总数的百分率，苗期用以表示发病的普遍程度。

3.7 病情级别

指成株期植物个体或群体发病程度的数值化描述。

3.8 病情指数

3.8.1 病情指数计算方法（病级法）

$$DI = \sum_{i=0}^{n}(X_i \cdot S_i) / \sum_{i=0}^{n}(X_i \cdot S_{\max}) \times 100$$

其中，DI 为病情指数，i 为病级数（$0 \sim n$），X_i 为 i 级的单元数，S_i 为 i 级严重度的代表值，$S_{\max}$ 为严重度最高级值，$\sum$ 为累加符号，从 0 级（无病单位）开始累加。

3.8.2 病情指数计算方法（百分率法）

当严重度用百分率表示时，则用以下公式计算：

$$DI（病情指数）= I（普遍率）\times S（平均严重度）/100$$

3.9 潜育期

指从病菌侵染小麦建立寄生关系后到被接种小麦表现症状的时期。

3.10 小麦白粉病

指由布氏白粉菌［*Blumeria graminis*（DC.）E. O. Speer f. sp. *tritici* Em. Marchal］所引起的以叶部产生白色至粉灰色霉层症状的小麦病害。小麦白粉病主要发生在叶片上，其次是叶鞘和茎秆，穗部、颖壳及芒上。植株从幼苗到成株期均能染病，发病的叶片上产生椭圆形或长椭圆形的病斑，其上覆盖一层白粉状霉层，病斑可继续发展连片，形成一大片甚至覆盖全叶的霉层，霉层上的白粉为病菌的无性阶段的分生孢子。病菌在小麦的一个生长季可以多次产生分生孢子，并向周围的植物组织再侵染。后期，白粉状霉层逐渐变为粉灰至粉褐色，其中散生许多褐色至黑色的小颗粒，即为病菌有性阶段的闭囊壳。被害叶组织初期无明显变化，随病情发展叶片逐渐褪绿、发黄至枯死。小麦颖壳受侵染引起枯死，并使麦粒秕瘦甚至霉烂。植株受害一般下部叶片发病重于上部叶片，严重时整个植株均为灰白色霉层所覆盖，麦芒也成白发状。

4　抗病性鉴定

小麦白粉病抗性鉴定分温室苗期鉴定和田间成株期鉴定。用于品种鉴定的菌株必须是自然种群中的优势毒性菌株或毒谱较宽的菌系，或者是分别培养的具有不同毒性谱的多个菌株的混合菌种。用于接种的单孢子堆菌种可以是在含有 50～60 毫克/千克苯并咪唑的 0.5％琼脂保鲜基质的培养皿中的叶段上培养的，也可以是隔离条件下在麦苗上培养的。

4.1　苗期鉴定

在温室采用盆栽鉴定，也可在生长箱中采用离体叶段鉴定。

将待鉴定的小麦品种（系）分别播于口径为 10 厘米的富含有机质土壤的塑料钵中，每盆 4 品种，按照十字法播种。每品种 8～10 粒种子，覆蛭石约 5 毫米，洒水洒透。放在温室中培养，温度控制在 17～22 ℃。待麦苗 1 叶 1 心时，用扫摸法充分接种供试白粉菌分生孢子。接种后 10～15 天，待感病对照品种铭贤 169 充分发病后，按表 1 分级标准记载第一片叶的反应型。

4.2　田间鉴定圃鉴定

4.2.1　鉴定圃选址

鉴定圃设置在小麦白粉病适发区，选择具备良好自然发病环境和可控灌溉条件、地势平坦、土壤肥沃的地块。

4.2.2　感病对照品种和诱发行品种选择

鉴定所用的诱发行和对照品种采用辉县红/铭贤 169。

4.3　鉴定圃田间配置及大田播种

4.3.1　田间配置

鉴定圃采用穴植小区或行播方式。穴植小区种植行长 180 厘米，每行点穴 10 个，穴距 10 厘米。行播种植每行 1 品种，行长 100 厘米，行距 20～25 厘米，顺序播种，每隔 20 行撒播 1 行感病对照品种辉县红/铭贤 169。重复 3 次。鉴定圃四周种植 3～4 行感病对照品种辉县红/铭贤 169。

4.3.2　播种

4.3.2.1　播种时间

播种时间晚于大田 7～10 天。

4.3.2.2　播种方式及播种量

采用人工开沟播种。穴播，每穴播种小麦 8～10 粒。每隔 10 行撒播 1 行感病对照品种辉县红/铭贤 169，顺序播种。行播，每份材料播种 1 行，每隔 20 份鉴定材料播种 1 行感病对照品种京双 16/阿夫/辉县红，每行播种 100 粒种子。

4.4　接种

采用人工自然诱发鉴定。

4.5 田间管理

同大田。鉴定期间不施用任何杀菌剂。

4.6 病情调查及记载标准

4.6.1 调查时间

在小麦灌浆中期进行。

4.6.2 调查方法及项目

采用"0～9级法"分别调查记载病情级别（具体标准见表2）。根据田间具体情况可调查1～2次。

表1 小麦白粉病病苗期侵染型级别、症状及其抗性评价描述

侵染型	症状描述	抗性评价
0	植株无病斑	免疫（I）
0;	坏死反应，叶片有枯死斑	近免疫（NI）
1	病斑<1毫米，菌丝稀薄透绿	高抗（HR）
2	病斑<1毫米，不透绿	中抗（MR）
3	病斑>1毫米，菌丝层较厚，病斑较多，不连片	中感（MS）
4	病斑>1毫米，菌丝层厚，病斑多而连片	高感（HS）

注：侵染型级别经常用如下符号进行精细划分，即"－"表示孢子堆较其相应正常侵染型的孢子堆略小或产孢量略低；"＋"表示孢子堆较其相应正常侵染型的孢子堆略大或产孢量略高。

表2 小麦白粉病成株期发病级别"0～9"级标准（修订）

级别	症状描述	抗性评价
0	全株无病	免疫（IM）
1	病叶率5%以下，基部第1叶片严重度5%以下，其余叶片不发病	高抗（HR）
2	病叶率6%～10%，基部第1叶片严重度5%～10%，倒三叶严重度5%以下	
3	病叶率10%～20%，基部第1叶片严重度11%～25%，倒三叶严重度5%～10%，倒二叶严重度5%以下	中抗（MR）
4	病叶率21%～30%，基部第1叶片严重度26%～40%，倒三叶严重度11%～20%，倒二叶严重度5%～10%	
5	病叶率31%～40%，基部第1叶片严重度41%～60%，倒三叶严重度21%～30%，倒二叶严重度11%～20%，旗叶严重度5%以下	中感（MS）
6	病叶率41%～60%，基部第1叶片严重度60%以上，倒三叶严重度31%～40%，倒二叶严重度21%～30%，旗叶严重度5%～10%	
7	病叶率61%～80%，基部第1叶片严重度60%以上，倒三叶严重度41%～60%，倒二叶严重度31%～40%，旗叶严重度11%～20%，穗部零星病斑	高感（HS）
8	病叶率80%以上，倒三叶严重度60%以上，倒二叶严重度41%～60%，旗叶严重度21%～40%，穗部严重度20%以下	

（续）

级别	症状描述	抗性评价
9	病叶率90%以上，倒三叶严重度80%以上，倒二叶严重度60%以上，旗叶严重度40%以上，穗部严重度20%以上	极感（SS）

4.7 抗性评价

4.7.1 鉴定有效性判别

当鉴定圃中的感病或高感对照材料达到其相应感病程度（HS以上），该批次抗白粉病鉴定视为有效。

4.7.2 重复鉴定

初次鉴定中表现为免疫、高抗、中抗的材料，翌年用相同的病原菌进行重复鉴定。

4.7.3 抗性评价标准

依据鉴定材料发病程度（病情级别）确定其对白粉病的抗性水平，其评价标准见表1和表2，其中侵染型为参考标准。如果两年鉴定结果不一致时，以抗性弱的病情级别为准。若一个鉴定群体中出现明显的抗、感类型，应在调查表中注明"抗性分离"，以"/"表示。

起草人：曹世勤 孙振宇 贾秋珍 王万军 黄瑾 张勃 王晓明

起草单位：甘肃省农业科学院

甘肃河西春小麦全生育期主要有害生物综合防治技术

1 范围

本技术规定了以小麦白粉病、散黑穗病和麦蚜为主，兼顾全蚀病和地下害虫、吸浆虫及麦田杂草的防治策略、主要防治技术。

本技术适用于甘肃省武威市、金昌市、张掖市、酒泉市的春小麦。

2 规范性引用文件

下列文件中的主要条款通过本文件的引用而成为本文件的条款。凡注明日期的引用文件，其随后所有的修改单（不包括勘误的内容）或修订版均不适用于本文件。鼓励根据本文件达成协议的各方研究是否使用这些文件的最新版本。凡是未注明日期的引用文件，其最新版本适用于本文件。

GB 1351—2008　小麦

NY/T 1276—2007　农药安全使用规范　总则

GB/T 8321.7—2000　农药合理使用准则（七）

GB/T 17980.22—2000　农药田间药效试验准则（一）杀菌剂防治禾谷类白粉病

GB/T 17980.23—2000　农药田间药效试验准则（一）杀菌剂防治禾谷类锈病（叶锈、条锈、秆锈）

GB/T 17980.109—2004　农药田间药效试验准则（二）杀菌剂防治小麦全蚀病

GB/T 17980.79—2004　农药田间药效试验准则（二）杀虫剂防治小麦蚜虫

NY/T 613—2002　小麦白粉病测报调查规范

GB/T 15795—2011　小麦条锈病测报技术规范

NY/T 612—2002　小麦蚜虫测报调查规范

NY/T 2683—2015　农田主要地下害虫防治技术规程

GB/T 15671—2009　农作物薄膜包衣种子技术条件

GB/T 17997—2008　农药喷雾机（器）田间操作规程及喷洒质量评定

GB/T 25415—2010　航空施用农药操作准则

JB/T 9781—2011　喷雾机（器）喷射部件

NY/T 650—2013　喷雾机（器）作业质量

NY/T 1443.1—2007　小麦抗病虫性评价技术规范　第1部分：小麦抗条锈病评价技术规范

NY/T 1443.7—2007　小麦抗病虫性评价技术规范　第7部分：小麦抗蚜虫评价技术规范

NY/T 1533—2007　农用航空器喷施技术作业规程

NY/T 1923—2010　背负式喷雾机安全施药技术规范

3　术语和定义

下列术语和定义适用于本文件。

3.1　小麦白粉病

指由布氏白粉菌（*Blumeria graminis* f. sp. *tritici*）引起的真菌性病害。

3.2　小麦散黑穗病

指由小麦散黑粉菌（*Ustilago tritici* Rostr.）引起的真菌性病害。

3.3　小麦全蚀病

指主要由禾顶囊壳小麦变种（*Gaeumannomyces graminis* var. *tritici*）引起的真菌性病害。

3.4　小麦条锈病

指由禾谷柄锈菌小麦专化型（*Puccinia striiformis* f. sp. *tritici*）引起的真菌性病害。

3.5　小麦蚜虫

由麦长管蚜〔*Sitobion avenae*（Fabricius）〕、禾谷缢管蚜〔*Rhopalosiphum padi*（Linnaeus）〕、麦无网长管蚜〔*Metopolophium dirhodum*（Walker）〕、麦二叉蚜〔*Schizaphis graminum*（Rondani）〕的混合种群组成。其中麦长管蚜和麦无网长管蚜主要危害穗部，禾谷缢管蚜危害叶片和穗下部，麦二叉蚜危害基部叶片。

3.6　地下害虫

由蛴螬、金针虫、蝼蛄和地老虎组成。

3.7　吸浆虫

主要由麦红吸浆虫（*Sitodiplosis mosellana*）和麦黄吸浆虫（*Comtarinia tritci*）组成。

3.8　禾本科杂草

主要由节节麦〔*Aegilops tauschii* Coss.（Gramineae）〕、野燕麦（*Avena fatua* L.）、早熟禾（*Poa annuas* L.）、狗尾草〔*Setaria viridis*（L.）Beauv.〕等禾本科杂草组成。

3.9　一年生阔叶杂草

主要由播娘蒿〔*Descurainia sophia*（L.）Schur.〕、荠菜〔*Capsella bursa - pastoris*（L.）Medic〕、猪殃殃〔*Galium aparine* L. var. *tenerum*（Gren. et Godr.）Rcbb.〕、藜（*Chenopodium album* Linn.）、刺儿菜〔*Cirsium setosum*（Willd.）〕、马齿苋（*Portulaca oleracea* L.）等组成。

4　防治策略

贯彻"预防为主、综合防治"的植保方针，全面树立"科学植保、公共植保、绿色植保"现代植保理念，以麦田安全、高效为目标，以绿色生态调控和区域控制为原则，以小麦白粉病、蚜虫等重大病虫害为对象，"以种植抗病品种为主，其他防治措施为辅"的综合技术措施，将应急防治与持续控制相结合，采取以飞防为代表的专业化统防统治与群众联防相结合的防控策略。

5　主要技术措施

以选育和推广种植抗病虫品种为主要措施，采用种子拌种（包衣）、开展健身栽培、氮肥减量使用、精量播种和早期预防、大面积统防统治相结合的农业防治和化学防治技术措施。在小麦不同生育期推广和使用相应的防治技术措施，确保当地小麦生产安全。

5.1　播种前

主要防治对象：地下害虫。

在 2 月下旬至 3 月中下旬整地阶段，尽可能深翻耕并糖实，提高地下害虫的死亡率。

5.2　播种期

主要防治对象：散黑穗病及麦蚜等。

2 月下旬至 3 月中下旬播种时，因地制宜推广种植抗（耐）病小麦品种。选用三唑酮、戊唑醇、苯醚甲环唑等杀菌剂进行拌种（包衣），防治散黑穗病及其他土传（种传）病害。用辛硫磷等杀虫剂拌种，防治地下害虫及苗期蚜虫。

5.3　出苗期—扬花期

主要防治对象：地下害虫、吸浆虫及杂草。

小麦出苗后地下害虫导致的死苗率（缺苗断垄）超过 5％时，选用辛硫磷等杀虫剂，与油渣或细土配成（1∶100～200）毒土，进行撒施。小麦拔节到孕穗前，施用辛硫磷 0.5～1.0 千克/亩拌细沙（毒土）15～20 千克，均匀撒施（撒药后浇水），以杀死刚羽化的成虫、幼虫和蛹。对田间杂草，于小麦苗后 5～6 叶期，选择晴天，施药最佳气温在 10 ℃以上，中午光照好、温度高使用。选择药剂为 2,4 -滴丁酯、苯磺隆、甲基二磺隆、甲基碘磺隆钠盐等，用水量 30 升/亩，均匀喷雾。或用人工拔除法进行。

5.4　扬花期—灌浆期

主要防治对象：白粉病、散黑穗病和蚜虫、吸浆虫及杂草。

根据各种病虫害的发生种类、状况和防治指标进行。当田间单一病虫发生时，进行针对性防治。当田间多种病虫混合发生危害时，大力推行"一喷三防"技术。田间白粉病平均病叶率达到 10％时，组织开展应急防治和统防统治。防治药剂可选用三唑酮、戊唑醇等杀菌剂。每隔 7～10 天喷药一次，连喷 2～3 次。穗蚜在每百穗蚜量超过 1 000 头时或益害比低于 1∶150 时，选用菊酯类或新烟碱类杀虫剂进行喷雾防治，可兼防吸浆虫成虫和卵。为省时省工，可采用杀虫剂和杀菌剂混合，另加磷酸二氢钾，进行混合喷雾防治。为保障安全，降低农药残留，收获前15天应停止使用农药和生长调节剂。

在进行杀虫的同时，要充分发挥七星瓢虫、草蛉等天敌的生态控制作用。一是严格按照防治指标进行防治；二是选择对天敌杀伤力较小的菊酯类农药品种；三是根据天敌发生消长规律，尽可能避免在天敌发生发展的关键时期用药。

起草人：贾秋珍　曹世勤　孙振宇　骆惠生　黄瑾　张勃　王晓明

起草单位：甘肃省农业科学院

甘肃陇东麦区小麦全生育期主要有害生物综合防治技术

1 范围

本文件规定了以小麦条锈病、白粉病和麦蚜为主，兼顾全蚀病和地下害虫及田间杂草的防治策略、主要防治技术。

本文件适用于甘肃省庆阳市、平凉市（六盘山以东 5 县区）的冬小麦。

2 规范性引用文件

下列文件中的主要条款通过本文件的引用而成为本文件的条款。凡注明日期的引用文件，其随后所有的修改单（不包括勘误的内容）或修订版均不适用于本文件。然而，鼓励根据本文件达成协议的各方研究是否使用这些文件的最新版本。

凡是未注明日期的引用文件，其最新版本适用于本文件。

GB 1351—2008　小麦

NY/T 1276—2007　农药安全使用规范　总则

GB/T 8321.7—2000　农药合理使用准则（七）

GB/T 17980.23—2000　农药田间药效试验准则（一）杀菌剂防治禾谷类锈病（叶锈、条锈、秆锈）

GB/T 17980.22—2000　农药田间药效试验准则（一）杀菌剂防治禾谷类白粉病

GB/T 17980.109—2004　农药田间药效试验准则（二）杀菌剂防治小麦全蚀病

NY/T 1464.15—2007　农药田间药效试验准则（一）杀菌剂防治小麦赤霉病

GB/T 17980.79—2002　农药田间药效试验准则（二）杀虫剂防治小麦蚜虫

GB/T 15795—2011　小麦条锈病测报技术规范

NY/T 613—2002　小麦白粉病测报调查规范

NY/T 612—2002　小麦蚜虫测报调查规范

NY/T 2683—2015　农田主要地下害虫防治技术规程

GB/T 15671—2009　农作物薄膜包衣种子技术条件

GB/T 17997—2008　农药喷雾机（器）田间操作规程及喷洒质量评定

GB/T 25415—2010　航空施用农药操作准则

JB/T 9781—2011　喷雾机（器）喷射部件

NY/T 650—2013　喷雾机（器）作业质量

NY/T 1443.1—2007　小麦抗病虫性评价技术规范　第 1 部分：小麦抗条锈病评价技术规范

NY/T 1443.2—2007　小麦抗病虫性评价技术规范　第 2 部分：小麦抗叶锈病评价技术规范

NY/T 1443.7—2007　小麦抗病虫性评价技术规范　第 7 部分：小麦抗蚜虫评价技术规范

NY/T 1533—2007　农用航空器喷施技术作业规程

NY/T 1923—2010　背负式喷雾机安全施药技术规范

3　术语和定义

下列术语和定义适用于本文件。

3.1　小麦条锈病

指由禾谷柄锈菌小麦专化型（*Puccinia striiformis* f. sp. *tritici*）引起的真菌性病害。

3.2　小麦叶锈病

指由小麦叶锈病菌（*Puccinia recondita* f. sp. *tritici*）引起的真菌性病害。

3.3　小麦白粉病

指由布氏白粉菌（*Blumeria graminis* f. sp. *tritici*）引起的真菌性病害。

3.4　小麦全蚀病

指主要由禾顶囊壳小麦变种（*Gaeumannomyces graminis* var. *tritici*）引起的真菌性病害。

3.5　小麦蚜虫

主要由麦长管蚜 ［*Sitobion avenae*（Fabricius）］、禾谷缢管蚜 ［*Rhopalosiphum padi*（Linnaeus）］、麦无网长管蚜 ［*Metopolophium dirhodum*（Walker）］、麦二叉蚜 ［*Schizaphis graminum*（Rondani）］ 的混合种群组成。其中麦长管蚜和麦无网长管蚜主要危害穗部，禾谷缢管蚜危害叶片和穗下部，麦二叉蚜危害基部叶片。

3.6　地下害虫

主要由蛴螬、金针虫、蝼蛄和地老虎组成。

3.7　禾本科杂草

主要由节节麦 ［*Aegilops tauschii* Coss.（Gramineae）］、雀麦（*Bromus inermis* Leyss.）、早熟禾（*Poa annuas* L.）、狗尾草 ［*Setaria viridis*（L.）Beauv.］ 等禾本科杂草组成。

3.8　一年生阔叶杂草

主要由播娘蒿 ［*Descurainia sophia*（L.）Schur.］、荠菜 ［*Capsella bursa - pastoris*（L.）Medic］、猪殃殃 ［*Galium aparine* L. var. *tenerum*（Gren. et Godr.）Rcbb.］、藜（*Chenopodium album* Linn.）、刺儿菜（*Herba cirsii* Setosi）、萹蓄（*Polygonum aviculare* L.）、牛繁缕 ｛*Malachium aquaticum*（L.）Fries ［*Stellaria aquatica*（L.）Scop.］｝、马齿苋（*Portulaca oleracea* L.）、反枝苋（*Amaranthus retroflexus* L.）等组成。

4　防治策略

贯彻"预防为主、综合防治"的植保方针，全面树立"科学植保、公共植保、绿色植保"的现代植保理念，以麦田安全、高效为目标，以绿色生态调控和区域控制为原则，以小麦条锈病、蚜虫等重大病虫害为对象，"以种植抗病品种为主，其他防治措施为辅"的综合技术措施，将应急防治与持续控制相结合，采取以飞防为代表的专业化统防统治与群众联防相结合的防控策略。

5 主要技术措施

以选育和推广种植抗病虫品种为主要措施，采用种子拌种（包衣）、消灭自生麦苗、开展健身栽培、氮肥减量使用、精量播种和早期预防、大面积统防统治相结合的农业防治和化学防治技术措施。在小麦不同生育期推广和使用相应的防治技术措施，确保当地小麦生产安全。

5.1 播种前

5.1.1 主要防治对象

自生麦苗上条锈病、叶锈病、白粉病和地下害虫及杂草。

5.1.2 防治措施

在 8 月中下旬整地阶段，尽可能深翻耕并糖实。一是提高地下害虫的死亡率；二是降低残留于病残体上的土传病原菌及杂草在田间的存活概率；三是降低田间自生麦苗数量，进而降低越夏条锈病病菌和白粉病病菌的数量；四是压低田间杂草种群数量。

5.2 播种期

5.2.1 主要防治对象

条锈病、叶锈病、白粉病及麦蚜等。

5.2.2 防治措施

9 月上旬至 10 月上旬播种时，因地制宜推广种植抗（耐）病小麦品种，全面推广种植具有苗期抗性的品种。该措施是控制该区域内秋苗期条锈病发病的关键，也是降低该区域向陕西关中麦区传播条锈病病菌量、保障东部麦区粮食安全生产的根本措施。选用三唑酮、戊唑醇、苯醚甲环唑等杀菌剂或种衣剂进行拌种，可防治苗期条锈病、白粉病及其他土传（种传）病害；用辛硫磷等杀虫剂拌种，可防治地下害虫及苗期蚜虫危害。

5.3 出苗期—越冬期

5.3.1 主要防治对象

条锈病、叶锈病、白粉病和地下害虫、蚜虫及杂草。

5.3.2 防治措施

在病虫害发生严重时特别是条锈病发生时（每年 10 月下旬至 11 月下旬），对早发病田要带药侦查，进行点片控制，以降低病菌传播数量。若有地下害虫为害，选用辛硫磷等杀虫剂，与油渣或细土配成（1∶100～200）毒土进行撒施。对田间杂草，于冬小麦苗后 5～6 叶期，选择晴天，施药最佳气温在 10 ℃以上，中午光照好、温度高使用。选择药剂为甲基二磺隆、甲基碘磺隆钠盐等，用水量 30 升/亩，均匀喷雾。

5.4 返青期—扬花期

5.4.1 主要防治对象

白粉病和地下害虫及杂草等。

5.4.2 防治措施

小麦返青后地下害虫导致的死苗率（缺苗断垄）超过5％时，选用辛硫磷等杀虫剂，与油渣或细土配成（1：100～200）毒土进行撒施。开展白粉病的早期预防，密切关注并带药防治白粉病早发麦田，以控制发病中心。当田间白粉病平均病叶（茎）率达到10％时，应及时采取各种措施，组织开展大面积应急防治和统防统治。防治药剂可选用三唑酮、戊唑醇等杀菌剂。田间杂草防除采用人工拔除法。

5.5 扬花期—灌浆期

5.5.1 主要防治对象

条锈病、叶锈病、白粉病和蚜虫及杂草。

5.5.2 防治措施

根据各种病虫害的发生种类、状况和防治指标进行。当田间单一病虫害发生时，进行针对性防治。当田间多种病虫害混合发生时，大力推行"一喷三防"技术。当田间条锈病和白粉病平均病叶率达到10％时，应及时组织开展大面积应急防治和统防统治。防治药剂可选用三唑酮、戊唑醇等杀菌剂。每隔7～10天喷药一次，连喷2～3次。穗蚜在每百穗蚜量超过1 000头时或益害比低于1：150时，选用菊酯类或新烟碱类杀虫剂进行喷雾防治。为省时省工，可采用杀虫剂和杀菌剂混合，另加磷酸二氢钾，进行混合喷雾防治。为保障安全，降低农药残留，收获前15天应停止使用农药和生长调节剂。

在进行杀虫的同时，要充分发挥七星瓢虫、草蛉等天敌的生态控制作用。一是严格按照防治指标进行防治；二是选择对天敌杀伤力较小的菊酯类农药品种；三是根据天敌发生消长规律，尽可能避免在天敌发生发展的关键时期用药。

起草人：曹世勤　孙振宇　贾秋珍　王万军　黄瑾　张勃　王晓明

起草单位：甘肃省农业科学院

甘肃陇南麦区小麦全生育期主要有害生物综合防治技术

1 范围

本文件规定了以小麦条锈病、白粉病和麦蚜为主，兼顾赤霉病、纹枯病、全蚀病和红蜘蛛、地下害虫及田间杂草的防治策略、主要防治技术。

本文件适用于甘肃省陇南市、天水市及平凉市静宁县、庄浪县和甘南藏族自治州舟曲县的冬小麦。

2 规范性引用文件

下列文件中的主要条款通过本文件的引用而成为本文件的条款。凡注明日期的引用文件，其随后所有的修改单（不包括勘误的内容）或修订版均不适用于本文件。然而，鼓励根据本文件达成协议的各方研究是否使用这些文件的最新版本。

凡是未注明日期的引用文件，其最新版本适用于本文件。

GB 1351—2008　小麦

NY/T 1276—2007　农药安全使用规范　总则

GB/T 8321.7—2000　农药合理使用准则（七）

GB/T 17980.23—2000　农药田间药效试验准则（一）杀菌剂防治禾谷类锈病（叶锈、条锈、秆锈）

GB/T 17980.22—2000　农药田间药效试验准则（一）杀菌剂防治禾谷类白粉病

GB/T 17980.109—2004　农药田间药效试验准则（二）杀菌剂防治小麦全蚀病

NY/T 1464.15—2007　农药田间药效试验准则（一）杀菌剂防治小麦赤霉病

GB/T 17980.180—2004　农药田间药效试验准则（二）杀菌剂防治小麦纹枯病

GB/T 17980.79—2004　农药田间药效试验准则（二）杀虫剂防治小麦蚜虫

GB/T 15795—2011　小麦条锈病测报技术规范

NY/T 613—2002　小麦白粉病测报调查规范

GBT 15796—2011　小麦赤霉病测报技术规范

NY/T 612—2002　小麦蚜虫测报调查规范

DB 37/T 225—1996　小麦红蜘蛛测报调查规范

NY/T 2683—2015　农田主要地下害虫防治技术规程

GB/T 15671—2009　农作物薄膜包衣种子技术条件

GB/T 17997—2008　农药喷雾机（器）田间操作规程及喷洒质量评定

GB/T 25415—2010　航空施用农药操作准则

JB/T 9781—2011　喷雾机（器）喷射部件

NY/T 650—2013　喷雾机（器）作业质量

NY/T 1443.1—2007　小麦抗病虫性评价技术规范　第1部分：小麦抗条锈病评价技术规范

　　NY/T 1443.2—2007　小麦抗病虫性评价技术规范　第 2 部分：小麦抗叶锈病评价技术规范

　　NY/T 1443.4—2007　小麦抗病虫性评价技术规范　第 4 部分：小麦抗赤霉病评价技术规范

　　NY/T 1443.5—2007　小麦抗病虫性评价技术规范　第 5 部分：小麦抗纹枯病评价技术规范

　　NY/T 1443.7—2007　小麦抗病虫性评价技术规范　第 7 部分：小麦抗蚜虫评价技术规范

　　NY/T 1533—2010　农用航空器喷施技术作业规程

　　NY/T 1923　背负式喷雾机安全施药技术规范

3　术语和定义

下列术语和定义适用于本文件。

3.1　小麦条锈病

指由禾谷柄锈菌小麦专化型（*Puccinia striiformis* f. sp. *tritici*）引起的真菌性病害。

3.2　小麦白粉病

指由布氏白粉菌（*Blumeria graminis* f. sp. *tritici*）引起的真菌性病害。

3.3　小麦全蚀病

指主要由禾顶囊壳小麦变种（*Gaeumannomyces graminis* var. *tritici*）引起的真菌性病害。

3.4　小麦赤霉病

指主要由禾谷镰刀菌（*Fusarium graminearum*）引起的真菌性病害。

3.5　小麦蚜虫

由麦长管蚜 [*Sitobion avenae* (Fabricius)]、禾谷缢管蚜 [*Rhopalosiphum Padi* (Linnaeus)]、麦无网长管蚜 [*Metopolophium dirhodum* (Walker)]、麦二叉蚜 [*Schizaphis graminum* (Rondani)] 的混合种群组成。其中麦长管蚜和麦无网长管蚜主要危害穗部，禾谷缢管蚜危害叶片和穗下部，麦二叉蚜危害基部叶片。

3.6　红蜘蛛

主要由麦圆红蜘蛛和麦长腿红蜘蛛组成。

3.7　地下害虫

主要由蛴螬、金针虫、蝼蛄和地老虎组成。

3.8　禾本科杂草

主要由节节麦 [*Aegilops tauschii* Coss. (Gramineae)]、雀麦（*Bromus inermis*

Leyss.）、野燕麦（*Avena fatua* L.）、早熟禾（*Poa annuas* L.）、狗尾草［*Setaria viridis* (L.) Beauv.］等禾本科杂草组成。

3.9　一年生阔叶杂草

主要由播娘蒿［*Descurainia sophia*（L.）Schur.］、荠菜［*Capsella bursa - pastoris* (L.) Medic］、猪殃殃［*Galium aparine* L. var. *tenerum*（Gren. et Godr.）Rcbb.］、泽漆（*Euphorbia helioscopia* L.）、藜（*Chenopodium album* Linn.）、刺儿菜（*Herba cirsii* Setosi）、萹蓄（*Polygonum aviculare* L.）、牛繁缕｛*Malachium aquaticum*（L.）Fries［*Stellaria aquatica*（L.）Scop.］｝、马齿苋（*Portulaca oleracea* L.）等组成。

4　防治策略

贯彻"预防为主、综合防治"的植保方针，全面树立"科学植保、公共植保、绿色植保"现代植保理念，以麦田安全、高效为目标，以绿色生态调控和区域控制为原则，以小麦条锈病、蚜虫等重大病虫害为对象，"以种植抗病品种为主，其他防治措施为辅"的综合技术措施，将应急防治与持续控制相结合，采取以飞防为代表的专业化统防统治与群众联防相结合的防控策略。

5　主要技术措施

以选育和推广种植抗病虫品种为主要措施，采用种子拌种（包衣）、消灭自生麦苗和大区域结构调整等为主的压缩小麦条锈病越夏区初始菌源量，开展健身栽培、氮肥减量使用、精量播种和早期预防、大面积统防统治相结合的农业防治和化学防治技术措施。在小麦不同生育期推广和使用相应的防治技术措施，确保当地及甘肃省和中国小麦生产安全。

5.1　播种前

主要防治对象：自生麦苗上条锈病、白粉病及地下害虫，预防根腐病、全蚀病、赤霉病（徽成盆地）及杂草等。

在8月中下旬整地阶段，尽可能深翻耕并耱实。一是提高地下害虫的死亡率；二是降低残留于病残体上的土传病原菌及杂草在田间的存活概率；三是降低田间自生麦苗数量，大大降低越夏条锈病病菌和白粉病病菌的数量；四是防止徽成盆地秸秆还田中大秸秆导致未来种子根悬空而影响出苗；五是压低田间杂草种群数量。

5.2　播种期

主要防治对象：条锈病、白粉病和麦蚜等。

9月上旬（山区）到10月下旬（川道区）播种时，因地制宜推广种植抗（耐）病小麦品种，特别是要全面推广种植具有苗期抗性的品种，该措施是控制秋苗期条锈病发病的关键，也是降低向我国东部麦区传播条锈病病菌量、保障黄淮海麦区粮食安全生产的根本。要种植不同类型和抗病基因背景的品种，实现抗病品种合理布局。目前生产上85%以上品种苗期抗病性低，进行种子拌种是关键。选用三唑酮、戊唑醇、苯醚甲环唑等杀菌剂进行拌种，可防治苗期条锈病、白粉病及其他土传（种传）病害。用辛硫磷等杀虫剂拌种，可防治地下害虫及苗期蚜虫危害。

5.3 出苗期—越冬期

主要防治对象：条锈病、白粉病和地下害虫、蚜虫及杂草。

在病虫害发生严重时特别是条锈病发生时（每年10月下旬至12月中旬），对早发病田要带药侦查，进行点片控制，以降低病菌传播数量。若有地下害虫为害，选用辛硫磷、甲基异柳磷、水胺硫磷等杀虫剂，与油渣或细土配成（1∶100～200）毒土进行撒施。对田间杂草，于冬小麦苗后5～6叶期，选择晴天，施药最佳气温在10℃以上，中午光照好、温度高使用。选择药剂为甲基二磺隆、甲基碘磺隆钠盐等，用水量30升/亩，均匀喷雾。

5.4 返青期—拔节期

主要防治对象：条锈病、白粉病、纹枯病（陇南市）和红蜘蛛（陇南市）、地下害虫等及田间杂草。

小麦返青后地下害虫导致的死苗率（缺苗断垄）超过5％时，选用辛硫磷等杀虫剂，与油渣或细土配成（1∶100～200）毒土进行撒施。开展流行性、暴发性病虫害如条锈病、白粉病及红蜘蛛（陇南）的早期预防。密切关注并带药防治条锈病和白粉病早发麦田，以控制发病中心。当田间条锈病和白粉病平均病叶率分别达到0.5％～1％和10％时，应及时采取各种措施，组织开展大面积应急防治和统防统治，防止病害流行。防治药剂可选用三唑酮、戊唑醇等杀菌剂。小麦纹枯病病株率达10％时，选用井冈霉素、三唑类等相关杀菌剂进行喷雾防治，每隔7～10天喷药一次，连喷2～3次。红蜘蛛平均每株有6头及以上时，选用阿维菌素、哒螨灵、虫螨克等杀虫剂喷雾防治。田间杂草防除选择晴天，施药最佳气温在10℃以上，中午光照好、温度高使用，选择麦阔净、苯磺隆、2,4-滴丁酯、二氯吡啶酸等，用水量30升/亩，均匀喷雾。

5.5 孕穗期—扬花期

主要防治对象：条锈病、白粉病及红蜘蛛、赤霉病（徽成盆地）及农田杂草。

根据各种病虫害的发生种类、状况和防治指标，当多种病虫混合发生危害时，大力推行"一喷三防"技术。当田间单一病虫害发生时，进行针对性防治。当田间条锈病和白粉病平均病叶率分别达到5％和10％时，应及时采取各种措施，组织开展大面积应急防治和统防统治。防治药剂可选用三唑酮、戊唑醇等杀菌剂。每隔7～10天喷药一次，连喷2～3次。红蜘蛛平均每株有6头时，可选用阿维菌素、哒螨灵等杀虫剂进行喷雾防治。徽成盆地小麦抽穗至扬花期，若遇阴雨、露水和大雾天气且持续3天以上或10天内有5天以上的阴雨天气时，要全面开展赤霉病的防控工作，可选用氰烯菌酯、戊唑醇、咪鲜胺、丙硫菌唑等杀菌剂进行喷雾防治。施药后3～6小时遇雨，应在雨后及时补喷。田间杂草防除采用人工拔除法。

5.6 灌浆期—成熟期

主要防治对象：条锈病、白粉病和蚜虫及农田杂草等。

选用三唑酮、戊唑醇等杀菌剂，及时采取各种措施，组织开展大面积应急防治和统防统治，防止病害流行。穗蚜在每百穗蚜量超过 1 000 头时或益害比低于 1∶150 时，选用菊酯类或新烟碱类杀虫剂进行喷雾防治，尽可能少用或不用有机磷农药如乐果等。为省时省工，可采用杀虫剂和杀菌剂混合，另加磷酸二氢钾，进行混合喷雾防治。为保障安全，降低农药残留，收获前 15 天应停止使用农药和生长调节剂。田间杂草防除采用人工拔除法。

起草人：曹世勤　孙振宇　贾秋珍　王万军　黄瑾　张勃　王晓明

起草单位：甘肃省农业科学院

甘肃中部麦区春小麦全生育期主要有害生物综合防治技术

1　范围

本文件规定了以小麦条锈病、黄矮病和麦蚜为主，兼顾白粉病和地下害虫及田间杂草的防治策略、主要防治技术。

本文件适用于甘肃省定西市、临夏回族自治州、兰州市、白银市、甘南藏族自治州种植春小麦。

2　规范性引用文件

下列文件中的主要条款通过本文件的引用而成为本文件的条款。凡注明日期的引用文件，其随后所有的修改单（不包括勘误的内容）或修订版均不适用于本文件。然而，鼓励根据本文件达成协议的各方研究是否使用这些文件的最新版本。

凡是未注明日期的引用文件，其最新版本适用于本文件。

GB 1351—2008　小麦

NY/T 1276—2007　农药安全使用规范　总则

GB/T 8321.7—2000　农药合理使用准则（七）

GB/T 17980.23—2000　农药田间药效试验准则（一）杀菌剂防治禾谷类锈病（叶锈、条锈、秆锈）

GB/T 17980.22—2000　农药田间药效试验准则（一）杀菌剂防治禾谷类白粉病

GB/T 17980.79—2004　农药田间药效试验准则（二）杀虫剂防治小麦蚜虫

GB/T 15795—2011　小麦条锈病测报技术规范

NY/T 613—2002　小麦白粉病测报调查规范

NY/T 612—2002　小麦蚜虫测报调查规范

NY/T 2683—2015　农田主要地下害虫防治技术规程

GB/T 15671—2009　农作物薄膜包衣种子技术条件

GB/T 17997—2008　农药喷雾机（器）田间操作规程及喷洒质量评定

GB/T 25415—2010　航空施用农药操作准则

JB/T 9781—2011　喷雾机（器）喷射部件

NY/T 650—2013　喷雾机（器）作业质量

NY/T 1443.1—2007　小麦抗病虫性评价技术规范　第1部分：小麦抗条锈病评价技术规范

NY/T 1443.2—2007　小麦抗病虫性评价技术规范　第2部分：小麦抗叶锈病评价技术规范

NY/T 1443.6—2007　小麦抗病虫性评价技术规范　第6部分：小麦抗黄矮病评价技术规范

NY/T 1443.7—2007　小麦抗病虫性评价技术规范　第7部分：小麦抗蚜虫评价技术规范

NY/T 1533—2007　农用航空器喷施技术作业规程

NY/T 1923—2010　背负式喷雾机安全施药技术规范

3　术语和定义

下列术语和定义适用于本文件。

3.1　小麦条锈病

指由禾谷柄锈菌小麦专化型（*Puccinia striiformis* f. sp. *tritici*）引起的真菌性病害。

3.2　小麦白粉病

指由布氏白粉菌（*Blumeria graminis* f. sp. *tritici*）引起的真菌性病害。

3.3　小麦黄矮病

由蚜虫［麦长管蚜（*Sitobion avenae*（Fabricius）］、禾谷缢管蚜［*Rhopalosiphum Padi*（Linnaeus）］、麦无网长管蚜［*Metopolophium dirhodum*（Walker）］、麦二叉蚜［*Schizaphis graminum*（Rondani）］引起的病毒性病害。

3.4　小麦蚜虫

主要由麦长管蚜［*Sitobion avenae*（Fabricius）］、禾谷缢管蚜［*Rhopalosiphum Padi*（Linnaeus）］、麦无网长管蚜［*Metopolophium dirhodum*（Walker）］、麦二叉蚜［*Schizaphis graminum*（Rondani）］的混合种群组成。其中麦长管蚜和麦无网长管蚜主要危害穗部，禾谷缢管蚜危害叶片和穗下部，麦二叉蚜危害基部叶片。

3.5　地下害虫

主要由蛴螬、金针虫、蝼蛄和地老虎组成。

3.6　禾本科杂草

主要由节节麦［*Aegilops tauschii* Coss.（Gramineae）］、野燕麦（*Avena fatua* L.）、早熟禾（*Poa annuas* L.）、狗尾草［*Setaria viridis*（L.）Beauv.］、冰草［*Agropyron cristatum*（L.）Gaertn.］等禾本科杂草组成。

3.7　一年生阔叶杂草

主要由播娘蒿［*Descurainia sophia*（L.）Schur.］、荠菜［*Capsella bursa - pastoris*（L.）Medic］、猪殃殃［*Galium aparine* L. var. *tenerum*（Gren. et Godr.）Rcbb.］、藜（*Chenopodium album* Linn.）、刺儿菜（*Herba cirsii* Setosi）、萹蓄（*Polygonum aviculare* L.）、牛繁缕｛*Malachium aquaticum*（L.）Fries［*Stellaria aquatica*（L.）Scop.］｝、大蓟（*Cirsium japonicum* Fisch. ex DC.）、泽漆（*Euphor biahelioscopia* L.）、马齿苋（*Portulaca oleracea* L.）、反枝苋（*Amaranthus retroflexus* L.）等组成。

4 防治策略

贯彻"预防为主、综合防治"的植保方针，全面树立"科学植保、公共植保、绿色植保"现代植保理念，以麦田安全、高效为目标，以绿色生态调控和区域控制为原则，以小麦条锈病、蚜虫等重大病虫害为对象，"以种植抗病品种为主，其他防治措施为辅"的综合技术措施，将应急防治与持续控制相结合，采取以飞防、集中连片防治为代表的专业化统防统治与群众联防相结合的防控策略。将麦田主要病虫害的种群密度控制在经济允许的水平以下，达到经济效益和生态效益同步增长的目的。

5 主要技术措施

以选育和推广种植抗病虫品种为主要措施，采用种子拌种（包衣）和农业防治、化学防治相结合的综合防治技术措施。在小麦不同生育期推广和使用相应的防治技术措施，确保当地小麦生产安全。

5.1 播种前

主要防治对象：自生麦苗上条锈病、白粉病及地下害虫。

在8～9月整地阶段，尽可能深翻耕并糖实。一是通过土壤暴晒，提高地下害虫的死亡率；二是降低残留于病残体上的土传病原菌及杂草在田间的存活概率；三是降低田间自生麦苗数量，降低越夏条锈病病菌和白粉病病菌的数量。

5.2 播种期

主要防治对象：地下害虫。

3月播种时，因地制宜推广种植抗病小麦品种。全面推广种植具有成株期抗性的品种。用吡虫啉、辛硫磷等拌种，可防治地下害虫及苗期蚜虫为害。药剂浓度严格按照农药包装说明推荐的剂量使用，避免药害发生。基肥适当增施钾、磷肥，可提高小麦的抗性。

5.3 出苗期—拔节期

主要防治对象：地下害虫和杂草。

若有地下害虫为害，选用辛硫磷等，与油渣或细土配成（1∶100～200）毒土进行撒施。对田间杂草，于小麦苗后5～6叶期，选择晴天，施药最佳气温在10℃以上，中午光照好、温度高使用。选择药剂为2,4-滴丁酯、苯磺隆、甲基二磺隆、甲基碘磺隆钠盐等，用水量30千克/亩，均匀喷雾。

5.4 拔节期—扬花期

主要防治对象：条锈病、白粉病、黄矮病和杂草等。

开展流行性、暴发性病虫害如条锈病、白粉病的早期预防。密切关注并带药防治条锈病和白粉病早发麦田，当田间条锈病和白粉病平均病叶率分别达到0.5%～1%和10%时，应及时采取各种措施，组织开展大面积应急防治和统防统治，防止病害流行。防治药剂可选用三唑酮、戊唑醇等杀菌剂。黄矮病防治以防治传毒介体蚜虫为前提，可采用化学、天敌等方法进行。黄矮病田间病叶率超过 5％时，可选用吗啉胍等杀病毒剂进行喷雾。田间杂草防除采用人工拔除法。

5.5 扬花期—成熟期

主要防治对象：条锈病、白粉病、黄矮病和蚜虫及杂草。

根据各种病虫害的发生种类、状况和防治指标，当多种病虫混合发生危害时，大力推行"一喷三防"技术。当田间单一病虫害发生时，进行针对性防治。田间条锈病和白粉病平均病叶率分别达到 5％和 10％时，应及时采取各种措施，组织开展大面积应急防治和统防统治。防治药剂可选用三唑酮、戊唑醇等杀菌剂。每隔 7～10 天喷药一次，连喷 2～3 次。黄矮病防治以防治传毒介体蚜虫为前提，可采用化学、天敌等方法进行。黄矮病田间病叶率超过 5％时，可选用吗啉胍等杀病毒剂进行喷雾。穗蚜在每百穗蚜量超过 1 000 头时或益害比低于 1：150 时，选用菊酯类或新烟碱类杀虫剂进行喷雾防治，尽可能少用或不用有机磷农药，如乐果等。田间杂草防除采用人工拔除法。为省时省工，可采用杀虫剂和杀菌剂混合，另加磷酸二氢钾，进行混合喷雾防治。为保障安全，降低农药残留，收获前 15 天应停止使用农药和生长调节剂。

起草人：曹世勤　孙振宇　贾秋珍　王万军　黄瑾　张勃　王晓明

起草单位：甘肃省农业科学院

甘肃中部麦区冬小麦全生育期主要有害生物综合防治技术

1 范围

本文件规定了以小麦条锈病、黄矮病和麦蚜为主，兼顾白粉病和地下害虫及田间杂草的防治策略、主要防治技术。

本文件适用于甘肃省定西市、临夏回族自治州、兰州市、白银市、甘南藏族自治州种植冬小麦。

2 规范性引用文件

下列文件中的主要条款通过本文件的引用而成为本文件的条款。凡注明日期的引用文件，其随后所有的修改单（不包括勘误的内容）或修订版均不适用于本文件。鼓励根据本文件达成协议的各方研究是否使用这些文件的最新版本。

凡是未注明日期的引用文件，其最新版本适用于本文件。

GB 1351—2008 小麦

NY/T 1276—2007 农药安全使用规范 总则

GB/T 8321.7—2000 农药合理使用准则（七）

GB/T 17980.23—2000 农药田间药效试验准则（一）杀菌剂防治禾谷类锈病（叶锈、条锈、秆锈）

GB/T 17980.22—2000 农药田间药效试验准则（一）杀菌剂防治禾谷类白粉病

GB/T 17980.79—2004 农药田间药效试验准则（二）杀虫剂防治小麦蚜虫

GB/T 15795—2011 小麦条锈病测报技术规范

NY/T 613—2002 小麦白粉病测报调查规范

NY/T 612—2002 小麦蚜虫测报调查规范

NY/T 2683—2015 农田主要地下害虫防治技术规程

GB/T 15671—2009 农作物薄膜包衣种子技术条件

GB/T 17997—2008 农药喷雾机（器）田间操作规程及喷洒质量评定

GB/T 25415—2010 航空施用农药操作准则

JB/T 9781—2011 喷雾机（器）喷射部件

NY/T 650—2013 喷雾机（器）作业质量

NY/T 1443.1—2007 小麦抗病虫性评价技术规范 第1部分：小麦抗条锈病评价技术规范

NY/T 1443.2—2007 小麦抗病虫性评价技术规范 第2部分：小麦抗叶锈病评价技术规范

NY/T 1443.6—2007 小麦抗病虫性评价技术规范 第6部分：小麦抗黄矮病评价技术规范

NY/T 1443.7—2007 小麦抗病虫性评价技术规范 第7部分：小麦抗蚜虫评价技术规范

NY/T 1533—2007　农用航空器喷施技术作业规程

NY/T 1923—2010　背负式喷雾机安全施药技术规范

3　术语和定义

下列术语和定义适用于本文件。

3.1　小麦条锈病

指由禾谷柄锈菌小麦专化型（*Puccinia striiformis* f. sp. *tritici*）引起的真菌性病害。

3.2　小麦白粉病

指由布氏白粉菌（*Blumeria graminis* f. sp. *tritici*）引起的真菌性病害。

3.3　小麦黄矮病

指由蚜虫（麦长管蚜、禾谷缢管蚜、麦无网长管蚜、麦二叉蚜）引起的病毒性病害。

3.4　小麦蚜虫

由麦长管蚜［*Sitobion avenae*（Fabricius）］、禾谷缢管蚜［*Rhopalosiphum Padi*（Linnaeus）］、麦无网长管蚜［*Metopolophium dirhodum*（Walker）］、麦二叉蚜［*Schizaphis graminum*（Rondani）］的混合种群组成。其中麦长管蚜和麦无网长管蚜主要危害穗部，禾谷缢管蚜危害叶片和穗下部，麦二叉蚜危害基部叶片。

3.5　地下害虫

主要由蛴螬、金针虫、蝼蛄和地老虎组成。

3.6　禾本科杂草

主要由节节麦［*Aegilops tauschii* Coss.（Gramineae）］、野燕麦（*Avena fatua* L.）、早熟禾（*Poa annuas* L.）、狗尾草［*Setaria viridis*（L.）Beauv.］、冰草［*Agropyron cristatum*（L.）Gaertn.］等禾本科杂草组成。

3.7　一年生阔叶杂草

主要由播娘蒿［*Descurainia sophia*（L.）Schur.］、荠菜［*Capsella bursa-pastoris*（L.）Medic］、猪殃殃［*Galium aparine* L. var. *tenerum*（Gren. et Godr.）Rcbb.］、藜（*Chenopodium album* Linn.）、刺儿菜（*Herba cirsii* Setosi）、萹蓄（*Polygonum aviculare* L.）、牛繁缕｛*Malachium aquaticum*（L.）Fries［*Stellaria aquatica*（L.）Scop.］｝、大蓟（*Cirsium japonicum* Fisch. ex DC.）、泽漆（*Euphor biahelioscopia* L.）、马齿苋（*Portulaca oleracea* L.）、反枝苋（*Amaranthus retroflexus* L.）等组成。

4　防治策略

贯彻"预防为主、综合防治"的植保方针，全面树立"科学植保、公共植保、绿色植保"现代植保理念，以麦田安全、高效为目标，以绿色生态调控和区域控制为原则，以小麦条锈病、蚜虫等重大病虫害为对象，"以种植抗病品种为主，其他防治措施为辅"的综合技术措施，将应急防治与持续控制相结合，采取以飞防、集中连片防治为代表的专业化统防统治与群众联防相结合的防控策略。将麦田主要病虫害的种群密度控制在经济允许的水平以下，达到经济效益和生态效益同步增长的目的。

5　主要技术措施

以选育和推广种植抗病虫品种为主要措施，采用种子拌种（包衣）、消灭自生麦苗和农业防治、化学防治相结合的综合防治技术措施。在小麦不同生育期推广和使用相应的防治技术措施，确保当地及甘肃省和中国小麦生产安全。

5.1　播种前

5.1.1　主要防治对象

自生麦苗上条锈病、白粉病和地下害虫及杂草。

5.1.2　防治措施

在7～8月中下旬整地阶段，尽可能深翻耕并耱实。一是通过土壤暴晒，提高地下害虫的死亡率；二是降低残留于病残体上的土传病原菌及杂草在田间的存活概率；三是降低田间自生麦苗数量，大大降低越夏条锈病病菌和白粉病病菌的数量；四是压低杂草种群数量。

5.2　播种期

5.2.1　主要防治对象

条锈病、白粉病、麦蚜等。

5.2.2　防治措施

9月上旬到10月上旬播种时，因地制宜推广种植抗病小麦品种。全面推广种植具有苗期抗性的品种，要种植不同类型和抗病基因背景的品种，实现抗病品种合理布局。强力推行种子拌种技术。选用三唑酮、戊唑醇、苯醚甲环唑等杀菌剂进行拌种，可防治苗期条锈病、白粉病及其他土传（种传）病害。用吡虫啉、辛硫磷等拌种，可防治地下害虫及苗期蚜虫为害。药剂浓度严格按照农药包装说明推荐的剂量使用，避免药害发生。特别是三唑酮拌种，严格控制在种子量的3%以下。基肥适当增施钾、磷肥，可提高小麦的抗性。

5.3　出苗期—越冬期

5.3.1　主要防治对象

地下害虫、蚜虫和条锈病。

5.3.2　防治措施

在病虫害发生严重时特别是条锈病发生时（每年10月中下旬至12月中旬），对早发病田要带药侦查，控制发病中心，防止病害扩散蔓延，以降低病菌传播数量。若有地下害虫为害，选用辛硫磷与油渣或细土配成（1∶100～200）毒土进行撒施。

5.4　返青期—扬花期

5.4.1　主要防治对象

条锈病、白粉病和蚜虫、地下害虫及杂草等。

5.4.2　防治措施

小麦返青后地下害虫导致的死苗率（缺苗断垄）超过5%时，选用辛硫磷、甲基异柳磷、水胺硫磷等杀虫剂，与油渣或细土配成（1∶100～200）毒土进行撒施。开展流行性、暴发性病虫害如条锈病、白粉病的早期预防。密切关注并带药防治条锈病和白粉病早发麦田，当田间条锈病和白粉病平均病叶率分别达到0.5%～1%和10%时，应及时采取各种措施，组织开展大面积应急防治和统防统治，防止病害流行。防治药剂可选用三唑酮、戊唑醇等杀菌剂。若小麦蚜虫（主要是麦二叉蚜）超过20头/株时，选用吡虫啉、菊酯类杀虫剂进行喷雾防治。对田间杂草，于小麦返后5～6叶期，选择晴天，施药最佳气温在10℃以上，中午光照好、温度高使用。选择药剂为2,4-滴丁酯、苯磺隆、甲基二磺隆、甲基碘磺隆钠盐等，用水量30千克/亩，均匀喷雾。或用人工拔除法进行。

5.5　扬花期—灌浆期

5.5.1　主要防治对象

条锈病、白粉病、黄矮病和蚜虫及杂草。

5.5.2　防治措施

根据各种病虫害的发生种类、状况和防治指标，当多种病虫混合发生危害时，大力推行"一喷三防"技术。当田间单一病虫害发生时，进行针对性防治。当田间条锈病和白粉病平均病叶率分别达到5%和10%时，应及时采取各种措施，组织开展大面积应急防治和统防统治，防止病害流行。防治药剂可选用三唑酮、戊唑醇等杀菌剂。每隔7～10天喷药一次，连喷2～3次。黄矮病防治以防治传毒介体蚜虫为前提，可采用化学、天敌等方法进行。当黄矮病田间病叶率超过5%时，可选用吗啉胍等杀病毒剂进行喷雾。穗蚜在每百穗蚜量超过1 000头时或益害比低于1∶150时，选用菊酯类或新烟碱类杀虫剂进行喷雾防治。田间杂草防除采用人工拔除法。为省时省工，可采用杀虫剂和杀菌剂混合，另加磷酸二氢钾，进行混合喷雾防治。为保障安全，降低农药残留，收获前15天应停止使用农药和生长调节剂。

起草人：曹世勤　孙振宇　贾秋珍　王万军　黄瑾　张勃　王晓明

起草单位：甘肃省农业科学院

宁夏引黄灌区春麦病虫害防治技术

1 范围

本文件规定了小麦病虫害农业防治和化学防治的技术要求。

本文件适用于宁夏引黄灌区春麦病虫害的综合防治。

2 规范性引用文件

下列文件对于本文件的应用是必不可少的。凡是注日期的引用文件，所注日期的版本适用于本文件。凡是不注日期的引用文件，其最新版本（包括所有的修改单）适用于本文件。

NY/T 1276—2007 农药安全使用规范 总则

GB/T 17980.22—2000 农药田间药效试验准则（一）杀菌剂防治禾谷类白粉病

GB/T 17980.79—2004 农药田间药效试验准则（二）杀虫剂防治小麦蚜虫

NY/T 613—2002 小麦白粉病测报调查规范

NY/T 612—2002 小麦蚜虫测报调查规范

NY/T 496—2010 肥料合理使用准则（通则）

3 术语和定义

下列术语和定义适用于本文件。

3.1 小麦白粉病

由布氏白粉菌（*Blumeria graminis* f. sp. *tritici*）引起的一种真菌性病害，主要表现为发病部位表面覆有一层白粉状、绒絮状霉斑，霉斑最初为白色，以后霉层白色逐渐变为灰色乃至褐灰色，且在霉层中散生着黑色的小粒。

3.2 小麦蚜虫

指小麦上发生并为害的各种蚜虫总称。引黄灌区主要以麦长管蚜 [*Sitobion avenae* (Fabricius)]、禾谷缢管蚜 [*Rhopalosiphum padi* (Linnaeus)] 和麦无网长管蚜 [*Metopolophium dirhodum* (Walker)] 3 种为害严重。以成蚜、若蚜吸食小麦叶、茎、嫩穗的汁液，被害处呈浅黄色斑点，严重时叶片发黄。

4 防治技术

4.1 农业防治

4.1.1 合理轮作与间作

因地制宜与玉米、油葵、豆类等作物进行 1～2 年轮作；小麦长期连作，可与玉米、豆类等间作套种。

4.1.2 种子选择

选用通过国家或省级品种审定，且适合当地生产的高产、优质、稳产、抗（耐）病品种，种子质量应符合 GB 4404.1 的规定指标。种子的纯度≥99.0%，净度≥98.0%，发芽率≥85%，水分≤13.0%，且能抵御小麦病虫害的品种（如宁春 50 号、宁春 55 号等）。

4.1.3 田间管理

以日平均气温稳定在 5 ℃，土壤化冻 5 厘米为指标，适宜播期在 2 月 25 日至 3 月 10 日，播种量为每亩 25～30 千克；实行机械匀播，播种深度不超过 5 厘米，播后镇压，提高种子发芽率；清除麦田周边自生麦苗，减少白粉病菌源数量；及时拔除病株，清除病株残体，减少病害扩大传播。

4.1.4 合理施肥

播种时重施基肥，每亩施用纯氮 5.5～6 千克、五氧化二磷 4.7～5.7 千克、氧化钾 2.7～3.4 千克，防止偏施氮肥；增施腐熟农家肥和生物有机肥，适当降低氮肥的施入；拔节期结合灌水每亩追施尿素 0.5～0.6 千克、磷酸二氢钾 0.2 千克。

4.2 化学防治

4.2.1 防治药剂

4.2.1.1 防治药剂严格执行 GB 4285 农药安全使用标准和 NY/T 1276—2007 农药安全使用规范总则等相关规定。

4.2.1.2 常用药剂（表1）

表1 防治小麦病虫害有效药剂及施用方法

用途	通用名	剂型及含量	有效成分	施药方法	每百千克种子制剂用量	每百千克种子用水量	每季最多使用次数
种子处理	奥拜瑞	31.9%悬浮种衣剂	30.8%吡虫啉＋1.1%戊唑醇	拌种	200～600 毫升	1.5升	1
	酷拉斯	27%悬浮种衣剂	2.2%苯醚甲环唑＋2.2%咯菌腈＋22.6%噻虫嗪	拌种	200～600 毫升	1.5升	1
	多·咪·福美双	11%悬浮种衣剂	4%多菌灵＋6%福美双＋1%咪鲜胺	拌种	药：种＝1：55～60	1.0升	1
	苯甲·戊唑醇	40%悬浮剂	20%苯醚甲环唑＋20%戊唑醇	拌种	3～4 克	1.5升	1
喷雾处理	金霉唑	1.5%水浮剂	1.5%噻霉酮	茎叶喷雾	45～55 毫升	45升/亩	1
	富力库	43%悬浮剂	43%戊唑醇	茎叶喷雾	15～25 毫升	45升/亩	1
	世高	10%水分散粒剂	10%苯醚甲环唑	茎叶喷雾	85～95 毫升	45升/亩	1
	叶菌唑	8%悬浮剂	8%叶菌唑	茎叶喷雾	55～65 毫升	45升/亩	1
	艾美乐	70%水分散粒剂	70%吡虫啉	茎叶喷雾	3.5～5 克	45升/亩	1
	啶虫脒	5%乳油	5%啶虫脒	茎叶喷雾	35～45 毫升	45升/亩	1

4.2.2 施药方法

4.2.2.1 拌种

大量种子使用专用拌种机；少量种子可在塑料布上人工搅拌，或药种混合后装入塑料袋内反复翻动，搅拌均匀。拌种后阴干 6～12 时后播种。

4.2.2.2　茎叶喷雾

根据病虫害测报，选用适宜杀虫剂和杀菌剂，与磷酸二氢钾配合使用，将配制好的药液均匀喷洒到小麦茎叶表面。

4.2.2.3　施药注意事项

拌种处理种子需阴干后播种；喷雾处理需尽量压低喷雾器喷头，防止药液流失。

起草人：郭成瑾　张丽荣　王喜刚　郭鑫年　沈强云

起草单位：宁夏农林科学院植物保护研究所、宁夏农林科学院农业资源与环境研究所、
　　　　　宁夏农林科学院农作物研究所

春小麦田猪殃殃防除技术

1 范围

本文件规定了除草剂防除春小麦田猪殃殃 ［*Galium aparine* L. var. *tenerum* （Gren. et Godr.） Rcbb.］田间防除技术及除草剂减施技术要求。

本文件适用于春小麦田除草剂防除猪殃殃田间应用技术及药效评价。

2 规范性引用文件

下列文件中的条款通过本文件的引用而成为本文件的条款。凡是注日期的引用文件，其随后所有的修改单（不包括勘误的内容）或修订版均不适用于本文件，然而，鼓励根据本文件达成协议的各方研究是否可使用这些文件的最新版本。凡是不注日期的引用文件，其最新版本适用于本文件。

GB/T 17980.41—2000 农药田间药效试验准则（一） 除草剂防治麦类作物地杂草

GB/T17980.53—2000 农药田间药效试验准则（一） 除草剂防治轮作作物间杂草

NY/T 1464.40—2011 农药田间药效试验准则 第 40 部分：除草剂防治免耕小麦田杂草

3 术语、定义和符号

3.1 猪殃殃 ［*Galium aparine* Linn. var. *tenerum* （Gren. et Godr.） Rchb.］

一年生或越年生蔓生或攀缘草本。适生湿润地，为麦田、菜园等主要杂草。种子繁殖。子叶椭圆形，长 7 毫米，宽 5 毫米，先端微凹，基部近圆形，全缘，中脉 1 条，具长柄。上、下胚轴均发达，带红色，上胚轴四棱形，有刺状毛。初生叶 4 片轮生，卵形，先端钝尖，基部阔楔形，叶缘有睫毛，中脉明显，具叶柄。后生叶与初生叶相似。幼苗根带橘红色。成株茎 4 棱，多分枝，棱、叶缘及叶下面中脉上生倒钩刺毛。叶 6～8，轮生，条状倒披针形，长 1～3 厘米，宽 2～4 毫米。先端具刺尖，1 脉。花果期 5～7 月。聚伞花序腋生或顶生。花小，单生或 3～10 簇生，疏散。花瓣 4 裂，黄绿色，辐状，裂片长圆形。雄蕊 4 枚，子房下位，有倒生细刺毛。有纤细的梗。花萼细小，约 1 毫米，上有钩刺毛。果实双头形，表面褐色，密生钩状刺，钩刺基部呈瘤状。果脐在腹面凹陷处，椭圆形，白色。

3.2 除草剂

指可使杂草彻底地或选择地发生枯死的药剂，又称除莠剂，用以消灭或抑制植物生长的一类物质。

3.3 喷雾助剂

指喷雾施药时应用的助剂总称。

3.4　有效成分

农药产品中具有生物活性的特定化学结构成分。

3.5　有效剂量

单位面积用药量以农药有效成分量计。

3.6　制剂

具有一定组分和规格的农药加工形态。一种有效成分可以制成多种不同含量、不同使用方式的制剂。

3.7　制剂量

单位面积用药量以农药制剂（商品）量计。

4　面积

施药前将地测量准确，精准用药。

5　喷雾器选择

根据地的大小，选择合适的喷雾器械，喷雾器可分为背负式手动喷雾器（喷头有锥形和扇形两种，压力≥45帕）、机引式大型喷雾器（一般为扇形喷头，压力为≥45帕）。

6　施药时期及方法

春小麦3～5叶期进行施药，按不同药剂适用药量取药，每亩兑水20升配备药液，喷雾采用细雾滴，在晴天、微风、田间墒情好时茎叶均匀喷施。

7　除草剂的选择及用量

200克/升氯氟吡氧乙酸 EC 50～70毫升/亩、7.5％啶磺草胺 WG 12～25克/亩、20％氯氟吡氧乙酸·苯磺隆 WP 40～60克/亩、26％苯磺隆·唑草酮 WP 8～10克/亩、18％2甲4氯·双氟磺草胺 SC 75～90毫升/亩，以上药剂任选一种进行施药。

8　除草助剂选择及用量

选用安融乐3毫升/亩＋碧护3毫升/亩、有机硅助剂等喷雾助剂，与上述除草剂混用时，降低10％～30％除草剂用量喷施。

9　配药

对农药进行二次稀释也称为两步配制法，可采用下列方法对农药进行二次稀释。

9.1　选用带有容量刻度的医用盐水瓶，将药放置于瓶内，注入适量的水，配成母液，再用量杯计量使用。

9.2　使用背负式喷雾器时，也可以在药桶内直接进行二次稀释。先将喷雾器内加少量的水，再加放少许的药液，充分摇匀，然后再补足水混匀使用。

9.3 用机动喷雾机具进行大面积施药时，可用较大一些的容器，如桶、缸等进行母液一级稀释。二级稀释时可放在喷雾器药桶内进行配制，混匀使用。

10 喷雾器选择

根据地块大小，选择合适的喷雾器械，喷雾器可分为背负式手动喷雾器（喷头有锥形和扇形两种，压力≥45帕）、机引式大型喷雾器（一般为扇形喷头，压力≥45帕）。一般农户土地面积在4亩以下，可选择背负式手动喷雾器；土地面积在4亩以上，可选择使用机引式大型喷雾器。

11 喷药

喷药时要均匀喷施，手动喷雾器单喷头喷幅为3～4米，每亩单头喷两遍，竖着喷一遍，横着喷一遍，双喷头喷一遍，边走边用脚在地上划线记号，机引式大型喷雾器喷幅为12米，可根据拖拉机轮子碾下的痕迹为参照。

12 施药次数

施药1次。

13 杂草调查

药后7天、15天各观察1次，药后20天、40天分别调查两次。每小区随机取样3点，样点面积0.25米^2，药后20天调查株防效；40天时再次调查残存株数和地上部鲜重，计算除株效和鲜重效。成熟期目测效采用100分级法目测各处理区杂草的最终控制效果。

药效计算方法：

株防效（％）＝（对照区杂草株数－处理区残存杂草株数）/对照区杂草株数×100

鲜重防效（％）＝（对照区杂草鲜重－处理区残存杂草鲜重）/对照区杂草鲜重×100

14 增产效果测定

在小麦收获前，采用梅花式5点或对角线3点取样，样点面积1米^2，取样方单收单打，计算增产效果公式为：

$$增产效果（％）＝\frac{施药田产量－未施药田产量}{未施药田产量}×100\%$$

15 注意事项

15.1 施药后3小时无降雨。

15.2 不重喷不漏喷。

15.3 凡接触药物人员必须按有关使用毒品规则的要求戴好防毒用具，工作中严禁饮食与吸烟，工作结束及时清洗手脸。

15.4 喷药用后的药品包装容器应收回妥善处理，未用完的药品存放于干燥、阴暗的房间。

起草人：魏有海　郭良芝　朱海霞　程亮　翁华　李玮　陈红雨　郭青云

起草单位：青海省农林科学院

青海小麦农药减量增效技术

1 范围

本文件规定了青海小麦农药减量增效技术的术语和定义、综合防治策略和主要防治技术。

2 规范性引用文件

下列文件中的条款通过本文件的引用而成为本文件的条款。凡是注日期的引用文件，其随后所有的修改单（不包括勘误的内容）或修订版均不适用于本文件，然而，鼓励根据本文件达成协议的各方研究是否可使用这些文件的最新版本。凡是不注日期的引用文件，其最新版本适用于本文件。

NY/T 1276—2007　农药安全使用规范　总则
GB/T 8321—2000　农药合理使用准则
NY/T 393—2013　绿色食品——农药使用准则

3 术语和定义

下列术语和定义适用于本文件。

3.1 抗病性

抗病性指植物由于它们遗传上具有抵抗病原微生物侵入、扩展和危害的能力，从而全然不受侵染或发病较轻较慢。

3.2 绿色防控

绿色防控指从农田生态系统整体出发，以农业防治为基础，积极保护利用自然天敌，恶化病虫的生存条件，提高农作物抗虫能力，在必要时合理使用化学农药，将病虫危害损失降到最低限度。它是持续控制病虫灾害，保障农业生产安全的重要手段。

3.3 防治指标

防治指标指采取农药防治措施时可以获得最佳经济效益的防病程度。

3.4 发病程度

小麦病害发生的轻重程度，用病叶率、严重度和病情指数表示。

3.5 农药减施增效

结合农业防治、物理防治、生物防治、化学防治等方法，利用高杆喷雾、无人机等先进作业设备，再加上使用助剂来降低农药的使用量，达到防治病虫害的效果。

4　小麦农药减量增效基本原则

坚持"预防为主，综合防治"的植保方针，整体遵循"科学监测，精准防控"的原则，采取以环境友好型化学防治技术为核心，集生物防治、物理防治、农业防治、生态调控等诸多技术相协调的综合防控措施，在保证小麦有害生物整体防效的基础上，最大限度地减少用药量和施药次数，促进麦田生态系统的良性循环，达到持续防控的目的。

5　防治技术规程

5.1　播前阶段

做好作物和小麦品种布局规划、药械贮备和技术培训工作。

5.2　播种阶段

青海省是全国小麦条锈病的越夏易变区和秋季菌源基地。播种阶段是该区预防病虫害的关键时期，其重点是针对小麦条锈病的防控，冬小麦应选择种植具有不同抗条锈病基因的小麦良种如青麦 4 号、青麦 6 号等，春小麦选用青麦 1 号、青麦 5 号等抗病品种，构筑条锈病侵染循环的双重遗传屏障，抑制病菌变异，对于苗期感病、成株期抗病的冬小麦品种，小麦秋播时按种子重量 0.3％三唑酮进行药剂拌种。冬小麦播种在播种适期范围内尽量晚播、避免早播。该配套技术措施可有效控制小麦条锈病菌源基地的秋季菌源数量，适期晚播除了可以显著减轻秋苗条锈病发病程度、推迟发病时间外，还可以压低条锈病乳熟期病情指数，显著减轻小麦苗期蚜虫、蜘蛛、叶蝉、黄矮病等多种病虫危害。此外，伏秋深耕、清除自生麦苗是减少条锈菌、白粉菌、蚜虫及黄矮病毒源越夏寄主的一项重要措施。轮作倒茬可显著减轻因多年连作而造成的小麦全蚀病、根腐病危害。用种子重量 0.3％三唑酮与辛硫磷（0.2％）等杀虫剂混合湿拌，对麦蚜、麦蜘蛛、地下害虫、条锈病、白粉病、黑穗病、全蚀病等有较好的防治效果，可起到一药多治的功效。

5.3　苗期阶段

冬小麦秋苗阶段，以秋苗条锈病为重点，兼顾白粉病、黄矮病、麦蚜等，开展病虫越冬基数的普查和系统监测，掌握越冬病（虫）源基数，为翌年发生趋势预测预报提供基础数据。对常年黄矮病等病毒病发生严重的地区，注意治虫防病工作，减少灰飞虱、蚜虫等传毒昆虫的虫源。当麦二叉蚜有蚜株率 20％，百株蚜量达 50 头以上且早播麦田面积大，天气温暖时，及时喷药防治。可用选择性杀虫剂如啶虫脒、吡虫啉、吡蚜酮、抗蚜威等药剂喷雾防治。清除麦田杂草和自生麦苗，减少传毒昆虫的夏寄主和毒源植物。锄地除草、适量追肥，有利于小麦的生长发育，发挥小麦受害后自我补偿作用。

于小麦 3 叶 1 心至 5 叶期，根据田间杂草种类，选择除草剂适期喷雾除草。以每亩 15％银极镖（炔草酯）可湿性粉剂 20 克防除野燕麦（15％炔草酯可湿性粉剂、7.5％啶磺草胺水分散粒剂、6.9％精噁唑禾草灵水乳剂、50％炔草酸·唑啉草酯乳油等推荐剂量对野燕麦效果均达 80％以上），每亩兑水 20 升茎叶喷雾。

5.4 孕穗至灌浆阶段

在病虫发生动态系统监测的基础上，做好防治措施的协调应用，未达到防治指标者不进行防治。当高感、中感和慢锈品种在扬花—灌浆期条锈病病情指数分别达到 0.17％、0.46％和 1.44％时，及时采用三唑类杀菌剂进行喷雾防治。麦蚜株率 50％以上（百株蚜量 500 头以上，天敌和蚜虫益害比例小于 1：150）、白粉病病茎率 20％时进行喷药防治。当多种病虫混合发生时，提倡杀菌剂（如 15％三唑酮可湿性粉剂 50 克/亩）与杀虫剂（如 50％抗蚜威 10 克/亩）混合喷雾，在小麦抽穗至扬花期连喷 2 次，对条锈病、白粉病、蚜虫、麦蜘蛛等多种病虫害防效优异。

防治小麦赤霉病应在齐穗期至花后 5 天，用 80％多菌灵可湿性粉剂（50 克/亩）或 70％甲基硫菌灵可湿性粉剂（50～75 克/亩）低量喷雾（用水 30 升/亩），可兼治小麦多种叶枯病。

5.5 乳熟至成熟阶段

本阶段重点是做好小麦品种抗性评价、防治效果评估和产量测定工作。

6 施药注意事项

（1）施药后 6 小时无降雨。

（2）不重喷、不漏喷。

（3）凡接触药物人员必须按有关使用有毒物品规则的要求戴好防毒用具，工作中严禁饮食与吸烟，工作结束及时清洗手脸。

（4）喷药用后的药品包装容器应收回妥善处理，未用完的药品存放于干燥、阴暗的房间。

起草人：姚强　郭青云　闫佳会　侯璐

起草单位：青海省农林科学院

新疆果树-小麦间作模式下麦田除草剂减施增效技术

1　范围

本文件规定了果树-小麦间作模式下麦田主要杂草种类、农药减施方法。

本文件适用于南疆果树-小麦间作模式下麦田除草剂减量施用。

2　规范性引用文件

下列文件对于本文件的应用是必不可少的。凡是注日期的引用文件，仅所注日期的版本适用于本文件。凡是不注日期的引用文件，其最新版本（包括所有的修改单）适用于本文件。

NY/T 393—2013　绿色食品——农药使用准则

DB11/T 925—2012　小麦主要病虫草害防治技术规范

3　术语和定义

下列术语和定义适用于本文件。

3.1　农业防治

结合农事操作过程中的各种具体措施，有目的地创造有利于作物生长发育而不利于有害生物发生的农田环境，达到消灭或抑制有害生物的目的。

3.2　物理防治

指利用各种物理因子、机械设备等来消灭或抑制有害生物的防治方法。

3.3　化学防治

指使用化学农药来防治有害生物的防治方法。

3.4　农药助剂

农药助剂指本身无生物活性，但与某种农药混用时，能大幅度提高农药的毒力和药效的一类助剂。农药增效剂的作用机理主要是抑制或弱化靶标（害虫、杂草、病菌等）对农药活性的解毒防药害作用，延缓药剂在防治对象内的代谢速度，从而增加生物防效。增效剂本身并无活性，但与相应的农药混用时，能明显改善其润湿、展布、分散、滞留和渗透性能，减少喷雾药液随风（气流）飘移，防止或减轻对邻近敏感作物等的损害，利于药液在叶面铺展及黏附、减少紫外线对农药制剂中有效成分的分解，达到延长药效、提高其生物活性、减少用量、降低成本、保护生态环境的目的。

3.5　除草剂减施增效

结合农业防治、物理防治等方法，利用高杆喷雾、无人机等先进作业设备，再加上使用助剂来降低除草剂的使用量，且达到除草效果。

4 果树-小麦间作模式下麦田杂草种类

果树-小麦间作模式下麦田杂草有 37 种，危害严重的阔叶杂草有：播娘蒿［*Descurainia sophia*（L.）Schur.］、灰藜（*Chenopodium glaucum* L.）、萹蓄（*Polygonum aviculare* L.）、离蕊芥［*Malcolmia africana*（L.）R. Br.］、大刺儿菜（*Cephalanoplos setosum* Kitsm.）。禾本科杂草有：硬草（*Sclerochloa kengiana* Tzvel.）、雀麦（*Bromus japonicas* Thund.）和稗草［*Echinochloa crusgalli*（L.）Beauv.］。

5ˋ 施药器械

应摒弃传统的背负式手动喷雾器，尽可能选择拖拉机式喷雾器，有条件的地方可以选择无人机飞防施药，即使条件差的地方，也要选择背负式电动喷雾器，这样可以提高药滴雾化程度，提高农药利用率。

6 农药助剂

农药增效剂基本组成为有机硅聚氧乙烯醚化合物，具有低的表面张力，良好的展着性、渗透性及乳化分散性，是一种新型高效的农药助剂。甲酯化植物油也是一种农药增效剂。

7 果树-小麦间作模式下麦田除草剂减施增效技术

7.1 农业防治

7.1.1 精选良种
经过精选的小麦良种，可以减少混在种子中的杂草。

7.1.2 轮作灭草
不同作物常有伴生杂草或寄生杂草，这些杂草所需生态环境与作物极相似，如播娘蒿，它在麦田里很多，一旦和棉花轮作换茬，改变其生态环境，便可明显减轻其危害。

7.2 物理防治

7.2.1 机械除草
播前深翻除草和苗期中耕除草。

7.2.2 人工除草
施用除草剂后，对麦田存活的较大的杂草进行人工拔除。

7.3 化学防治

7.3.1 常规喷雾防治
7.3.1.1 防除麦田阔叶杂草
采用背负式手动喷雾器、背负式电动喷雾器及拖拉机式喷雾器施药，在播娘蒿、灰藜等阔叶杂草发生危害重的麦田，可用 10% 苯磺隆可湿性粉剂 9～10.5 克/亩（除草剂减量 30%～40%）加助剂激健 15 毫升/亩或 6% 双氟·唑草酮油悬浮剂 9～10.5 毫升/亩（除草剂减量 30%～40%）加助剂激健 15 毫升/亩，于小麦拔节前，阔叶杂草 2～4 叶期喷雾施用，用水量 30 升/亩。

7.3.1.2　防除麦田禾本科杂草

在禾本科杂草硬草、稗草等为主要危害杂草的田块，可选用 15%炔草酯乳油 12～14 毫升/亩（除草剂减量 30%～40%）加助剂激健 15 毫升/亩或 5%唑啉·炔草酯乳油 48～56 毫升/亩（除草剂减量 30%～40%）加助剂激健 15 毫升/亩，于小麦拔节前，禾本科杂草 1～3 叶期喷雾施用，用水量 30 升/亩。

在禾本科杂草雀麦为主要危害杂草的田块，可选用 7.5%啶磺草胺水分散粒剂 12.5 克/亩，于小麦拔节前，禾本科杂草 1～3 叶期喷雾施用，用水量 30 升/亩。

7.3.1.3　防除麦田阔叶杂草和禾本科杂草

在麦田禾本科杂草硬草与阔叶杂草混合发生危害的地块，可选用 5%唑啉·炔草酯乳油 48～56 毫升/亩（除草剂减量 30%～40%）＋10%苯磺隆可湿性粉剂 9～10.5 克/亩（除草剂减量 30%～40%）＋助剂激健 15 毫升/亩，于小麦拔节期前，杂草 1～4 叶期喷雾使用，用水量 30 升/亩。

在麦田禾本科杂草雀麦与阔叶杂草混合发生危害的地块，可选用 7.5%啶磺草胺水分散粒剂 12.5 克/亩＋10%苯磺隆可湿性粉剂 9～10.5 克/亩（除草剂减量 30%～40%）＋助剂激健 15 毫升/亩，于小麦拔节期前，杂草 1～4 叶期喷雾使用，用水量 30 升/亩。

7.3.2　小型无人机超低量喷雾防治

有条件的可选用小型无人机对播娘蒿、灰藜等阔叶杂草开展超低量喷雾防治，可用 20%双氟·氟氯酯水分散粒剂 5 克/亩＋红雨燕飞防专用助剂 20 毫升/亩或迈飞飞防专用增效剂 20 毫升/亩，于小麦拔节前，阔叶杂草 2～4 叶期喷雾施用，用水量 1 升/亩。

　　　　　　　起草人：高海峰　李广阔　陈署晃　雷钧杰　沈煜洋　赖宁　周琰　李英伟
起草单位：新疆农业科学院植物保护研究所、新疆农业科学院土壤肥料与农业节水研究所、
　　　　　新疆农业科学院粮食作物研究所、泽普县农业技术推广中心、伽师县农业局

新疆果树-小麦间作麦田农药减施增效技术

1 范围

本文件规定了果树-小麦间作模式下麦田主要病虫害综合防治策略、施肥措施、抗病育种和农药减施防治技术。

本文件适用于果树-小麦间作模式下麦田主要病虫害综合防治。

2 规范性引用文件

下列文件对于本文件的应用是必不可少的。凡是注日期的引用文件，仅所注日期的版本适用于本文件。凡是不注日期的引用文件，其最新版本（包括所有的修改单）适用于本文件。

GB/T 8321—2000　农药合理使用准则

GB/T 25415—2010　航空施用农药操作总则

NY/T 496—2010　肥料合理使用准则　通则

NY/T 612—2002　小麦蚜虫测报调查规范

NY/T 613—2002　小麦白粉病测报调查规范

NY/T 3302—2018　小麦主要病虫害全生育期综合防治技术规程

NY/T 1276—2007　农药安全使用规范　总则

NY/T 3213—2018　植保无人机　质量评价技术规范

T/CCPIA 021—2019　植保无人飞机防治小麦病虫害施药指南

DB41/T 1500—2017　河南省小麦有害生物综合防治技术规范

3 术语和定义

下列术语和定义适用于本文件。

3.1 绿色防控

绿色防控是以保护农作物、减少化学农药使用为目标，协调运用农业防治、物理防治、生物防治、生态调控等手段，科学、合理、安全使用农药，有效控制农作物病虫害，确保农作物生产安全、农产品质量安全和农业生态环境安全，促进农业增产、农民增收。

3.2 农药助剂

农药助剂指本身无生物活性，但与某种农药混用时，能大幅度提高农药的毒力和药效的一类辅助物质。农药助剂主要是抑制或弱化靶标（害虫、杂草、病菌等）对农药活性的解毒防药害作用，延缓药剂在防治对象内的代谢速度，从而增加防效。农药助剂具有减少喷雾药液随风（气流）飘移，利于药液在叶面铺展及黏附，提高其生物活性，减少用量，降低成本，保护生态环境的作用。

3.3 农药减施增效

结合农业防治、物理防治、生物防治、生态调控、化学防治等方法，利用机械喷雾、植保无人机等先进作业设备，再加上使用助剂来降低农药的使用量，达到防治病虫害的效果。

4 防控原则

坚持"预防为主，综合防治"的植保方针，整体遵循"科学监测，精准防控"的原则，采取以环境友好型化学防治技术为核心，集生物防治、物理防治、农业防治、生态调控等诸多技术相协调的综合防控措施，在保证小麦有害生物整体防效的基础上，最大限度地减少用药量和施药次数，促进麦田生态系统的良性循环，达到持续防控的目的。

5 果树-小麦间作模式下麦田农药减施技术

5.1 果树-小麦间作模式下小麦白粉病防控化学农药减施技术

5.1.1 农业防治

（1）不同品种间抗病性存在差异，目前生产中种植的主要品种不抗（耐）白粉病，应加快抗病品种的选育。

（2）小麦收获后及时深耕、深翻消灭病残体和自生苗，减少病源。

（3）合理密植：密度过大，田间通风透光差；湿度大，植株细弱易倒伏，有利于病害发生。

（4）加强水肥管理，按照 NY/T 496 的规定执行。

5.1.2 化学防治

（1）喷雾防治

小麦灌浆期小麦白粉病病茎率达到 15%～20% 或病叶率达到 5%～10% 时，应开展大面积应急防治，可用 25% 丙环唑乳油 30 毫升/亩、40% 腈菌唑可湿性粉剂 20 克/亩或选择相适应的农药产品喷雾防治。

（2）植保无人机喷雾防治

植保无人机的选择按照 NY/T 3213 的规定执行，植保无人机喷施农药的方法和基本要求按照 GB/T 25415 的规定执行。

小麦灌浆期小麦白粉病病茎率达到 15%～20% 或病叶率达到 5%～10% 时（按照 NY/T 613 的规定执行），应开展大面积应急防治，可用 25% 丙环唑乳油 30 毫升/亩、40% 腈菌唑可湿性粉剂 20 克/亩或选择相适应的农药产品，进行植保无人机喷雾作业防治。

5.2 果树-小麦间作模式下小麦蚜虫防控化学农药减施技术

5.2.1 农业防治

（1）加强田间管理、合理施肥灌水。

（2）清除田间杂草和自生苗，可减少害虫的适生地和越夏寄主。

（3）种植早熟品种，抽穗成熟可相应提前，以减轻危害。

5.2.2 物理防治

按照 DB41/T 1500—2017 的规定执行。

5.2.3　生态调控

充分保护利用自然天敌，当益害比在 1∶150 以上，若天敌数量明显上升时也可不用化学药剂防治。

在实现防治靶标害虫蚜虫的同时，选择对果树-小麦生态系统，尤其是对蚜虫的天敌没有不良影响或影响较小的植物源、微生物农药。

5.2.4　化学防治

（1）喷雾防治

小麦灌浆期小麦蚜虫百株蚜量达 500 头以上时，应立即喷雾防治。可用 5％吡虫啉可湿性粉剂 30 克/亩、22％氟啶虫胺腈悬浮剂 10 毫升/亩或选择相适应的农药产品喷雾防治。

（2）植保无人机喷雾防治

小麦灌浆期小麦蚜虫百株蚜量达 500 头以上时，应立即喷雾防治。可用 5％吡虫啉可湿性粉剂 30 克/亩、22％氟啶虫胺腈悬浮剂 10 毫升/亩或选择相适应的农药产品，进行无人机喷雾作业防治。

起草人：高海峰　李广阔　陈署晃　雷钧杰　沈煜洋　赖宁　刘忠堂　张新志　周琰　李英伟

起草单位：新疆农业科学院植物保护研究所、新疆农业科学院土壤肥料与农业节水研究所、新疆农业科学院粮食作物研究所、喀什地区农业技术推广中心、泽普县农业技术推广中心、

伽师县农业局

新疆滴灌冬小麦主要有害生物绿色防控技术

1　范围

本文件规定了滴灌冬小麦有害生物综合防控的术语和定义、防控原则、防控措施等要求。本文件适宜于新疆滴灌冬小麦有害生物的绿色防控。

2　规范性引用文件

下列文件对于本文件的应用是必不可少的。凡是注日期的引用文件，仅所注日期的版本适用于本文件。凡是不注日期的引用文件，其最新版本（包括所有的修改单）适用于本文件。

NY/T 393—2013　绿色食品——农药使用准则

DB11/T 925—2012　小麦主要病虫草害防治技术规范

3　术语与定义

下列术语和定义适用于本文件。

3.1　综合防控

综合防控指从农业生产的全局和农业生态系统的总体出发，根据病、虫、杂草发生危害的规律，结合当时当地的具体情况，科学地协调农业防治、化学防制、物理防治、生物防治等措施，达到经济、简便、安全、有效地控制病、虫、杂草危害的目的。

3.2　农药助剂

农药助剂指本身无生物活性，但与某种农药混用时，能大幅度提高农药的毒力和药效的一类助剂。农药助剂主要是抑制或弱化靶标（害虫、杂草、病菌等）对农药活性的解毒防药害作用，延缓药剂在防治对象内的代谢速度，从而增加防效。农药助剂具有减少喷雾药液随风（气流）飘移，利于药液在叶面铺展及黏附，提高其生物活性，减少用量，降低成本，保护生态环境的作用。

4　防控原则

坚持"预防为主，综合防治"的植保方针，整体遵循"科学监测，精准防控"的原则，采取以环境友好型化学防治技术为核心，集生物防治、物理防治、农业防治、生态调控等诸多技术相协调的综合防控措施，在保证小麦有害生物整体防效的基础上，最大限度地减少用药量和施药次数，促进麦田生态系统的良性循环，达到持续防控的目的。

5　防控措施

5.1　播种期

防治对象：防治种传、土传病害和气传病害。种传病害有小麦黑穗病，土传病害有小麦雪腐雪霉病、小麦根腐病，气传病害有小麦锈病和白粉病。

5.1.1 农业防治

（1）合理轮作倒茬

与棉花、油菜等作物进行 4～5 年轮作，能收到较好的防效。

（2）适时播种

冬小麦不宜播种过迟，播种深度 3～4 厘米。

（3）合理密植

密度过大，田间通风透光差；湿度大，植株细弱易倒伏，有利于病害发生。

（4）避免偏施氮肥

注意增施磷、钾肥，增强小麦抗病力。

（5）清除自生麦苗

小麦锈病和白粉病在自生麦苗上越夏，传染给秋苗，清除自生麦苗，一定程度上减少病原菌越夏菌源，降低病菌基数。

5.1.2 化学防治

（1）小麦黑穗病

选用 3％苯醚甲环唑（敌萎丹）、萎锈灵悬浮种衣剂或 2.5％咯菌腈（适乐时）200 毫升，加水 1.8 升混匀，包衣 100 千克种子。

（2）小麦根腐病

选用 24％福美双·三唑醇悬浮种衣剂按药种比 1∶50 包衣，或 15％三唑酮可湿性粉剂按种子重量的 0.5％的剂量拌种。

（3）小麦雪腐、雪霉病

用健壮（氟环·咯·苯甲）200 毫升加水 1.8 升混匀，包衣 100 千克种子。

5.2 返青—拔节期

防治对象：麦田阔叶和禾本科杂草。阔叶杂草主要有藜、田旋花、卷茎蓼，禾本科杂草主要以野燕麦为主，其他杂草还包括苦苣菜、萹蓄、刺儿菜、稗草、狗尾草等。

5.2.1 农业防治

（1）轮作换茬

不同作物常有自己伴生杂草或寄生杂草，这些杂草所需生态环境与作物极相似，如轮作换茬，改变其生态环境，便可明显减轻其危害。

（2）清除田头、路边、沟渠杂草

田边、路边、沟边、渠埂杂草是田间杂草的来源之一，必须认真清除上述"三边"杂草，特别是在杂草种子成熟之前采取防除措施，则杜绝其扩散的效果会更加显著。

5.2.2 化学防治

（1）喷雾防治

防除阔叶杂草：用 20％双氟·氟氯酯水分散粒剂 3.0～5.0 克/亩，杂草 2～4 叶、小麦拔节前喷雾施用，每亩用水 30 升。

防除禾本科杂草：选用 5％唑啉·炔草酯乳油 80.0～100.0 毫升/亩、7％双氟·炔草酯可分散油悬浮剂 70.0～80.0 毫升/亩，禾本科杂草 1～3 叶期喷雾施用，用水量 30 升/亩。

（2）无人机超低量喷雾防治

在麦田阔叶杂草发生期，使用 20%双氟·氟氯酯水分散粒剂 3.0～5.0 克/亩，再加上红雨燕飞防助剂 20 毫升/亩，进行无人机喷雾作业防治。

5.3　穗期病害

穗期病害主要有小麦条锈病、叶锈病和白粉病。

5.3.1　农业防治

加强水肥管理，增强植株抗逆性；避免偏施氮肥，注意增施磷、钾肥，增强小麦抗病力。

5.3.2　化学防治

（1）喷雾防治

根据小麦锈病和白粉病预测预报结果，在病害发生初期，即进行防治，做到发现一点、防治一片，普治与挑治相结合，可用 25%丙环唑乳油 30～35 毫升/亩或 40%腈菌唑可湿性粉剂 20 毫升/亩喷雾防治，用水量 30 升/亩。

（2）无人机超低量喷雾防治

根据小麦锈病和白粉病预测预报结果，在病害发生初期，即进行防治，做到发现一点、防治一片，普治与挑治相结合，可用 40%腈菌唑可湿性粉剂 20 毫升/亩，加红雨燕飞防助剂 20 毫升/亩，进行无人机喷雾作业防治。

5.4　穗期虫害

穗期虫害主要有小麦皮蓟马、蚜虫和负泥虫。

5.4.1　农业防治

加强田间管理、合理施肥灌水；清除田间杂草和自生苗，可减少害虫的适生地和越夏寄主；种植早熟品种，抽穗成熟可相应提前，以减轻危害。

5.4.2　物理防治

在麦蚜、皮蓟马发生期，可利用黄板诱杀蚜虫，每亩均匀插挂 15～30 块黄板，高出小麦 20～30 厘米。

5.4.3　生物防治

充分保护利用自然天敌，如多异瓢虫、十一星瓢虫、大灰食蚜蝇、草蛉、蚜茧蜂等。当天敌与蚜虫比大于 1∶150 时，不必进行化学防治；当益害比在 1∶150 以上，若天敌数量明显上升时也可不用化学药剂防治。

5.4.4　化学防治

（1）喷雾防治

根据麦田虫害预测预报结果，在虫害发生期，可用 5%吡虫啉可湿性粉剂 30 克/亩或 22%氟啶虫胺腈悬浮剂 10 毫升/亩喷雾防治，用水量 30 升/亩。

（2）无人机超低量喷雾防治

根据麦田虫害预测预报结果，在虫害发生初期，可用 22%氟啶虫胺腈悬浮剂 10 毫升/

亩，加红雨燕飞防助剂 20 毫升/亩，进行无人机喷雾作业防治。

起草人：高海峰　李广阔　白微微　陈署晃　雷钧杰　赖宁　沈煜洋　王燕
起草单位：新疆农业科学院植物保护研究所、新疆农业科学院土壤肥料与农业节水研究所、
新疆农业科学院粮食作物研究所、奇台县农业技术推广中心

内蒙古小麦病虫草害绿色防控技术

1 范围

本文件规定了内蒙古小麦病虫草害绿色防控技术，提出病虫草害防治策略、农业防治、物理防治、化学防治技术措施。

本文件适用于内蒙古小麦病虫草害的绿色防控。

2 规范性引用文件

下列文件中条款，通过在本规程的引用而成为本规程的条款。凡是注日期的引用文件，其随后所有的修改单（不包括勘误的内容）或修订版均不适用于本规程，然而，鼓励根据本规程达成协议的各方研究是否可使用这些文件的最新版本。凡是不注日期的引用文件，其最新版本适用于本规程。

GB/T 8321—2000 农药合理使用准则

NY/T 1276—2007 农药安全使用规范 总则

NY/T 496—2010 肥料合理使用准则通则

NY/T1608—2008 小麦赤霉病防治技术规范

3 术语和定义

下列术语和定义适用于本文件。

3.1 绿色防控

绿色防控是指从农田生态系统整体出发，以农业防治为基础，积极保护利用自然天敌，恶化病虫的生存条件，提高农作物抗虫能力，在必要时合理使用化学农药，将病虫危害损失降到最低限度。它是持续控制病虫灾害，保障农业生产安全的重要手段。通过推广应用生态调控、生物防治、物理防治、科学用药等绿色防控技术，以达到保护生物多样性、降低病虫害暴发概率的目的。同时，它也是促进标准化生产，提升农产品质量安全水平的必然要求；是降低农药使用风险，保护生态环境的有效途径。

3.2 农药助剂

农药助剂指本身无生物活性，但与某种农药混用时，能大幅度提高农药的毒力和药效的一类助剂。农药助剂主要是抑制或弱化靶标（害虫、杂草、病菌等）对农药活性的解毒防药害作用，延缓药剂在防治对象内的代谢速度，从而增加防效。农药助剂具有减少喷雾药液随风（气流）飘移，利于药液在叶面铺展及黏附，提高其生物活性，减少用量，降低成本，保护生态环境的作用。

3.3 农药减施增效

结合农业防治、物理防治、生物防治、化学防治等方法，利用高杆喷雾、无人机等先进作业设备，再加上使用助剂来减少生产中化学农药的投入使用，实现农产品产量与质量安全、农业生态环境保护相协调的可持续发展，同时降低农业生产成本，促进农民节本增效。

4 内蒙古春小麦农药减施技术

4.1 防控原则

坚持"预防为主，综合防治"的植保方针，突出生态控制、物理防治、生物防治等绿色防控技术，加强田间病虫情监测，科学合理使用化学防治，病害重在预防，虫害达标防治。

4.2 农业防治措施

4.2.1 选用抗（耐）病品种

因地制宜选用高产稳产抗耐病品种：西部区选择永良4号等，东部区主要选择龙麦33号、龙麦35号、克春4号、克春5号、克春8号。

4.2.2 合理轮作倒茬

与油菜、水飞蓟、甜菜等作物进行4～5年轮作，能收到较好的防效。

4.2.3 适期播种，合理密植

根据小麦品种特性、播种时间和土壤墒情，确定合理的播种量，实施健身栽培，培植丰产防病的小麦群体结构，防止田间郁蔽，避免倒伏，减轻病害发生。

4.2.4 科学肥水管理

实行测土配方施肥，适当增加有机肥和磷、钾肥，改善土壤肥力，促进植株生长；合理灌溉，及时排水和灌水，控制田间湿度；及时清除田间杂草，改善田间通风透光条件，提高植株抗病性。

4.3 化学防治措施

4.3.1 使用原则

优先选用微生物农药和植物源农药，合理使用高效、低毒、低残留的化学农药；禁止使用剧毒、高毒、残留期较长的农药。科学轮换用药，优先轮换使用具有负交互抗性的农药；坚持一喷多防、治"主"兼"次"，积极使用农药减量增效助剂，切实降低化学农药使用次数和用药量。注重选用芸薹素内酯、赤霉素、氨基酸寡糖素等植物生长调节剂，增强小麦植株抗逆性。

4.3.2 主要技术措施

重点抓好小麦播种期、苗期病虫草害防治关键时期，小麦播种时大力推行种子包衣、药剂拌种技术，苗后加强田间病虫情的田间调查，抓好东部区小麦赤霉病的预测预报工作，病虫发生达到防治指标的田块及时开展化学防控。

4.4 播种期

4.4.1 防治对象

黑穗病、根腐病、蛴螬、金针虫、蝼蛄、蚜虫、麦蜘蛛等。

4.4.2　技术措施

西部区主要防治黑穗病：小麦种子用 6％福·戊可湿性粉剂拌种。种衣剂用量 0.7 克/千克种子（种衣剂常规用量的 70％），每千克种子助剂激健用量为 0.75 毫升。加水拌匀阴干。减少病菌侵染。

东部区主要针对黑穗病、根腐病及地下害虫及苗期蚜虫：每千克种子采用 10％吡虫啉 0.9 克、6％福·戊可湿性粉剂 0.7 克、0.75 毫升农药助剂激健，加入 0.8％维大利（VDAL）0.007 5 克搅拌拌种。

4.5　苗期

4.5.1　防治对象

杂草。

4.5.2　防治指标

小麦 3～4 叶期。

4.5.3　技术措施

西部区：采用 10％苯磺隆可湿性粉剂 7.0 克/亩加入农药助剂 HPP10.0 毫升/亩，兑水 30 千克进行喷雾处理。

东部区：单一阔叶草发生区：喷施 50 克/升双氟磺草胺悬浮剂 3.5 毫升/亩＋10％唑草酮可湿性粉剂 10.5 克/亩＋助剂 HPP10 毫升/亩。东部区阔叶杂草与禾本科杂草混生区：上述东部区用药基础上加用 15％炔草酯可湿性粉剂 17.5 克/亩或 5％唑啉草酯乳油 42 毫升/亩。

4.6　穗期

4.6.1　防治对象

在小麦开始见花时，以赤霉病预防为中心实施总体防治。

4.6.2　防治指标

小麦抽穗至扬花期，根据预测小麦赤霉病病穗率是否达到 3％作为防治指标。

4.6.3　技术措施

预防赤霉病，选择渗透性、耐雨水冲刷性、持效性较好且对白粉病、锈病有兼治作用的农药，如氰烯·戊唑醇、戊唑·咪鲜胺、丙硫·戊唑醇、咪鲜·甲硫灵、苯甲·多抗、苯甲·丙环唑、戊唑·百菌清、井冈·蜡芽菌、甲硫·戊唑醇、戊唑·多菌灵、咪锰·多菌灵、戊唑·福美双、氰烯菌酯、甲基硫菌灵、60％多·酮和 80％多菌灵可湿粉剂等。减少农药用量 30％，兑水加入农药助剂 HPP10 毫升/亩进行喷雾预防，同时抽穗期喷施 1 毫克/千克 VDAL 增加千粒重；若花期多雨或多雾露，应在药后 5～7 天，再喷施农药防治一次，根据气候变化等视情开展第三次防治。

起草人：景岚　路妍　宋阳　张永平　贾立国　王小兵　靳存旺　敖勐旗　骆璎珞
起草单位：内蒙古农业大学、内蒙古农牧业科学研究院、巴彦淖尔市五原县农业技术推广中心、
　　　　　呼伦贝尔市种子管理站、呼伦贝尔市谢尔塔拉农科中心

黑龙江春小麦农药减量使用技术

1 范围

本文件规定了黑龙江省春小麦种子处理农药减量使用，除草剂减量施用和杀菌剂、杀虫剂减量施用技术规范。

2 规范性引用文件

下列文件对于本文件的应用是必不可少的。凡是注日期的引用文件，仅限所注日期的版本适用于本文件。凡是不注日期的引用文件，其最新版本（包括所有的修改单）适用于本文件。

NY/T 1276—2007　农药安全使用规范　总则

GB 4404.1—2008　粮食作物种子　禾谷类

GB/T3543.1—3543.7—1995　种子检验规程

GB/T 8321.2—2000　农药合理使用准则（二）

GB/T 8321.3—2000　农药合理使用准则（三）

GB/T 8321.4—2000　农药合理使用准则（四）

GB/T 8321.6—2000　农药合理使用准则（六）

GB /T 8321.9—2000　农药合理使用准则（九）

NY/T1997—2011　除草剂安全使用技术规范通则

DB51/337—2003　无公害农产品农药使用准则

DB/T 925—2012　小麦主要病虫草害防治技术规范

3 术语和定义

3.1 农药助剂

农药助剂指本身无生物活性，但与某种农药混用时，能大幅度提高农药的毒力和药效的一类物质。农药助剂具有减少喷雾药液随风（气流）飘移，利于药液在叶面铺展及黏附，提高其生物活性，减少用量，降低成本，保护生态环境的作用。

3.2 农药减施增效

指结合农业防治、物理防治、生物防治、化学防治等方法，利用先进喷雾作业设备，再加上使用助剂来降低农药的使用量，达到减少农药用量、不降低病虫草害防治效果的可能。

3.3 种子包衣

指利用黏着剂或成膜剂，用特定的种子包衣机，将杀菌剂、杀虫剂、微肥、植物生长调节剂、警戒色或填充剂等非种子材料，包裹在种子外面，以达到种子成球形或者基本保持原有形状，提高抗逆性、抗病性，加快发芽，促进成苗，增加产量，提高质量的一项种子处理技术。

3.4 包衣种子

指经过包衣处理，表面包涂种衣剂的种子。

3.5 苗后茎叶处理

在杂草出苗后，直接将除草剂喷洒于植株上，将杂草防治在幼苗期。

4 黑龙江春小麦种子处理农药减量技术

4.1 播种期农药减施技术

防治对象为种传病害和土传病害小麦根腐病、黑穗病。

4.1.1 种子处理剂

（1）6％戊唑·福美双可湿性粉剂（有效成分为2％戊唑醇、4％福美双）。

（2）2.5％咯菌腈（适乐时）悬浮种衣剂。

（3）15％三唑酮可湿性粉剂。

4.1.2 选用增效助剂

（1）激健，按种子重量的0.075％添加。

（2）浸透，按种子重量的0.02％添加。

4.1.3 种子处理

种子处理剂用法和用量参照农药标签说明。按药种比量取助剂添加到农药标签说明用量减量30％的种衣剂中，两者混匀，用包衣机或人工进行小麦种子包衣处理，要求达到小麦种子着色均匀，自然阴干后播种。

4.2 除草农药减施技术

4.2.1 喷洒技术要求

苗后茎叶处理喷洒除草剂要在杂草基本出齐、小麦4～5叶期、杂草2～5叶期喷洒，选用流量及扇面角度小的扇形雾喷嘴，喷洒雾滴适宜直径为250～400微米，喷洒内吸性农药雾滴密度30～40个/厘米^2，触杀型农药50～70个/厘米^2，喷雾压力0.3～0.4兆帕，喷杆喷雾机喷洒苗后除草剂喷液量为5～6.7升/亩。施药时车速6～8千米/时，匀速行驶，避免重喷漏喷和盲目加大用药量。

4.2.2 以阔叶草为主的麦田可使用的除草剂

（1）20％异辛酯悬浮剂。

（2）10％苯磺隆可湿性粉剂。

（3）25％噻吩磺隆水分散粒剂。

用法和用量参照农药标签说明。

4.2.3 以禾本科杂草为主的麦田可使用的除草剂

69克/升精噁唑禾草灵水乳剂，用法和用量参照农药标签说明。

4.2.4 选用的增效助剂

（1）LUCROP HPP，施用剂量 10 毫升/亩。

（2）激健，施用剂量 15 毫升/亩。

（3）浸透，施用剂量 5 毫升/亩。

添加助剂后，除草剂可减量 30% 施用。

4.2.5 助剂使用方法

将助剂加少量水稀释后混入装有除草剂的药桶内，搅拌均匀后喷施即可。

4.3 小麦赤霉病防治农药减施技术

小麦赤霉病防治时期和防治指标：赤霉病药剂防治的最佳施药时期是小麦扬花期。穗部显症多在乳熟期，显症后喷药已经过迟。一般可采用"西农云雀"小麦赤霉病自动监测预警系统在小麦扬花期以前预测当年赤霉病发病率，预测病穗率大于 10%，进行药剂防治。病穗率小于 10%，可不必进行药剂防治。

化学防治

48% 氰烯菌酯·戊唑醇悬浮剂 20～28 克（有效成分）/亩，或 25% 氰烯菌酯悬浮剂 25 克（有效成分）/亩，按选用的喷雾设备要求兑水均匀喷雾。可隔 5～7 天再喷 1 次，喷药时要重点对准小麦穗部。添加助剂激健 15 毫升/亩可减少 30% 药剂用量。

4.4 小麦虫害防治农药减施技术

防治对象：麦蚜，黏虫。

麦蚜防治指标：麦蚜主要是麦二叉蚜和麦长管蚜，化学防治指标为百株（穗）蚜量超过 500 头，天敌单位与蚜虫比例小于 1：100～150，短期内无大雨。

黏虫防治：黏虫是远距离迁飞性、暴发性害虫，做好黏虫测报工作。采用诱蛾器或测报灯等诱测成虫蛾量，观测时间自 5 月 10 日至 6 月 30 日。

预报指标：自激增之日起，一台诱蛾器连续三天累计诱蛾量在 500 头以下为轻发生，500～1 000 头为中等发生，1 000 头以上重发生。

防治指标：每百株 1～2 龄幼虫 10 头以上，3～4 龄幼虫 30 头以上，需要进行药剂防治。

4.4.1 农业防治

选育和推广抗性品种。

保护利用天敌，充分发挥自然控制力。当天敌与麦蚜比大于 1：150 时，不必进行化学防治，麦蚜即会被控制在防治指标以下。麦田用药应选择对天敌安全的药剂如抗蚜威等，减少用药次数及药量，尽量避开天敌敏感期施药。风雨对麦蚜具有强烈的杀伤控制作用，当防治适期遇风雨天气时，可推迟防治或不进行化学防治。

4.4.2 化学防治

蚜虫防治：当平均单株蚜量达到 5 头、益害比小于 1：150、近日又无大风雨时，及时进行药剂防治。防治选用药剂 3% 啶虫脒可湿性粉剂 20～30 克/亩，或 35% 吡虫啉 4.0～5.3 克/亩，或 2.5% 功夫乳油 10～15 克/亩喷雾。并可结合喷施叶面肥加喷施宝、磷酸二氢钾等微肥混合，按选用的喷雾设备要求兑水喷雾，以达到促进小麦籽粒成熟饱满、增加粒重、预防干热风、增加产量的目的。

　　黏虫防治：防治适期掌握在低龄幼虫（3龄前）盛期。防治药剂选用50%辛硫磷乳油50~60毫升/亩，或25%除虫脲可湿性粉剂20克/亩，或2.5%高效氯氰菊酯乳油20毫升/亩，或2.5%溴氰菊酯乳油50毫升/亩，或48%乐斯本乳油50毫升/亩等，按选用的喷雾设备要求兑水喷雾。添加助剂激健15毫升/亩可减少30%药剂用量。

起草人：左豫虎　孔祥清　柯希望
起草单位：黑龙江八一农垦大学

第三章　小麦化肥农药减施综合技术

陕西关中灌区小麦化肥农药减施增效技术

1　范围

本文件规定了冬小麦化肥农药减施增效栽培的品种选择、产量指标、管理目标、播种技术、施肥技术、田间管理、病虫害防治、收获等配套技术规程。

本文件适用于陕西关中灌区冬小麦化肥农药减肥增效管理。

2　规范性引用文件

下列文件对于本文件的应用是必不可少的。凡是注日期的引用文件，仅所注日期的版本适用于本文件。凡是不注日期的引用文件，其最新版本（包括所有的修改单）适用于本文件。

NY/T 496—2010　肥料合理使用准则　通则

DB61/T 957—2015　水地冬小麦生产技术规程

NY/T 889—2004　土壤速效钾和缓效钾含量的测定

HJ 634—2012　土壤氨氮、亚硝酸盐氮、硝酸盐氮的测定　氯化钾溶液提取-分光光度法

3　术语与定义

下列术语与定义适用于本文件。

3.1　秸秆还田

指玉米收获时将秸秆全部粉碎成小于 5 厘米的小节，均匀覆盖在地表。小麦播前深翻或者旋耕，使秸秆与土混匀混全的耕作方式。

3.2　监控施肥

指基于对土壤有效氮、磷和钾养分测定，判定土壤养分的供应能力，结合目标产量，制定氮、磷、钾肥料的施用量的用肥管理方式。

3.3　病虫害防治

指基于依据产地小麦生理期病虫害发生特点，制定防治结合的农药应用策略。

4　产地条件

4.1　适用区域

陕西省关中小麦玉米轮作区。

4.2　气候条件

年降水量 500 毫米左右、平均气温不小于 9 ℃，小麦生育期间 0 ℃以上积温 2 000～2 200 ℃。

4.3　土壤条件

地面平整、土层深厚、保水保肥。土壤基础肥力中上等：0～20 厘米表层土壤有机质含量 10 克/千克以上，矿质氮（N）含量 10 毫克/千克以上，有效磷含量（P_2O_5）10 毫克/千克以上，有效钾含量（K_2O）100 毫克/千克以上。

4.4　目标产量

冬小麦的目标产量为 433～547 千克/亩。

5　规范化播种

5.1　整地

前作秸秆还田后及时翻耕，耕后合墒精细耙糖，保蓄表墒。深耕细耙：旋耕整地，2～3 年轮翻或深松一次，深度 25～30 厘米，以打破犁底层，防止土壤板结。

5.2　品种选择

选用经国家或陕西省品种审定委员会审定通过，且品种特性符合当地生产条件的优质、抗旱、抗寒、稳产型冬小麦品种如西农 20、西农 529、西农 979、小偃 22、西农 20、陕农 33、西农 822、中麦 895、登峰 168、农大 1108。

5.3　种子处理

播种前精选种子，并采用相关杀虫剂、杀菌剂及生长调节物质包衣或药剂拌种，预防土传、种传病害及地下害虫，保证苗齐、苗壮。

5.4　播种期

10 月 8～18 日，日平均气温 16～18 ℃时为适宜播期。

5.5　播种量

根据品种特性、田块土壤肥力和墒情，确定适宜播种量，一般介于 12～15 千克/亩。播种时墒情差或整地质量差的地块应适量提高播种量，最大播不超过 15 千克/亩。旋耕整地的田块播种量增加 10%～15%。宜播期内播种，每迟播一天，播种量增加 0.5 千克/亩。

5.6　播种技术

行距、播深要适宜。一般行距为 15～20 厘米，播深 3～5 厘米，深浅一致，落子均匀，播行直，不漏播，不重播。使用带有镇压装置的播种设备，播后田面镇压，踏实表土。

6 施肥管理

基于监控施肥方法，按照目标产量推荐用肥见表 1、表 2。

表 1 灌溉条件下目标产量推荐用肥量

目标产量	氮、磷、钾肥推荐量	微肥推荐
350～450 千克/亩	基施纯 N 8～11 千克/亩、P_2O_5 5～7 千克/亩、K_2O 1～3 千克/亩，拔节期追施纯 N 2～千克/亩	
450～550 千克/亩	基施纯 N 11～13 千克/亩、P_2O_5 6～8 千克/亩、K_2O 23 千克/亩，拔节期追施纯 N 2～3 千克/亩	当土壤 DTPA－Zn 低于 0.5 毫克/千克，DTPA－Mn 低于 7 毫克/千克，可配施含锌、锰的多元微肥 1～2 千克/亩
高于 550 千克/亩	基施纯 N 13～15 千克/亩、P_2O_5 7～9 千克/亩、K_2O 3～4 千克/亩，拔节期追施纯 N 2～3 千克/亩	

表 2 无灌溉条件下目标产量推荐用肥量

目标产量	氮、磷、钾肥推荐量	微肥推荐
低于 350 千克/亩	基施纯 N 7～9 千克/亩、P_2O_5 4～5 千克/亩、K_2O 1～2 千克/亩	
350～450 千克/亩	基施纯 N 9～12 千克/亩、P_2O_5 4.5～5.5 千克/亩、K_2O 1～3 千克/亩	当土壤 DTPA－Zn 低于 0.5 毫克/千克，DTPA－Mn 低于 7 毫克/千克，可配施含锌、锰的多元微肥 1～2 千克/亩
高于 450 千克/亩	基施纯 N 10～13 千克/亩、P_2O_5 5.5～6.5 千克/亩、K_2O 2～3 千克/亩	

7 病虫草害防控

7.1 播种期

选用 31.9％戊唑·吡虫啉种衣剂每 100 千克种子 350 毫升；2％戊唑醇 60 克＋50％辛硫磷悬浮剂 200 毫升或者 48％毒死蜱悬浮剂 100～200 毫升，兑水 1 400 毫升，拌种 100 千克，堆闷 5～6 小时，摊晾后即可播种。

7.2 出苗期—越冬期

在冬小麦 3～4 叶期根据麦田杂草类型选择用药，以防治单一阔叶杂草发生区可以选择以下药剂之一：50 克/升双氟磺草胺悬浮剂＋10％唑草酮可湿性粉剂、10％苄嘧磺隆可湿性粉剂＋200 克/升氯氟吡氧乙酸异辛酯乳油、9％双氟·唑草酮悬浮剂、15％双氟·氯氟吡氧乙酸异辛酯悬浮剂。防治阔叶杂草与禾本科杂草野燕麦混生区，可在上述用药方法基础上，加用 15％炔草酯可湿性粉剂或 5％唑啉草酯乳油。喷施杀菌（虫）剂时建议添加增效助剂如激健、哈速腾或杰效利等，农药用量宜减少标准用量的 15％～25％。可用植保无人机或者高秆喷雾。除草剂忌与叶面肥等混施。

7.3 孕穗期—扬花期

当条锈病病叶率达 0.5％～1％，或白粉病病茎率 15％～20％或病叶率达 5％～10％，或麦蚜发生量 500 头/百茎以上，或根据预测小麦赤霉病病穗率将达到％时，需要采取防治措施，结合"一喷多防"工作施药。如小麦抽穗至扬花期遇有阴雨、露水和多雾天气且持续 3 天以上或 10 天内有 5 天以上阴雨天气时，应于扬花初期及时预防赤霉病。

（1）杀菌剂推荐施用 43％戊唑醇乳油，可以兼防条锈病、白粉病和赤霉病。此外，防治小麦条锈病和白粉病杀菌剂亦可选 15％三唑酮可湿性粉剂、12.5％烯唑醇悬浮剂、40％腈菌唑可湿性粉剂等；防治小麦赤霉病亦可选 50％多菌灵可湿性粉剂、25％氰烯菌酯悬浮剂等。

（2）防治蚜虫杀虫剂可选 70％吡虫啉水分散粒剂、25％噻虫嗪水分散粒剂、0.5％甲基阿维菌素微乳剂、5％高效氟氯氰菊酯乳油等。

（3）喷施杀菌（虫）剂时建议添加增效助剂如激健、哈速腾或杰效利等，农药用量可以减少标准用量的 15％～25％。

（4）施药时可以同时加入 98％磷酸二氢钾等叶面肥。

（5）施药方式推荐使用植保无人机或者高杆喷雾。

注：根据短期天气预报，若 5～7 天后仍有连阴雨或露雾，应进行第二次药剂防治。

8 田间管理

8.1 冬季管理

及时进行冬前化除。化学除草于 11 月中下旬至 12 月上旬，气温 10 ℃以上时进行，根据杂草种类选择除草剂，采用除草剂推荐方法均匀喷雾。越冬期要适时镇压，消除土壤裂隙，保水保墒。

8.2 春季管理

在土壤开始解冻返浆、冬小麦返青前，顶凌追肥，或根据苗情在起身前期结合降雨追肥。

9 收获

选用能将冬小麦秸秆粉碎、抛匀的收割机。在蜡熟末期到完熟初期、籽粒含水量 18％左右时适时收获。收获后及时晾晒，籽粒含水量降到 13％以下时，筛选入库。

起草人：郑险峰　黄冬琳　李强　张树兰　王朝辉　邱炜红　石美　封涌涛　赵宗财

石卫平　吕辉　李永刚

起草单位：西北农林科技大学、宝鸡市农业技术推广服务中心、渭南绿盛农业科技有限责任公司、凤翔县农业技术推广服务中心、扶风县农业技术推广服务中心

关中麦玉轮作区玉米秸秆直接粉碎还田与配套技术

1 范围

本文件规定了关中地区麦玉轮作区，玉米收获、秸秆切碎还田、土壤机械耕作、小麦播种作业质量要求、机具配备、操作规程、检测方法，以及小麦田间管理措施和要求，供生产中参考使用。

本文件适用于小麦玉米一年两作区。

2 规范性引用文件

下列文件对于本文件的应用是必不可少的。凡是注日期的引用文件，仅所注日期的版本适用于本文件。凡是不注日期的引用文件，其最新版本（包括所有的修改单）适用于本文件。

GB 4404.1—2008 粮食作物种子 禾谷类

NY/T 1276—2007 农药安全施用规范总则

GB/T 8321.1—2000 农药合理使用准则（一）

3 术语和定义

下列术语和定义用于本文件。

3.1 小麦品种

选用优质、抗旱、稳产型小麦品种。

3.2 秸秆直接粉碎还田

秸秆直接粉碎还田技术是以机械粉碎、破茬、深耕和耙压等机械化作业为主，将作物秸秆粉碎后直接还到土壤中去，增加土壤有机质，培肥地力，提高作物产量，减少环境污染，争抢农时的一项综合配套技术。该技术具有作业质量好、成本低、生产效率高等特点，是大面积实现以地养地，建立高产稳产农田的有效途径之一。

4 产地条件

4.1 气候条件

适宜在年降水量 500 毫米左右、平均气温不小于 9 ℃，小麦生育期间 0 ℃以上积温 2 000～2 200 ℃地区。

4.2 土壤条件

选择地力基础较好、地面平整、土层深厚、肥力较高、保水保肥的地块，以及土壤理化性质良好的地块。

5　玉米收获与秸秆机械化粉碎还田

5.1　作业要求与作业质量

5.1.1　作业要求

一次完成玉米收获、秸秆粉碎还田作业，也可人工摘穗后采用秸秆还田机作业（若与犁耕配套，可选择还田灭茬机）。

5.1.2　作业条件

作业幅宽内，玉米根茬在同一平面内。采用玉米联合收获机作业，玉米行距要一致，在 60～70 厘米之间。

5.1.3　秸秆还田作业质量

秸秆切碎长度≤5 厘米，秸秆切碎合格率≥90％，抛撒不均匀率≤20％，漏切率≤ 1.5％，割茬高度≤8 厘米。

5.1.4　灭茬作业质量

灭茬深度≥5 厘米，灭茬合格率≥95％。

5.2　作业机具选择

根据当地玉米种植规格、具备的动力机械、收获要求等条件，选择悬挂式、自走式等适宜的玉米联合收获机和玉米秸秆粉碎还田机，为提高秸秆粉碎质量，秸秆还田机可选择"L"型弯刀或"I"型直刀式。进行犁耕作业的地块，可选择还田灭茬机，对玉米根茬进行破碎。

5.3　操作方法

结合动力输出，使还田机达到规定转速，先试作业一段距离，停车检查作业质量，达到作业要求后方可进入正常作业。作业到地头，继续保持还田机正常作业转速，以便使秸秆完全粉碎。

5.4　作业质量检查

机械作业后，在检测区内采用 5 点取样法测定。每点取长 1 米、1 个实际作业幅宽，作为 1 个小区。主要测定指标包括：切碎长度合格率、割茬高度、抛撒不均匀率、漏切率、污染情况、灭茬深度、灭茬合格率。

6　土壤机械耕作

秸秆粉碎均匀覆盖地表后，可采用耕后播种和免耕播种。耕作方式有深耕、旋耕和深松，深耕每 3 年进行一次，其他年份可采用旋耕，对连续 3 年以上免耕播种的地块进行深松。

6.1　深耕翻压，耙平踏实

6.1.1　作业要求

根据土壤适耕性，确定耕作时间，土壤含水量以田间最大持水量的 70％～75％为宜；

耕层浅的土地，要逐年加深耕层，切勿将大量生土翻入耕层；深耕时结合施用基肥；翻耕后秸秆覆盖要严密；耕后用旋耕机进行整平并进行压实作业。

6.1.2　作业质量

耕深≥25厘米；开垄宽度≤35厘米，闭垄高度≤1/3耕深；耕幅≤1.05×理论幅宽；碎土率≥65%；立垡、回垡率≤3%。

6.1.3　作业机具选择

选用深耕犁。可根据所具备的拖拉机功率、土地面积等情况选择单铧或多铧犁。为减少开闭垄，有条件的可选用翻转犁。

为提高合墒效果，深耕犁要装配合墒器。

6.1.4　操作方法

规划作业小区，确定耕作方向，沿地块长边进行。作业前，在地块两端各横向耕出一条地头线，作为起、落犁标志，地头宽度根据机组长度确定。耕作可采用闭垄（内翻）法或开垄（外翻）法等，作业速度要符合使用说明书要求，作业中要保持匀速直线行驶。机组作业至地头时，减小油门，使机具逐渐出土，然后转弯。地头耕作方法可根据实际情况确定，尽量减少开、闭垄及未耕地。

6.1.5　田间作业质量检查

深耕作业检测区距离地头15米以上，检测区长度为40米；小拖配套深耕检测区长度为20米。沿前进和返回方向各测2个行程，测定耕深、耕幅、开垄宽度、闭垄高度、立垡和回垡率。

6.2　旋耕两遍，镇压踏实

6.2.1　作业要求

旋耕机作业地表要基本平整，旋耕前结合施基肥。旋耕深度可根据土壤墒情及当地农艺要求确定，以15厘米以上为宜。旋耕后要进行镇压。

6.2.2　作业质量

耕深合格率≥85%。耕后秸秆掩埋率≥70%，耕后地表平整度≤5.0厘米，碎土（最长边小于4厘米土块）率：在适耕条件下，壤土碎土率≥60%，黏土碎土率≥50%，沙土碎土率≥80%。

6.2.3　作业机具选择

旋耕机可选择耕幅1.8米以上、中间传动单梁旋耕机，配套44.1千瓦（60马力）以上拖拉机。为提高动力传动效率和作业质量，旋耕机可选用框架式、高变速箱旋耕机。

6.2.4　操作方法

确定作业路线。大田作业时，采用小区套耕法，小地块采用回耕法。作业前，结合动力，让旋耕机空转转速达到预定转速，作业时到达地头转弯处，提升旋耕机具，不必切断动力，以提高作业效率。

6.3　连续三年以上免耕播种地块土壤深松

根据土壤条件和作业时间，深松方式可选用局部深松或全面深松。

6.3.1 作业要求

在小麦播种前秸秆粉碎后进行。作业中不重松、不漏松、不拖堆。

6.3.2 作业质量

深松作业深度大于犁底层，要求 25～30 厘米深度。

6.3.3 作业机具选择

作业机具主要有单柱式深松机和全方位深松机。局部深松选用单柱振动式深松机，全面深松选用全方位深松机。

6.3.4 操作方法

正式作业前要进行深松试作业，认真检查机组各部件工作情况及作业质量。

机组作业速度要符合使用说明书要求，作业中应保持匀速直线行驶。

6.3.5 田间作业质量检查

深松作业检测区距离地头 10 米以上，检测区长度为 20 米；往返各测 2 个行程。测定深松深度。

7 小麦播种

土壤深耕或旋耕后采用小麦精（少）量播种方式，按 7.1 规定；小麦免耕播种按 7.2 规定。

7.1 小麦精（少）量播种

7.1.1 作业要求

播种地块无漏耕，土壤疏松细碎，耙透碾压沉实（或播后灌"蒙头水"踏实），地表平整，秸秆细碎，覆盖严密；种子精选分级，符合农艺要求；种肥适合播种机要求。小麦播种行距 15～30 厘米，播深 2～3 厘米，根据品种特性、土壤肥力和墒情确定适宜播种量，一般为 12～15 千克/亩；适宜期为 10 月 8～18 日，应在适宜播期内播种，每迟播一天，播种量增加 0.5 千克/亩。

7.1.2 作业质量

播种量偏差控制在±5％以内，播深合格率≥75％，丛生苗率≤5％，断垄率≤3％，各行出苗一致性变异系数≤4％，行距和邻接行距合格率≥90％。

7.1.3 作业机具选择

在秸秆还田地块进行小麦精（少）量播种，播种机开沟器选择圆盘式，排种器选择锥盘式、螺线细槽外槽轮式、螺旋窝眼外槽轮式。

7.1.4 操作方法

确定作业方案。划出地头宽度，做好播种机起落标志，地头宽度不超过机组长度的 2 倍。为了便于播种，对所播地块进行简单的划区，然后确定行走方法。为避免重播和破坏已播部分质量，机组最后一趟要播完整的播幅。

拌种和包衣后的种子应晾干，禁止使用潮湿的种子，以免造成堵塞和破碎。作业时，要边走边放，在地头线处进入作业状态，作业中保持平稳恒速前进，速度不可过快。

7.1.5 作业质量检查

测定播种量偏差、播种深度合格率、丛生苗率、断垄率、各行出苗一致性变异系数、田间出苗率、行距和邻接行距合格率。

7.2 小麦免耕播种

7.2.1 作业要求

基本同小麦精量播种。免耕播种是在秸秆覆盖未耕地上作业，秸秆还田质量符合作业规范。采用宽幅播种，苗幅宽 10～12 厘米；施肥管理基于施肥方法，施肥量参考本章《陕西关中灌区小麦化肥农药减施增效技术》表 1 至表 2。播种质量和播种期与小麦精量播种相同。

7.2.2 作业质量

播种量偏差控制在±5%以内，播深合格率≥70%，各行出苗一致性变异系数≤4%，种肥间距合格率≥90%，行距和邻接行距合格率≥90%，田间出苗率≥95%，苗幅宽度合格率≥90%。

7.2.3 作业机具选择

小麦玉米两作区，小麦免耕播种机选用苗带旋耕播种机，灌区增配筑垄装置。产品质量必须经过省级以上推广鉴定合格产品。

7.2.4 操作方法（与 7.1.4 操作方法相同）

作业中要尽量避免停车，以防起步时造成漏播。如果必须停车，再次起步时要升起播种机，后退 0.5～1 米，重新播种。

7.2.5 作业质量检查

测定播种量、播种深度、各行间出苗变异系数、田间出苗率、行距和邻接行距合格率、苗幅宽度合格率、种肥间距合格率。

8 田间管理

8.1 小麦苗期、越冬期

8.1.1 查苗补苗

由于漏种、欠墒、透气、地下害虫等原因，造成缺苗断垄的，要及时查苗补种。

8.1.2 分类管理

冬前管理以划锄镇压为主，增温保墒，促进小麦根系生长。对旺长麦田可进行多次镇压。当日平均气温下降到 3～5 ℃时，浇越冬水，浇水后适时划锄。

8.1.3 病虫草害防治

小麦苗期常见病虫害有金针虫、麦蚜、地老虎、纹枯病、全蚀病、根腐病等；常见草害有荠菜、播娘蒿、猪殃殃、婆婆纳、麦家公等。冬小麦各生育期病虫草害防治可参考本章《陕西关中灌区小麦化肥农药减施增效技术》。

地下害虫防治：每亩用 48%毒死蜱 250 毫升拌成毒土，顺垄撒施防治。

病害防治：每亩用 2%立克秀湿拌种剂，按种子量的 0.1%～0.3%拌种，或用 20%三唑酮可湿性粉剂按种子量的 0.2%拌种，预防全蚀病、纹枯病、根腐病。

草害防治：在 11 月中下旬进行化学除草。阔叶杂草根据情况选用 5.8%麦喜（双氟·唑嘧胺）乳油每亩用 10 毫升或 20%使它隆（氯氟吡氧乙酸）乳油 50～60 毫升兑水 40～45升喷雾防治；禾本科杂草用 3%世玛（甲基二磺隆）乳油每亩用 25～30 毫升兑水喷雾防治。

阔叶杂草和禾本科杂草混合发生的，用以上药剂混合使用或用 3.6% 阔世玛（二磺・甲碘隆）水分散粒剂 25～30 克，兑水 40～45 升喷雾。

8.2　春季管理

8.2.1　返青期管理

镇压划锄：镇压划锄可以压碎坷垃，弥封缝隙，减少水分蒸发，使根系与土壤密接，提升地温，促进小麦根系生长发育；免耕播种小麦可不进行划锄。

灌水施肥：对未灌冬水的小麦，要及时灌返青水；对弱苗小苗要随水补肥，每亩施用尿素 10 千克，促进小麦根系发育，增加春季分蘖。

防治草害：小麦拔节前，可用麦喜、使它隆等除草剂，每亩用 20% 使它隆 50～60 毫升，兑水 40～45 升喷雾防治荠菜、播娘蒿等为主的麦田阔叶杂草。每亩用 69 克/升骠马水乳剂 60～75 毫升兑水 40～45 千克喷雾，防治麦田单子叶杂草。

对于一些群体偏大、地力较好的旺长麦田可在返青期喷施化控剂，以防止倒伏。药剂可以选择壮丰安、多效唑等化控剂。注意不要重喷或漏喷。

8.2.2　起身到孕穗期管理

在小麦拔节期灌水，每亩增施尿素 15～20 千克。

8.3　后期管理（从抽穗到成熟）

8.3.1　灌水补肥

对脱肥麦田，可结合浇灌浆水每亩补施尿素 5～7 千克。

8.3.2　病害防治

穗期发生的主要病害有条锈病、叶锈病、白粉病、赤霉病、叶枯病和颖枯病等。

发现小麦条锈病要及时扑灭发病点和发病中心，条锈病和白粉病病叶率达 10% 时，每亩用 20% 三唑酮乳油 60～80 毫升或 25% 三唑醇可湿性粉剂 60 克兑水喷雾防治。赤霉病、叶枯病和颖枯病每亩用 50% 多菌灵可湿性粉剂 50～75 克兑水喷雾防治。若扬花期遇连阴天气，要及时喷药预防小麦赤霉病和颖枯病。小麦纹枯病前期发病重的地块，当后期气温偏低降雨偏多则病害会加重，要注意进一步防治，每亩可用 5% 井冈霉素 200～250 毫升兑水 30～45 升喷小麦茎基部防治。

8.3.3　虫害防治

穗期主要虫害有麦蚜和吸浆虫等。麦蚜防治指标为百穗 500 头，吸浆虫的防治指标为网捕平均 10 复次有成虫 10～25 头。防治麦蚜、吸浆虫的同时要注意有效地兼治灰飞虱，为预防玉米粗缩病打下基础。每亩可用 10% 吡虫啉乳油 10～15 克或 5% 溴氰菊酯乳油 2 000 倍液喷雾防治麦蚜和吸浆虫，要注意喷洒到全株，以提高防治灰飞虱的效果。

同时，要积极保护利用天敌控制麦蚜。当田间益害比达 1∶150 或蚜茧蜂寄生率达 30% 以上时，可利用天敌控制蚜害。若益害比失调，也要选用对天敌杀害作用小的药剂防治麦蚜，如吡虫啉等灭害保益的药剂。麦田是多种天敌的繁殖基地，保护好麦田天敌不仅有利于控制小麦害虫，而且也有助于为后茬玉米提供天敌来源，要注意保护利用。

8.3.4　预防干热风

可用 0.2%～0.3% 磷酸二氢钾溶液喷雾。

9 适时收获

在蜡熟末期到完熟初期适时收获。

起草人：郑险峰　黄冬琳　王朝辉　张树兰　翟丙年　田汇　石美
起草单位：西北农林科技大学、陕西省武功县农技中心

山西水地小麦化肥减施高产技术

1 范围

本文件规定了水地小麦化肥农药减施增效高产技术的术语和定义、产量水平与土壤条件、规范化播种、病虫草害防控、田间管理和适期收获。

本文件适用于山西省南部有灌溉条件的小麦-玉米一年两熟制冬小麦种植区。

2 规范性引用文件

下列文件对于本文件的应用是必不可少的。凡是注日期的引用文件，仅所注日期的版本适用于本文件。凡是不注日期的引用文件，其最新版本（包括所有的修改单）适用于本文件。

GB 4404.1—2008 粮食作物种子 第1部分：禾谷类

GB 5084—2005 农田灌溉水质量标准

GB/T 8321—2000 农药合理使用准则（所有部分）

NY/T 496—2002 肥料合理使用准则

NY/T 851—2004 小麦产地环境技术条件

NY/T 1276—2007 农药安全使用规范 总则

3 术语和定义

下列术语和定义适用于本文件。

3.1 减施

同等土壤肥力或产量水平地块，小麦全生育期化肥施用总量减少17％以上，化学农药使用量总量减少30％以上。

3.2 增效高产

化肥农药减施条件下，化肥利用率提高8％以上，化学农药利用率提高11.0％以上，小麦产量增加3％以上。

3.3 蒙头水

指小麦播种后至出苗前所进行的灌溉。

4 产量水平与土壤条件

4.1 产量水平

每亩产量400～600千克。

4.2 土壤条件

土壤肥力中上等。其中耕层土壤厚度 15 厘米以上，土壤容重 1.25～1.36 克/厘米^3，有机质含量 12.0 克/千克以上、碱解氮含量 40 毫克/千克、有效磷含量 15 毫克/千克、速效钾含量 100 毫克/千克以上。土壤环境条件符合 NY/T 851 标准。

5 规范播种

5.1 品种选择

经山西省或国家农作物品种审定委员会审定，适宜本区域生产条件，并经筛选鉴定的养分高效、抗病虫、高产稳产型品种。推荐种植济麦 22、品育 8012、石农 086 等。种子质量符合 GB 4404.1 标准。

5.2 种子处理

播前选用高效低毒低残留拌种剂拌种。推荐用苯醚甲环唑·咯菌腈·噻虫嗪复配剂，或吡虫啉·戊唑醇复配剂。严格按推荐用量使用，切忌增加用量，拌药晾干种子必须 3 天内播种。

5.3 精细整地

5.3.1 深松深翻

连续旋耕整地田，夏玉米收获后每隔 3 年深松 1 次，深松 25～30 厘米；或每隔 3～5 年在小麦收获后休耕 1 季，于 7 月下旬深翻 25 厘米以上。

5.3.2 旋耕整地

玉米收获后立即进行秸秆粉碎还田，粉碎秸秆长度应≤5 厘米，并去除压倒未粉碎秸秆，然后旋耕整地，旋耕深度 15 厘米以上。

休耕地块，休闲翻耕前后注意田间杂草防除。

5.4 合理减施平衡施肥

5.4.1 化肥定量减施（表 1）

表 1 玉米秸秆全量还田地块化肥推荐施用量

每亩产量（千克）	每亩基肥施用量（千克）				每亩追肥施用量（千克）
	N	P$_2$O$_5$	K$_2$O	多元微肥	N
400～500	10～12	5～6	1～2	1～2	3
500～600	12～14	6～7	2～3	2	3

5.4.2 化肥有机替代（表 2）

表 2 玉米秸秆全量还田并施用有机肥地块化肥推荐施用量

每亩产量（千克）	每亩施有机肥（千克）	每亩基肥施用量（千克）				亩追肥施用量（千克）
		N	P$_2$O$_5$	K$_2$O	多元微肥	N
400～500	1 000	8～10	4～5	1	1	2
500～600	1 000	10～12	5～6	1～2	1～2	3

5.5　化肥种类

5.5.1　常规化肥

基施氮肥中推荐使用含 30% 缓释氮的尿素、磷酸二铵或磷酸一铵、氯化钾或硫酸钾，追锌腐酸尿素或普通尿素，施用量按表 1 或表 2 量施入。

5.5.2　复混肥或掺混肥

复混肥或掺混肥推荐 N-P_2O_5-K_2O 养分配比 31-12-5 或 28-10-7，其中缓释氮含量占全氮含量的 20%～30%，含 2% 多元微肥，每亩施用量 40～60 千克，全部基施，生育期不追肥。

5.6　适期播种

10 月 5～13 日播种，北部早播，南部晚播。

5.7　适量播种

每亩基本苗 20 万～25 万，即每亩播量 10～12.5 千克，整地质量差，可每亩增加播量 1～2 千克，适播期提前或推迟 1 天，播量减少或增加 0.5 千克。

5.8　适墒播种

耕层土壤田间持水量 65%～70% 是播种最佳墒情；墒情差，应在播种后 2～3 天浇蒙头水。

5.9　播种播深

采用机械条播，播种深度 3～5 厘米。

6　病虫草害防控

6.1　化学除草

6.1.1　药剂选择

阔叶杂草每平方米达 5～10 株时，用 10% 苯磺隆可湿性粉剂，或 75% 巨星干悬浮剂，或 20% 的 2 甲 4 氯水剂；禾本科杂草每平方米达 3～5 株时，野燕麦、看麦娘用 6.9% 精噁唑禾草灵水乳剂；节节麦选用 3% 甲基二磺隆可分散油悬剂。阔叶与禾本科杂草混生田块，可分次防除或用复配剂防除。严格按照说明书推荐量用药，严禁增加用药量，切忌重喷漏喷。农药选择和使用按照 GB/T 8321（所有部分）和 NY/T 1276 的执行。

6.1.2　防治时期

推广冬前化学除草。推荐在小麦播种后 40～50 天，小麦 3～5 叶期，日均气温 5℃ 以上的无风晴天进行。秋季没有化学除草地块，可在春季小麦返青后至 3 月 20 日前，日均气温稳定在 8℃ 以上的无风晴天进行。注意防除期间遇大风或大幅降温应立刻停止施药。

6.1.3　施药方式

化学除草推荐采用自走式高杆喷雾，每亩喷施药液 30～45 千克。

6.2 病害防控

准确监测主要病虫害发生，达防治指标前，以天敌等生态防治和黄板、杀虫灯等物理防控为主，达防治指标药剂防治。主要防治白粉病、锈病、赤霉病、蚜虫、麦圆蜘蛛和吸浆虫。

6.2.1 白粉病和锈病

白粉病叶率达10%，锈病病叶率达5%时，可用三唑酮，或烯唑醇，或戊唑醇，兑水防治，白粉病和锈病兼治。

6.2.2 赤霉病

开花期，遇持续2天以上阴雨天，可在天晴后用氰烯菌酯·戊唑醇混剂，或多菌灵，或申嗪霉素，兑水防治。

6.3 虫害防控

6.3.1 蚜虫

蚜虫发生初期，以天敌等生态防治为主；当百株麦蚜达500头时，用啶虫脒，或吡虫啉，或苦参碱，兑水防治，兼治麦圆蜘蛛。

6.3.2 麦圆蜘蛛

每单株达6头以上，或每米行长600头，或叶面上出现明显白点时，用阿维菌素，兑水防治；若遇到降雨或浇水，可有效防控麦圆蜘蛛危害，可不进行化学防治。

6.3.3 吸浆虫

吸浆虫常发地块，应密切监测吸浆虫发生。孕穗期，当每小方土样（10厘米×10厘米×20厘米）虫蛹4头以上时，用辛硫磷等制成毒土防治；或抽穗开花期，10复网有虫20头以上成虫时，应于无风傍晚用0.3%苦参碱，或4.5%高效氯氰菊酯，兑水防治，兼治麦蚜等。

6.4 "一喷三防"

开花后至灌浆中后期，根据病虫害发生种类和程度，高温干热风发生情况，选择相应杀虫剂、杀菌剂和叶面肥，或植物生长调节剂，一类至三类药剂桶混，兑水喷雾。

6.5 施药方式

后期病虫害和"一喷三防"推荐采用无人机飞防，飞防时应添加相应助剂，减少农药用量。

7 田间管理

7.1 浇越冬水

小麦三叶期后至昼消夜冻前浇水。播种整地质量差的地块早浇，质量好的地块晚浇，浇过蒙头水的地块可不浇水。

7.2　春季肥水管理

7.2.1　壮苗田块

3月25日至4月5日前浇拔节水，且每亩浇水量适当增加10~20米^3，结合浇水追施剩余氮肥，追肥量见表1或表2。

7.2.2　弱苗田块

起身期土壤墒情差，或群体偏小的地块，春季浇水提前到起身期到拔节初期，结合浇水追施剩余氮肥，追肥量见表1或表2，拔节后期至孕穗期根据苗情和墒情浇水。

7.2.3　旺苗田块

返青至起身期镇压或耙糖，清明节前后浇拔节水，结合浇水追施剩余氮肥，追肥量见表1或表2。

8　适期收获

小麦蜡熟末期，籽粒含水量低于20％时，及时机械收获晾晒，确保颗粒归仓。

起草人：裴雪霞　党建友　张定一　张晶　程麦凤　王姣爱　高璐　郑芳

起草单位：山西农业大学小麦研究所、临汾市农业农村局技术推广站

甘肃旱地冬小麦全生物降解地膜覆土轻简栽培技术

1 范围

本技术规定了黄土高原区半干旱区冬小麦全生物降解地膜覆土栽培技术,适用于年降水300~500毫米的黄土高原区冬小麦的生产管理。

2 规范性文件的引用

下列文件对于本文件的应用是必不可少的。凡是注日期的引用文件,仅限所注日期的版本适用于本文件。凡是不注日期的引用文件,其最新版本(包括所有的修改单)适用于本文件。

GB/T 8321—2000 农药合理使用准则(所有部分)

GB/T 35795—2017 全生物降解农用地面覆盖薄膜

HG/T 4215—2011 控释肥料

NY/T 496—2002 肥料合理使用准则 通则

DB62/T 785—2014 旱地冬小麦全膜覆土穴播和膜侧沟播栽培技术规程

3 术语和定义

下列术语和定义适用于本文件。

3.1 全生物降解地膜要求

选用翻埋于土壤后完全降解为二氧化碳和水的地膜,地膜厚度为0.01毫米、宽度为120厘米。

3.2 控释型尿素

氮肥选用树脂包裹的控释尿素,按照设定的释放率(%)和释放期(天)来控制养分释放的肥料。

3.3 机械覆膜施肥一体机

选用覆膜施肥覆土一体机,地膜覆盖后在膜面上覆土1~2厘米。

3.4 目标产量

降水量为300~500毫米的地区小麦,目标产量为200~400千克/亩。

3.5 全膜覆土轻简化栽培技术

全膜覆土轻简化栽培技术是采用全生物降解地膜覆盖保墒增温和控释尿素一次性基施节省劳动成本技术。它利用了全膜覆土施肥播种一体机,实现施肥、覆膜、播种一次完成,简化栽培过程，同时施用控释尿素，减少了返青期追肥程序。全生物降解地膜符合 GB/T 35795—2017《全生物降解农用地面覆盖薄膜》的规定，控释尿素符合 HG/T 4215—2011《控释肥料》的规定。

4　全生物降解地膜覆土轻简化栽培技术规程

4.1　播前准备

4.1.1　地块选择

选择地势平坦，土层深厚、肥力中上地块，前茬为小麦、玉米、马铃薯、禾本科作物为宜。前茬作物收获后进行翻耕、暴晒、旋耕、糖耙，达到地块平整、无根茬、无杂草、无土块的标准，以便覆膜播种。

4.1.2　施肥

施肥量根据当地小麦产量和土壤肥力状况而定，一般施肥量为：N 10～12 千克/亩，P_2O_5 6～8 千克/亩，K_2O 4～6 千克/亩，有条件地区可施入农家有机肥 1 000～3 000 千克/亩。氮肥选用树脂包裹大颗粒缓释氮肥，缓释期为 90 天。

4.1.3　选用良种

选择耐旱、矮秆、抗病、耐寒稳产优质冬小麦品种如陇鉴 108、陇鉴 117、长 6359 等，播前精选种子，纯度达到 98％，发芽率 95％以上。

4.2　覆膜播种

4.2.1　拌种

选好优质冬小麦品种播前拌种，预防小麦黑穗病、白秆病及苗期白粉病、根腐病、枯叶病和蛴螬、金针虫等，用 14％辛硫·三唑酮乳油，用量为种子质量的 0.2％～0.3％。

4.2.2　播期

比当地露地小麦推迟 7～10 天，一般于 9 月下旬播种。

4.2.3　播种量

播种密度为 25 万株/亩左右，播种深度为 5 厘米左右，行距为 20 厘米，穴距为 10 厘米左右，每穴 10 粒左右，播种量为 12.5 千克/亩左右。

4.2.4　覆膜播种

选用覆膜覆土播种一体机，膜面宽度为 120 厘米、厚度 0.01 毫米，膜面覆土 1～2 厘米，防止苗穴错位引起烧苗，保证覆膜平整、下籽均匀，防止缺苗和膜面积水。

4.3　田间管理

4.3.1　苗期管理

出苗后及时查看，如有苗穴错位，应及时放苗；连续缺苗 5 穴以上，需要用同一品种催芽后补种；在苗期越冬前喷施冬小麦专用除草剂，用 72％ 2,4 -滴丁酯乳油 50～80 毫升/亩，兑水 30～40 升稀释喷雾。

4.3.2　中后期管理

拔节后可适当喷施 15％多效唑可湿粉剂和矮壮素，防止雨水过多引起的株高生长过快，以免后期倒伏，促进灌浆，增加产量；扬花期、灌浆期可适当喷施磷酸二氢钾等叶面肥，补充后期营养。

4.4 病虫害防治

小麦病虫害在不同年份发生情况不同，要根据发病和虫害症状及时防治。

4.4.1 小麦锈病

当田间病叶率达 10％时喷药防治。用 20％三唑酮乳油 40～60 毫升/亩，或 15％三唑酮可湿性粉剂 80～100 克/亩，兑水 30～45 升喷雾防治。病害流行期间每隔 7～10 天喷药 1 次，连喷 2～3 次。

4.4.2 小麦白粉病

在小麦孕穗到抽穗期，田间病叶率达 10％时用 20％三唑酮乳油 40～60 毫升/亩，或 10％烯唑醇可湿性粉剂 10～20 克/亩，兑水 30～45 升喷雾防治。

4.4.3 小麦黑穗（粉）病

防治小麦黑穗（粉）病最经济有效的措施是药剂拌种。对多种黑穗（粉）病效果较好的药剂有 2％立克锈可湿性粉剂、15％三唑醇可湿性粉剂、50％多菌灵可湿性粉剂等。

4.4.4 小麦蚜虫

可用 50％抗蚜威可湿性粉剂 5～7 克/亩，或 90％万灵（氨基甲酸酯）可湿性粉剂 8～10 克/亩，兑水 30～45 升/亩喷雾。抗蚜威防效好，且不杀伤天敌，可优先选用。

4.4.5 小麦红蜘蛛

在冬小麦返青到拔节期易发生，用 15％哒螨酮乳油 2 000～3 000 倍液喷雾防治。

4.4.6 地下害虫

用 5％毒死蜱颗粒 1 千克加细干土或水洗沙 22.5 千克拌成毒土在覆膜播种前撒施。

4.5 适时收获

当冬小麦进入乳熟期籽粒变硬时及时收获，防止后期干热风危害，争取颗粒归仓。

4.6 翻压整地

冬小麦收获后，将残茬和地膜直接翻压还田，暴晒土壤。

起草人：赵刚　樊廷录　王磊　李尚中　张建军　党翼　王淑英　程万莉　李兴茂　倪胜利

起草单位：甘肃省农业科学院

甘肃河西灌区小麦化肥农药减施增效栽培技术

1 范围

本文件规定了甘肃省河西灌区小麦种植化肥农药减施增效栽培技术，包括自然条件、栽培技术模式、种植规格、肥料、农药使用要求等。

本文件适用于海拔 2 100 米以下的河西绿洲灌溉农业区及相似生态类型区。

2 规范性引用文件

下列文件对于本文的应用是必不可少的。凡是注明日期的引用文件，仅所注日期的版本适用于本文件。凡是不注日期的引用文件，其最新版本（包括所有的修改单）适用于本文件。

GB 15618—2018 土壤环境质量标准

GB 4404.1—2008 粮食作物种子 第 1 部分：禾谷类

GB 5084—2015 农田灌溉水质标准

GB/T 8321—2000 农药合理使用准则（所有部分）

NY/T 496—2002 肥料合理使用准则 通则

GB/T 17980.22—2000 农药田间药效试验准则（一）杀菌剂防治禾谷类白粉病

GB/T 17980.23—2000 农药田间药效试验准则（一）杀菌剂防治禾谷类锈病（叶锈、条锈、秆锈）

NY/T 2683—2015 农田主要地下害虫防治技术规程

NY/T 1276—2007 农药安全使用规范 总则

GB/T 15671—2009 农作物薄膜包衣种子技术条件

3 术语和定义

下列术语和定义适用于本文件。

3.1 小麦病虫草害

由于受到病原生物的侵染和昆虫等的危害，小麦生长发育显示出异常状态，从而影响小麦的正常生长，造成产量的损失和品质的下降。

3.2 小麦专用肥套餐

指能减缓或控制养分释放速度的新型肥料。它能有效减少施肥次数，提高肥料利用率。

4 产地环境

4.1 环境条件

小麦生产土壤环境应选择符合 GB 15618 标准的地区。

4.2 气象条件

光照：春小麦生长季太阳总辐射量 272.0～313.0 千焦/厘米^2，日照 950～1 300 小时。
温度：春小麦全生育期需活动积温 1 685～1 850 ℃。
降水：春小麦全生育期需水 450～650 毫米。

5 产量指标

产量指标：亩产量 400～450 千克。
产量构成：冷凉灌区春小麦以主穗为主，力争早蘖成穗。每亩穗数 45 万～53 万个，每穗粒数 25～35 粒，千粒重 45～55 克。

6 播前准备

6.1 地块选择

选择土壤质地良好，灌排方便的地块。前茬最好为豆科作物或中耕作物，合理轮作倒茬。

6.2 整地

前茬作物收获后，及时耕翻灭茬，2～3 年深耕一次，深度 20～25 厘米，封冻前进行冬灌，灌水量 70 米^3/亩。冬春季应耕糖保墒。

7 品种选择

根据当地生态条件，选用国家或甘肃省已经审定的适宜河西走廊灌区种植的高产、优质、抗逆性强的小麦品种如永良 15 号、陇春 30 号等。

8 播种

8.1 播种时间

气温稳定通过 1 ℃。土壤表层解冻 5～7 厘米时即可播种。

8.2 播种密度

播种量 30～35 千克/亩，确保基本苗达到 45 万～55 万株/亩。

8.3 播种方法

采用机械播种行距 15 厘米，边播种边镇压，镇压后的播深为 3～4 厘米，误差在±1 厘米范围内。要做到不重播、不漏播、不断条，播种力争做到均匀，深浅一致，覆土严密。

9 田间管理

9.1 施肥管理

播前施肥小麦专用肥套餐：施肥总量（N 13.3 千克/亩，P$_2$O$_5$ 10 千克/亩），其中基施专用肥（14-12-4）用量 80 千克/亩；追施专用肥（22-4-4）用量 10 千克/亩，在小麦拔节后期或孕穗前期结合头水撒施追肥一次。

9.2　苗期管理

苗期重点是杂草防除。阔叶杂草，每亩用 2,4-滴丁酯 25 毫升兑水 30～45 升，在麦苗 4～5 叶期叶面喷雾。野燕麦 3～4 叶期，每亩用 40% 野燕枯乳油 200～250 毫升，兑水 30～45 千克叶面喷雾。

9.3　中期管理

主要是合理调节水肥，促控结合。协调营养生长与生殖生长，个体与群体的关系，促壮秆大穗，为粒多粒重奠定基础。

小麦全生育期灌水 3 次，分别在拔节期、孕穗期、灌浆期各灌水 1 次，每次 80 米^3/亩。

防倒伏：对群体过大、生长过旺的麦田和中、高秆品种，拔节期每亩用 50% 的矮壮素 150 毫升，兑水 30 千克喷雾。

9.4　后期管理

主攻目标是防早衰、增粒重、防治病虫灾害。抽穗后灌好灌浆水、麦黄水，每次每亩灌水量 80 米^3，做好灌排。

10　病虫害防治

以选育和推广种植抗病虫品种为主要措施，采用种子拌种（包衣）、开展健身栽培、氮肥减量使用、精量播种和早期预防、大面积统防统治相结合的农业防治和化学防治技术措施。在小麦不同生育期推广和使用相应的防治技术措施，确保当地小麦生产安全。

10.1　播种前

主要防治对象：地下害虫。

在 2 月下旬至 3 月中下旬整地阶段，尽可能深翻耕并糖实，提高地下害虫的死亡率。

10.2　播种期

主要防治对象：散黑穗病及地下害虫等。

2 月下旬至 3 月中下旬播种时，因地制宜推广种植抗（耐）病小麦品种。选用三唑酮、戊唑醇、苯醚甲环唑等杀菌剂进行拌种（包衣），防治散黑穗病及其他土传（种传）病害。用辛硫磷等杀虫剂拌种，防治地下害虫危害。

10.3　出苗期—扬花期

主要防治对象：地下害虫、吸浆虫及杂草。

小麦出苗后地下害虫造成死苗率（缺苗断垄）超过 5% 时，选用辛硫磷等杀虫剂，与油渣或细土配成（1：100～200）毒土，进行撒施。小麦拔节到孕穗前，施用 50% 辛硫磷 0.5～1.0 千克/亩拌细沙（毒土）15～20 千克，均匀撒施（撒药后浇水），以杀死刚羽化成虫、幼虫和蛹。对田间杂草，于小麦苗后5～6叶期，选择晴天，施药最佳气温在10 ℃以上，中午光照好、温度高使用。选择药剂为2,4-滴丁酯、苯磺隆、甲基二磺隆、甲基碘磺隆钠盐等，用水量30千克/亩，均匀喷雾。或用人工拔除法进行。

10.4 扬花期—灌浆期

主要防治对象：白粉病、散黑穗病和蚜虫、吸浆虫及杂草。

根据各种病虫害的发生种类、状况和防治指标进行。当田间单一病虫发生时，进行针对性防治。当田间多种病虫混合发生危害时，大力推行"一喷三防"技术。田间白粉病平均病叶率达到10％时，组织开展应急防治和统防统治。防治药剂可选用三唑酮、戊唑醇等杀菌剂。每隔7～10天喷药一次，连喷2～3次。穗蚜在每百穗蚜量超过1 000头时或益害比低于1：150时，选用菊酯类或新烟碱类杀虫剂进行喷雾防治，可兼防吸浆虫成虫和卵。为省时省工，可采用杀虫剂和杀菌剂混合，另加磷酸二氢钾，进行混合喷雾防治。为保障安全，降低农药残留，收获前15天应停止使用农药和生长调节剂。

在进行杀虫的同时，要充分发挥七星瓢虫、草蛉等天敌的生态控制作用。故一是严格按照防治指标进行防治；二是选择对天敌杀伤力较小的菊酯类农药品种；三是根据天敌发生消长规律，尽可能避免在天敌发生发展的关键时期用药。

11 收获

河西地区小麦收获一般在7月下旬。这些年气温变暖，小麦生长期变短，后期雨水较多，适时收获，有效规避穗发芽，减少不必要损失。人工收割的适宜收获期为蜡熟期，大型联合收割机收割的适宜收获期为蜡熟末期。

贮藏前要反复晾晒，使麦种含水量达到安全贮藏水分，小麦安全贮藏水分为13％以下，如果天气状况不好，水分略高，可以用磷化铝、敌敌畏、酒精混合液体倒在施药托盘中，将磷化铝倒在另一施药盘中，放在粮面上，然后开启环流机进行环流的方法熏蒸31天。

起草人：孙建好　赵建华　贾秋珍　曹世勤　王勇　郭莹　陈亮之
起草单位：甘肃省农业科学院

甘肃陇南低海拔川道区小麦化肥农药减施高效管理技术

1　范围

本文件规定了甘肃陇南低海拔川道区冬小麦基肥与追肥，有机与无机相结合的施肥技术及有害生物化学农药精准高效施药技术。

本文件适用于甘肃陇南有灌溉条件，海拔在1 350米以下低海拔川道区，小麦目标产量在400～550千克/亩地区的冬小麦化学肥料和化学农药的减施增效管理。

2　规范性引用文件

下列文件对于本文件的应用是必不可少的。凡是注日期的引用文件，仅所注日期的版本适用于本文件。凡是不注日期的引用文件，其最新版本（包括所有的修改单）适用于本文件。

NY/T 2911—2016　测土配方施肥技术规程

GB/T 31732—2015　测土配方施肥　配肥服务技术规范

NY/T 496—2010　肥料合理使用准则　通则

NY/T 1121.1—2006　土壤检测　第1部分：土壤样品的采集、处理和贮存

NY/T 1121.7—2014　土壤检测　第7部分：土壤有效磷的测定

NY/T 889—2004　土壤速效钾和缓效钾含量的测定

HJ 634—2012　土壤氨氮、亚硝酸盐氮、硝酸盐氮的测定　氯化钾溶液提取-分光光度法

NY525—2012　有机肥料新标准

DB/T 925—2012　小麦主要病虫草害防治技术规范

NY/T 393—2013　绿色食品　农药使用准则

3　术语和定义

3.1　土壤肥力

土壤为作物正常生长提供并协调营养物质和环境条件的能力。

3.2　有机肥

主要来源于植物和（或）动物，经过发酵腐熟的含碳有机物料，其功能是改善土壤肥力、提供植物营养、提高作物品质。

3.3　农家肥

指在农村中收集、积制和栽种的各种有机肥料，如人粪尿、厩肥、堆肥、绿肥、泥肥、草木灰等。一般能供给作物多种养分和改良土壤性质。

3.4 基肥

作物播种或定植前结合土壤耕作施用的肥料。

3.5 追肥

指在作物生长期间所施用的肥料。

3.6 监控施肥

基于土壤有效氮、磷和钾养分测定，监控土壤养分供应能力，结合小麦目标产量、品质和环境效应，确定氮、磷、钾肥施用量的技术。

3.7 绿色防控

绿色防控是指从农田生态系统整体出发，以农业防治为基础，积极保护利用自然天敌，恶化病虫的生存条件，提高农作物抗虫能力，在必要时合理使用化学农药，将病虫危害损失降到最低限度。它是持续控制病虫灾害，保障农业生产安全的重要手段。

3.8 农药助剂

农药助剂指本身无生物活性，但与某种农药混用时，能大幅度提高农药的毒力和药效的一类助剂。农药助剂主要是抑制或弱化靶标（害虫、杂草、病菌等）对农药活性的解毒防药害作用，延缓药剂在防治对象内的代谢速度，从而增加防效。农药助剂具有减少喷雾药液随风（气流）飘移，利于药液在叶面铺展及黏附、提高其生物活性、减少用量、降低成本、保护生态环境的作用。

3.9 农药减施增效

指结合农业防治、物理防治、生物防治、化学防治等方法，利用高杆喷雾、植保无人机等先进作业设备，再加上使用助剂来降低农药的使用量，达到防治病虫害的效果。

3.10 目标产量

在正常的田间条件下，小麦可获得的预期产量，可由相应田块前三年（自然灾害年份除外）小麦的平均产量乘以系数 1.1 作为目标产量。

3.11 百千克籽粒氮、磷、钾需求量

形成 100 千克小麦籽粒所需要的氮（N）、磷（P_2O_5）和钾（K_2O）量，分别为 2.8 千克、0.73 千克和 2.1 千克。

3.12 施肥限量要求

以监控施肥技术确定的小麦施肥量为合理施肥量。以 0.9～1.1 倍的合理施肥量为适宜施肥。若施用有机肥，氮、磷、钾化肥用量减少 5%～10%。

4 冬小麦化肥减施技术

4.1 基本原则

施肥应采用的基本原则是增产、高效。采用有机无机配合施用，做到科学配比、养分平衡，达到化肥高效利用且降低土壤污染的目的。施好基肥，分配较大比例肥料作为追肥供作物后期生长利用是基本原则。基肥采用撒施法，入土深度应在 10 厘米以下。氮肥追施比例应在 40% 左右。

4.2 基肥

在播前全施。建议有条件地块施农家肥 2 000～3 000 千克/亩，或有机肥 40 千克/亩，可与氮肥、磷肥充分混匀后撒施，做到施肥均匀，不重不漏，然后深翻。

4.3 追肥

可根据土壤养分状况和冬小麦的生长发育规律、灌水时间及需肥特性，将剩余的 40% 的氮肥分别在冬前苗期、返青后拔节期、扬花期撒施或喷施，以保证冬小麦对氮素营养的需要。

4.4 肥料的选择

基肥应选择品质有保证、售后服务质量好的品种和销售商。有机肥应选择腐熟的有机肥或商品有机肥。

5 冬小麦农药减施技术

5.1 防控原则

坚持"预防为主，综合防治"的植保方针，整体遵循"科学监测，精准防控"的原则，坚持以种植抗病品种为主，生物防治、物理防治、农业防治、生态调控等措施为辅且相协调的综合防控措施，在保证小麦有害生物整体防效的基础上，最大限度地减少用药量和施药次数，促进麦田生态系统的良性循环，达到持续防控的目的。

5.2 播种期

5.2.1 防治对象

地下害虫和条锈病、白粉病、根腐病、全蚀病。

5.2.2 技术措施

（1）种植抗病品种；（2）清除自生麦苗，降低越夏菌源量；（3）进行种子拌种（包衣），降低病害发生程度，防治地下害虫。

5.3 秋苗期

5.3.1 防治对象

地下害虫、蚜虫及农田杂草。

5.3.2 技术措施

（1）毒土诱杀，防治地下害虫；（2）田边地埂喷施杀虫剂，防治蚜虫，降低黄矮病发生危害；（3）喷施除草剂，防除危害。

5.4 返青期至拔节期

5.4.1 防治对象

地下害虫和条锈病、白粉病及农田杂草。

5.4.2 技术措施

（1）带药侦查，防治越冬白粉病；（2）毒土诱杀，防治地下害虫；（3）田边地埂喷施杀虫剂，防治蚜虫，降低黄矮病发生；（4）人工（电动）喷雾器或植保无人机喷施除草剂，防除危害。

5.5 拔节期至孕穗期

5.5.1 防治对象

地下害虫、蚜虫、红蜘蛛和条锈病、白粉病及农田杂草。

5.5.2 技术措施

（1）带药侦查，防治越冬白粉病和条锈病，以起到打点保面的作用；（2）毒土诱杀，防治地下害虫；（3）人工（电动）喷雾器喷施杀虫剂，防治蚜虫和红蜘蛛；（4）人工拔除农田杂草。

5.6 孕穗期至灌浆期

5.6.1 防治对象

蚜虫和条锈病、白粉病、赤霉病及农田杂草。

5.6.2 技术措施

（1）用人工（电动）喷雾器或植保无人机，防治白粉病、条锈病和蚜虫；（2）人工拔除农田杂草；（3）喷施磷酸二氢钾或维大利，增强小麦抗病力；（4）充分发挥七星瓢虫等天敌作用，进行达标防治。天敌害虫比 1∶150 以上，小麦条锈病和白粉病病叶率超过 10% 时再进行药剂防治。

6 不同生育时期高效管理规程

6.1 整地—播种

9 月中旬至 10 月中旬。

6.1.1 主攻目标

精细整地，打好秋季播种基础。

6.1.2 主要技术经济指标

土壤有机质>12 克/千克，全氮>1 克/千克，水解氮>80 毫克/千克，有效磷>20 毫克/千克，速效钾>100 毫克/千克。

6.1.3 主要技术措施

6.1.3.1 及早整地

破碎土块，确保播前土壤墒情较好。

6.1.3.2　施足底肥

一般每亩施入有机肥（家用）3 000～5 000 千克，或加工有机肥 40 千克；纯 N 6～8 千克，占整个生育期氮肥施用量的 55%左右；P_2O_5 8～10 千克，全部基施。

6.1.3.3　有害生物防治

地下害虫及根腐病、全蚀病等土传病害发生田块，选择适宜种衣剂或杀虫杀菌剂，进行种子包衣或药剂拌种处理；感条锈病、白粉病品种需用三唑酮等进行种子拌种。

6.2　播种—出苗

10 月上中旬播种，10 月中下旬出苗。

6.2.1　主攻目标

播种后压实，提高播种质量，努力实现苗齐、苗匀、苗全、苗壮。

6.2.2　主要技术经济指标

基本苗达到 18 万～20 万/亩，麦苗出苗整齐，田间分布均匀。

6.2.3　主要技术措施

6.2.3.1　选用抗病良种

以抗性品种为基础，优化病虫害防控技术模式，能在确保产量的同时，有效减少农药投入量，助力绿色发展。选用天选 54 号～63 号、兰天 30 号、兰天 32 号～35 号、中植 4 号～7 号、兰航选 01、武都 20 号等抗条锈病品种。

6.2.3.2　播种日期

以 10 月 10～25 日为宜。按照 15 千克/亩进行机械播种，播深 3～5 厘米。而后每推迟 3 天，播种量提高 1.0 千克/亩。

6.3　出苗—越冬

11 月上旬至 12 月下旬。

6.3.1　主攻目标

促根增蘖，培育壮苗。

6.3.2　主要技术经济指标

分蘖数 2～3 个，单株叶片数 6～8 个。

6.3.3　主要技术措施

视天气情况进行浇水，保障越冬安全。

6.4　越冬—返青

12 月下旬至翌年 3 月中旬。

6.4.1　主攻目标

确保小麦苗安全越冬。

6.4.2　主要技术措施

适时中耕松土、镇压保墒。

6.5　返青—拔节

3 月下旬至 4 月上旬。

6.5.1 主攻目标

控蘖壮秆。

6.5.2 主要技术措施

6.5.2.1 除草

人工或化学除草。

6.5.2.2 中耕

旺苗田深中耕，或喷施矮壮素等化控药剂；弱苗田浅中耕增温促长。

6.5.2.3 追肥

拔节中后期（3月下旬至4月中旬），每亩追施纯氮3.0千克，占整个生育期氮肥施用量的35%左右。

6.5.2.4 病虫害防治

重点防治小麦红蜘蛛，点片防治小麦条锈病和白粉病。

6.6 拔节—抽穗

4月上旬至5月上旬。

6.6.1 主攻目标

建立合理群体结构，促花增粒。

6.6.2 主要技术措施

6.6.2.1 灌水

基部节间定长后，及时浇好孕穗水，大群体麦田应推迟灌水时间。

6.6.2.2 追肥

缺肥麦田适当补施孕穗肥，喷施或撒施氮肥1.0千克/亩。高肥地块不追肥，以防倒伏。

6.6.2.3 有害生物防治

对田间发生的小麦条锈病、白粉病和麦长管蚜，选用相关药剂组合，采用植保无人机防治或统防统治，进行"一喷多防"，以提高防效。对杂草严重地块，应进行人工拔除。

6.7 灌浆—成熟

5月上旬至6月下旬。

6.7.1 主攻目标

防病治虫，延长生长期，促灌浆，增粒重。

6.7.2 主要技术经济指标

有效穗数30万～35万/亩，平均穗粒数35粒以上，千粒重40克以上。

6.7.3 主要技术措施

6.7.3.1 浇足灌浆水

扬花后10天左右，视天气浇灌浆水。避免大风或阴雨天气浇水，以防倒伏。

6.7.3.2 有害生物防治

重点防治小麦条锈病、白粉病和小麦蚜虫；前茬玉米等秸秆还田田块，扬花期若遇阴雨天气，还应防治小麦赤霉病。齐穗至初花期，将杀虫剂、杀菌剂混合，采用飞机防治或统防统治，实现"一喷多防"。对杂草严重地块，应进行人工拔除。

6.7.3.3 增加粒重

结合病虫害防治，灌浆期喷施磷酸二氢钾及尿素（1.0千克/亩，占整个生育期氮肥施用量的5%左右）水溶液等1～2次，促进粒重增加，同时降低干热风危害。

6.7.4 适时收获

蜡熟末期，采用联合收割机适时收获，严防鸟害或冰雹危害，防止穗发芽。收获后及时晾晒，防止种子发霉。

起草人：曹世勤　张耀辉　王万军　孙振宇　贾秋珍　张勃　黄瑾
起草单位：甘肃省农业科学院、天水市农业科学研究所

甘肃陇南高海拔二阴地区小麦化肥农药减施高效管理技术

1 范围

本文件规定了甘肃陇南高海拔二阴地区冬小麦基肥与追肥，有机与无机相结合的施肥技术；有害生物化学农药精准高效施药技术。

本文件适用于甘肃陇南海拔 1 650 米以上二阴山区，小麦目标产量在 250～400 千克/亩地区的冬小麦化学肥料和化学农药的减施增效管理。

2 规范性引用文件

下列文件对于本文件的应用是必不可少的。凡是注日期的引用文件，仅所注日期的版本适用于本文件。凡是不注日期的引用文件，其最新版本（包括所有的修改单）适用于本文件。

NY/T 2911—2016　测土配方施肥技术规程

GB/T 31732—2015　测土配方施肥　配肥服务技术规范

NY/T 496—2010　肥料合理使用准则　通则

NY/T 1121.1—2006　土壤检测　第 1 部分：土壤样品的采集、处理和贮存

NY/T 1121.7—2014　土壤检测　第 7 部分：土壤有效磷的测定

NY/T 889—2004　土壤速效钾和缓效钾含量的测定

HJ 634—2012　土壤氨氮、亚硝酸盐氮、硝酸盐氮的测定　氯化钾溶液提取-分光光度法

NY525—2012　有机肥料新标准

DB/T 925—2012　小麦主要病虫草害防治技术规范

NY/T 393—2013　绿色食品　农药使用准则

3 术语和定义

3.1 土壤肥力

指土壤为作物正常生长提供并协调营养物质和环境条件的能力。

3.2 有机肥

主要来源于植物和（或）动物，经过发酵腐熟的含碳有机物料，其功能是改善土壤肥力、提供植物营养、提高作物品质。

3.3 农家肥

指在农村中收集、积制和栽种的各种有机肥料，如人粪尿、厩肥、堆肥、绿肥、泥肥、草木灰等。一般能供给作物多种养分和改良土壤性质。

3.4 基肥

指作物播种或定植前结合土壤耕作施用的肥料。

3.5 追肥

指在作物生长期间所施用的肥料。

3.6 监控施肥

基于土壤有效氮、磷和钾养分测定，监控土壤养分供应能力，结合小麦目标产量、品质和环境效应，确定氮、磷、钾肥施用量的技术。

3.7 绿色防控

绿色防控是指从农田生态系统整体出发，以农业防治为基础，积极保护利用自然天敌，恶化病虫的生存条件，提高农作物抗虫能力，在必要时合理使用化学农药，将病虫危害损失降到最低限度。它是持续控制病虫灾害，保障农业生产安全的重要手段。

3.8 农药助剂

农药助剂指本身无生物活性，但与某种农药混用时，能大幅度提高农药的毒力和药效的一类助剂。农药助剂主要是抑制或弱化靶标（害虫、杂草、病菌等）对农药活性的解毒防药害作用，延缓药剂在防治对象内的代谢速度，从而增加防效。农药助剂具有减少喷雾药液随风（气流）飘移，利于药液在叶面铺展及黏附，提高其生物活性，减少用量，降低成本，保护生态环境的作用。

3.9 农药减施增效

结合农业防治、物理防治、生物防治、化学防治等方法，利用高秆喷雾、植保无人机等先进作业设备，再加上使用助剂来降低农药的使用量，达到防治病虫害的效果。

3.10 目标产量

在正常的田间条件下，小麦可获得的预期产量，可由相应田块前三年（自然灾害年份除外）小麦的平均产量乘以系数 1.1 作为目标产量。

3.11 百千克籽粒氮、磷、钾需求量

形成 100 千克小麦籽粒所需要的氮（N）、磷（P_2O_5）和钾（K_2O）量，分别为 2.8 千克、0.73 千克和 2.1 千克。

3.12 施肥限量要求

指以监控施肥技术确定的小麦施肥量为合理施肥量。以 0.9～1.1 倍的合理施肥量为适宜施肥量。若施用有机肥，氮、磷、钾化肥用量减少 5%～10%。

4 冬小麦化肥减施技术

4.1 基本原则

施肥应采用的基本原则是增产、高效。采用有机无机配合施用，做到科学配比、养分平衡，

达到化肥高效利用且降低土壤污染的目的。施好基肥，分配较大比例肥料作为追肥供作物后期生长利用是基本原则。基肥采用撒施法，入土深度应在 10 厘米以下。氮肥追施比例应在 40％左右。

4.2 基肥

在播前全施。建议有条件地块尽量施农家肥 2 000～3 000 千克/亩，或有机肥 40 千克/亩，可与氮肥、磷肥充分混匀后撒施，做到施肥均匀，不重不漏，然后深翻。

4.3 追肥

追肥可根据土壤养分状况和冬小麦的生长发育规律及需肥特性，结合降雨施入，将剩余的 40％的氮肥分别在冬前苗期、返青后拔节期、扬花期在雨前撒施或喷施，以保证冬小麦对氮素营养的需要。

4.4 肥料的选择

基肥应选择品质有保证、售后服务质量好的品种和销售商。有机肥应选择腐熟的有机肥或商品有机肥。

5 冬小麦农药减施技术

5.1 防控原则

坚持"预防为主，综合防治"的植保方针，整体遵循"科学监测，精准防控"的原则，坚持以种植抗病品种为主，生物防治、物理防治、农业防治、生态调控等措施为辅且相协调的综合防控措施，在保证小麦有害生物整体防效的基础上，最大限度地减少用药量和施药次数，促进麦田生态系统的良性循环，达到持续防控的目的。

5.2 播种期

5.2.1 防治对象
地下害虫和条锈病、白粉病、根腐病、全蚀病。

5.2.2 技术措施
（1）种植抗病品种；（2）清除自生麦苗，降低越夏菌源量；（3）进行种子拌种（包衣），降低病害发生程度，防治地下害虫。

5.3 秋苗期

5.3.1 防治对象
地下害虫、蚜虫和条锈病、白粉病及农田杂草。

5.3.2 技术措施
（1）带药侦查，防治秋苗期条锈病和白粉病，降低向东部麦区传播菌源量；（2）毒土诱杀，防治地下害虫；（3）田边地埂喷施杀虫剂，防治蚜虫，降低黄矮病发生危害；（4）喷施除草剂，防除危害。

5.4　返青期至拔节期

5.4.1　防治对象

地下害虫和条锈病、白粉病及农田杂草。

5.4.2　技术措施

（1）带药侦查，防治越冬白粉病；（2）毒土诱杀，防治地下害虫；（3）田边地埂喷施杀虫剂，防治蚜虫，降低黄矮病发生危害；（4）人工（电动）喷雾器或植保无人机喷施除草剂，防除危害。

5.5　拔节期至孕穗期

5.5.1　防治对象

地下害虫、蚜虫、红蜘蛛和条锈病、白粉病及农田杂草。

5.5.2　技术措施

（1）带药侦查，防治越冬白粉病和条锈病。以起到打点保面的作用；（2）毒土诱杀，防治地下害虫；（3）人工（电动）喷雾器喷施杀虫剂，防治蚜虫和红蜘蛛；（4）人工拔除农田杂草。

5.6　孕穗期至灌浆期

5.6.1　防治对象

蚜虫和条锈病、白粉病、赤霉病及农田杂草。

5.6.2　技术措施

（1）用人工（电动）喷雾器或植保无人机，防治白粉病、条锈病和蚜虫；（2）人工拔除农田杂草；（3）喷施磷酸二氢钾或维大利，增强小麦抗病力；（4）充分发挥七星瓢虫等天敌作用，进行达标防治。天敌害虫比1∶150以上，小麦条锈病和白粉病病叶率超过10%时再进行药剂防治。

6　不同生育时期高效管理规程

6.1　整地—播种

9月上旬整地，9月中下旬播种。

6.1.1　主攻目标

精细整地，保持良好地墒，打好秋季播种基础。

6.1.2　主要技术经济指标

土壤有机质＞11克/千克，全氮＞0.8克/千克，碱解氮＞80毫克/千克，有效磷＞10毫克/千克，速效钾＞100毫克/千克。

6.1.3　主要技术措施

6.1.3.1　及早整地

破碎土块，确保播前土壤墒情较好；铲除田间地埂自生麦苗，降低自生麦苗条锈菌和白粉菌菌源量。

6.1.3.2 施足底肥

施入有机肥（家用）3 000～5 000 千克/亩，加入商品有机肥 40 千克/亩；纯 N 5～6 千克/亩，占整个生育期氮肥施用量的 60％；P_2O_5 8～10 千克/亩，全部基施。

6.1.3.3 有害生物防治

针对条锈病、白粉病及地下害虫，选择适宜种衣剂或杀虫杀菌剂，对感病品种进行药剂拌种处理，有条件的地方进行种子包衣处理。

6.2 播种—出苗

9 月上中旬至 10 月上旬。

6.2.1 主攻目标

播种后压实，提高播种质量，努力实现苗齐、苗匀、苗全、苗壮。

6.2.2 主要技术经济指标

基本苗 20 万～25 万/亩，出苗整齐，田间分布均匀。

6.2.3 主要技术措施

6.2.3.1 选用抗病良种

以种植抗条锈病兼抗白粉病品种为基础，优化病虫害防控技术模式，在确保产量的同时，有效减少农药投入量，助力绿色发展。选用兰天 19 号、兰天 26 号、兰天 27 号、兰天 29 号、中梁 27 号、中梁 34 号、天选 35 号、天选 50 号等适宜于高海拔山区种植的抗条性品种。

6.2.3.2 播种日期

以 9 月 10～30 日为宜。按照 15 千克/亩进行机械播种，播深 3～5 厘米。10 月 1 日后播种，每晚 3 天播种量提高 1.0 千克/亩。10 月 10 日以后播种对翌年产量影响大。

6.3 出苗—越冬

9 月中旬至 12 月中旬。

6.3.1 主攻目标

促根增蘖，培育壮苗。

6.3.2 主要技术经济指标

分蘖数 3～5 个，单株叶片数 8 个以上。

6.3.3 主要技术措施

（1）追施氮肥 10％，提高生长量；（2）防治发病田块，打点保面，降低条锈病病菌和白粉病病菌向东部麦区提供菌源量和越冬基数；（3）防治农田杂草，降低危害程度。

6.4 越冬—返青

12 月中旬至翌年 3 月下旬。

6.4.1 主攻目标

确保小麦苗安全越冬。

6.4.2 主要技术措施

（1）适时中耕松土、镇压保墒；（2）追施氮肥 10％，提高生长量。

6.5　拔节—抽穗

4月上旬至5月上中旬。

6.5.1　主攻目标

控蘖壮秆，防治有害生物危害。

6.5.2　主要技术措施

6.5.2.1　除草

春季人工或化学除草。

6.5.2.2　中耕

旺苗田深中耕，或喷施矮壮素等化控药剂；弱苗田浅中耕，增温促长。

6.5.2.3　追肥

拔节中后期（4月上旬至4月下旬）第一次追肥，追施纯氮3.0~4.0千克/亩，占整个生育期氮肥施用量的30%左右；基部间定长后，雨前或雨后适当补施孕穗肥1.0千克/亩，占整个生育期氮肥施用量的10%。大群体麦田减少追氮量，以防倒伏。

6.5.2.4　病虫害防治

带药侦查，点片防治越冬小麦条锈病和白粉病，以防全田蔓延危害；人工拔除田间杂草。

6.6　灌浆—成熟

5月中旬至7月中旬。

6.6.1　主攻目标

防病治虫，促灌浆，增粒重。

6.6.2　主要技术经济指标

有效穗数25万~30万/亩，平均穗粒数28~30粒，千粒重35克以上。

6.6.3　主要技术措施

6.6.3.1　有害生物防治

重点防治小麦条锈病、白粉病和小麦蚜虫；齐穗至初花期，将杀虫剂、杀菌剂和磷酸二氢钾混合，采用植保无人机防治或统防统治，实现"一喷多防"。对杂草严重地块，应进行人工拔除。

6.6.3.2　增加穗粒重

结合病虫害防治，灌浆期喷施钾肥等叶面肥1~2次，促进粒重增加，同时降低干热风危害。

6.6.4　适时收获

蜡熟末期，采用联合收割机适时收获，严防鸟害或冰雹危害，防止穗发芽。收获后及时晾晒，防止种子发霉。

起草人：曹世勤　岳维云　张耀辉　王万军　孙振宇　贾秋珍　张勃　黄瑾

起草单位：甘肃省农业科学院、天水市农业科学研究所

宁夏灌区春小麦减肥减药集成技术

1　范围

本文件规定了宁夏灌区土壤培肥化肥替代，灌区春小麦基肥、种肥与追肥的施肥技术；种子包衣、病虫害精准施药技术。

本文件适用于宁夏灌区春小麦化学肥料和化学农药的减施增效全程管理。

2　规范性引用文件

下列文件对于本文件的应用是必不可少的。凡是注日期的引用文件，仅所注日期的版本适用于本文件。凡是不注日期的引用文件，其最新版本（包括所有的修改单）适用于本文件。

GB/T 1.1—2009　标准化工作导则　第1部分：标准的结构和编写

GB/T 1351—2008　小麦

GB/T 4404.1—2008　粮食作物种子　第1部分：禾谷类

GB/T 15671—2009　农作物薄膜包衣种子技术条件

GB/T 17997—2008　农药喷雾机（器）田间操作规程及喷洒质量评定

NY/T 1997—2011　除草剂安全使用技术规范通则

NY/T 3015—2016　机动植保机械安全操作规程

NY/T 496—2002　肥料合理使用准则　通则

NY/T 394—2000　施用肥料种类

DB/T 925—2012　小麦主要病虫草害防治技术规范

NY/T 393—2013　绿色食品　农药使用准则

GB 5084—2005　农田灌溉水质标准

3　术语和定义

下列术语和定义适用于本文件。

3.1　宁夏灌区

宁夏灌区包括引黄灌区，引用黄河水自流灌溉区，扬黄灌区，泵站一级、二级扬水灌溉区。

3.2　土壤肥力

指土壤为作物正常生长提供并协调营养物质和环境条件的能力。

3.3　化肥有机替代

指按照作物目标产量养分需求量，土壤肥力，依照以秸秆、有机肥、农家肥中氮、磷、钾养分含量及矿化量代替作物化学肥料需求量的 $15\%\sim30\%$。

3.4 基肥

指作物播种或定植前结合土壤耕作施用的肥料。

3.5 种肥

指播种或定植时施用于种子或幼株附近或与种子混播的肥料。

3.6 追肥

指在作物生长期间通过机械或人工施用的肥料。

3.7 化肥减施增效

按照作物目标产量氮、磷、钾养分需求量，土壤肥力，结合化学肥料有机替代，实施化学肥料总量控制，磷、钾肥全量早施、深施，氮肥科学基施、追施，锌、硼微肥利用高干喷雾、无人机等作业设备喷施，达到土壤地力提升和化学肥料减施增产的效果。

3.8 种子包衣

选择检疫符合 GB/T7412 的要求的作物种子及符合 GB/T15671 要求的种衣剂，达到防治土壤病害、苗期病虫害，促进生长发育，提高作物产量的效果。

3.9 全程绿色防控

全程绿色防控是指从农田生态系统出发，实施作物全生育期有害生物监测，以农业防治为基础，病害预防早治，充分利用自然天敌防治虫害，提高作物抗病虫能力，在必要时合理使用化学农药，有效降低病虫害危害程度，是保障作物生产安全、质量安全和生态安全的重要手段。

3.10 立体匀播

立体匀播技术是指小麦采用匀播机械使"施肥、旋耕、播种、镇压、覆土、再镇压"一体化作业的播种技术。该技术实现种、肥、土立体均匀分布，播种深度适宜，作业效率高，播种质量好，为小麦后期个体均匀发育、群体光能高效利用和获取高产创造了重要条件。

4 宁夏灌区小麦化肥减施技术

4.1 基本原则

施肥应采用的基本原则是增产、优质、高效和环保。灌区春小麦的施肥应采用土壤培肥化学肥料减量、微量元素补充的原则，要做到有机无机相结合，化学肥料科学配比、养分平衡，施肥与高产高效栽培技术相结合。要重视氮肥结合灌溉优化调控，降低损失。施肥方法是有机肥冬灌前早施，磷、钾肥早施深施，种肥比例适宜。基肥施肥采用撒施的施肥方法，肥料入土深度应在 10 厘米以下，追肥应在灌溉前 1~2 天均匀撒施。

4.2 土壤肥力分级

农田土壤肥力主要以土壤有机质含量、全氮含量和全盐含量作为肥力判断的主要标准，土壤磷水平、钾水平分别以土壤有效磷、速效钾含量高低来衡量（表1）。

表 1 宁夏灌区土壤肥力分级标准

区域	土壤类型	肥力等级	土壤肥力指标				
			全盐（克/千克）	有机质（克/千克）	全氮（克/千克）	有效磷（P_2O_5，毫克/千克）	速效钾（K_2O，毫克/千克）
引黄灌区	灌淤土	高肥力	<2.0	≥17	≥1.0	≥30	≥200
		中肥力	2.0~3.0	10~17	0.8~1.0	15~30	100~200
		低肥力	>3.0	≤10	≤0.8	≤15	≤100
扬黄灌区	灰钙土	高肥力	<2.0	≥15	≥1.0	≥25	≥200
		中肥力	2.0~3.0	8~15	0.6~1.0	15~25	100~200
		低肥力	>3.0	≤8	≤0.6	≤15	≤100

4.3 总施肥量

根据宁夏灌区小麦目标产量、土壤养分供应能力和化学肥料的肥效，结合不同灌区丰产栽培实践，春小麦各种养分施肥量见表2。

表 2 宁夏灌区小麦化肥施肥总量（纯养分，千克/亩）

区域	肥力等级	施肥量		
		N	P_2O_5	K_2O
引黄灌区	高肥力	14.5~16.5	5~6	1~2
	中肥力	16.6~18.0	6~7	2~3
	低肥力	18.0~20.0	7~8	3~4
扬黄灌区	高肥力	15.0~17.0	5~6	1~2
	中肥力	17.0~19.0	6~8	2~4
	低肥力	19.0~21.0	8~10	4~5

4.4 秸秆还田化肥替代

在上茬作物（玉米、小麦、水稻）收获期采用联合收割机排草口自带的秸秆切碎装置将作物秸秆切碎成 6~10 厘米的小段，切碎的秸秆均匀分散于田面，自然晾晒不超过 3 天，尽快翻压还田增加土壤中的微生物量，加速秸秆腐解，在秸秆翻压还田前配施秸秆腐熟剂，用量为 1.5～2 千克/亩。在秸秆翻压还田时施用尿素 3～5 千克/亩和重过磷酸钙 5 千克/亩。在冬季封冻前进行冬灌，灌水深度为 10～15 厘米。

4.4.1　基肥

基肥尽量在播前均匀撒施，按照测土配方施肥标准结合耕翻施入土壤。避免秸秆还田后与作物争氮现象，建议可用 50％ 的氮肥、100％ 磷钾肥充分混匀后机械撒施，做到施肥均匀，然后深翻。秸秆还田替代化肥基肥用量见表 3。

表 3　秸秆还田替代化肥基肥用量（纯养分，千克/亩）

区域	肥力等级	秸秆	施肥量		
			N	P_2O_5	K_2O
引黄灌区	高肥力	500	7.3～8.3	2.7～3.7	1～2
	中肥力	500	8.3～9.0	3.7～4.7	2～3
	低肥力	500	9.0～10.0	4.7～5.7	3～4
扬黄灌区	高肥力	500	7.5～8.5	2.7～3.7	1～2
	中肥力	500	8.5～9.5	3.7～5.7	2～4
	低肥力	500	9.5～10.5	5.7～7.7	4～5

4.4.2　种肥

播种时施 5 千克/亩的磷酸二铵作种肥。

4.4.3　追肥

追肥可根据春小麦生长情况、土壤养分状况及春小麦需肥特性在灌溉前施入，将剩余的 50％ 的氮肥分别在苗期—分蘖期（头水）、拔节期—孕穗期（二水）撒施，以保证春小麦高产对氮素营养的需要。具体施肥方案见表 4。

表 4　秸秆还田替代化肥追肥用量（纯养分，千克/亩）

区域	肥力等级	养分	追肥/灌溉			
			苗期—分蘖期	拔节期—孕穗期	扬花期	灌浆期
			第一水 （4月中下旬）	第二水 （5月上旬）	第三水 （5月下旬）	第四水 （6月上中旬）
引黄灌区	高肥力	N	5.8～6.6	2.9～3.3	0.0　0.0	0.0
	中肥力		6.6～7.2	3.3～3.6	0.0　0.0	0.0
	低肥力		7.2～8.0	3.6～4.0	0.0　0.0	0.0
扬黄灌区	高肥力	N	6.0～6.8	3.0～3.4	0.0　0.0	0.0
	中肥力		6.8～7.6	3.4～3.8	0.0　0.0	0.0
	低肥力		7.6～8.4	3.8～4.2	0.0　0.0	0.0

4.5　有机肥施用化肥替代

4.5.1　基肥

基肥尽量在上茬作物收获后冬灌前或者播种前均匀撒施，按照测土配方施肥标准结合耕翻施入土壤。建议尽量施优质农家肥 1 000～1 500 千克/亩，可用 40％ 的氮肥、100％ 磷钾肥充分混匀后机械撒施，做到施肥均匀，然后深翻整地。具体方案见表 5。

表 5 有机肥替代化肥基肥用量（纯养分，千克/亩）

区域	肥力等级	有机肥	施肥量		
			N	P_2O_5	K_2O
引黄灌区	高肥力	1 000～1 500	5.8～6.6	2.7～3.7	1～2
	中肥力	1 000～1 500	6.6～7.2	3.7～4.7	2～3
	低肥力	1 000～1 500	7.2～8.0	4.7～5.7	3～4
扬黄灌区	高肥力	1 000～1 500	6.0～6.8	2.7～3.7	1～2
	中肥力	1 000～1 500	6.8～7.6	3.7～5.7	2～4
	低肥力	1 000～1 500	7.6～8.4	5.7～7.7	4～5

4.5.2 种肥

播种时施 5 千克/亩的磷酸二铵作种肥。

4.5.3 追肥

追肥可根据春小麦生长情况、土壤养分状况及春小麦需肥特性在灌溉前施入，将剩余的 50％的氮肥分别在苗期—分蘖期（头水）、拔节期—孕穗期（二水）撒施，以保证春小麦高产对氮素营养的需要。具体施肥方案见表 6。

表 6 有机肥替代化肥追肥用量（纯养分，千克/亩）

区域	肥力等级	养分	追肥/灌溉			
			苗期—分蘖期	拔节期—孕穗期	扬花期	灌浆期
			第一水 （4 月中下旬）	第二水 （5 月上旬）	第三水 （5 月下旬）	第四水 （6 月上中旬）
引黄灌区	高肥力		5.8～6.6	2.9～3.3	0.0	0.0	0.0
	中肥力	N	6.6～7.2	3.3～3.6	0.0	0.0	0.0
	低肥力		7.2～8.0	3.6～4.0	0.0	0.0	0.0
扬黄灌区	高肥力		6.0～6.8	3.0～3.4	0.0	0.0	0.0
	中肥力	N	6.8～7.6	3.4～3.8	0.0	0.0	0.0
	低肥力		7.6～8.4	3.8～4.2	0.0	0.0	0.0

4.6 肥料的选择

基肥应选择品质有保证、销售商信誉高、售后服务质量好的肥料品种和销售商。有机肥应选择腐熟的有机肥或商品有机肥。

5 宁夏灌区春小麦农药减施技术

5.1 绿色防控原则

坚持"预防为主，综合防治"的植保原则，从麦田生态系统出发，发挥农田生态服务功能，强化病害预防早控、虫害绿色早控，强调生物防控和物理防控，科学使用农药，最大限度地减少用化学农药用量和施药次数，保障小麦生产安全、质量安全和生态环境安全，达到全程绿色防控的目的。

5.2　播种期农药减施技术

防治对象：种传、土传病害。

5.2.1　合理轮作/间作

选择水稻、玉米、油葵、豆类等作物进行 1～2 年轮作；小麦长期连作，可与玉米、豆类等间作套种，能收到较好的防效。

5.2.2　种子选择

选用通过检疫的国家或省级审定品种，种子生产应符合 GB/T 7412 的要求。对于防治小麦全蚀病菌、黑穗菌、小麦粒线虫等种传、土传病害能收到较好的防效。禁止从疫区调运种子、引种、调种。禁止使用未经检疫的种子。

5.2.3　田间管理

5.2.3.1　合理密植

保持田间通风透光差，湿度大、植株细弱易倒伏，有利于病害发生。

5.2.3.2　清除自生麦苗

小麦锈病和白粉病在自生麦苗上越夏，传染给秋苗，清除自生麦苗在一定程度上减少病原菌越夏菌源，降低病菌基数。

5.2.4　化学防治

5.2.4.1　种子拌种包衣

种子拌种包衣预防小麦黑穗病、根腐病、纹枯病、全蚀病黑穗病（散黑穗病、腥黑穗病）、病毒病。选择含有木霉菌、苯醚甲环唑、地衣芽孢杆菌、井冈·枯芽菌等各种有效成分拌种包衣剂，拌种剂药剂选择与施用方法见表 7。

表 7　小麦拌种剂有效药剂及施用方法

用途	通用名	剂型及含量	有效成分	施药方法	每 100 千克种子制剂用量	每 100 千克种子用水量	每季最多使用次数
种子处理	奥拜瑞	31.9%悬浮种衣剂	30.8%吡虫啉＋1.1%戊唑醇	拌种	200～600 毫升	1.5 升	1
	酷拉斯	27%悬浮种衣剂	2.2%苯醚甲环唑＋2.2%咯菌腈＋22.6%噻虫嗪	拌种	200～600 毫升	1.5 升	1
	多·咪·福美双	11%悬浮种衣剂	4%多菌灵＋6%福美双＋1%咪鲜胺	拌种	药：种＝1：55～60：0.5	1.0 升	1
	苯甲·戊唑醇	40%悬浮剂	20%苯醚甲环唑＋20%戊唑醇	拌种	3～4 克	1.5 升	1

大量种子使用专用拌种机；少量种子可在塑料布上人工搅拌，或混合后装入塑料袋内反复翻动，搅拌均匀。拌种后阴干 6～12 小时后播种。

5.2.4.2　地下害虫防治

地下害虫防治用 40%辛硫磷乳油 0.3 千克，或 48%毒死蜱乳油 0.25 千克兑水 1～2 升，拌细土 25 千克制成毒土，整地前均匀施入田面，随耕地作业翻入土壤中，防治蛴螬、金针虫等地下害虫。

5.3 拔节期农药减施技术

5.3.1 化学防治
5.3.1.1 条锈病防治

根据小麦锈病和白粉病预测预报结果，病叶率10％时即进行防治，做到早防早治、统防统治，可用15％三唑酮可湿性粉剂80～100克/亩或20％戊唑醇可湿性粉剂50～60克兑水1升/亩，无人机超低量喷雾防治。

5.3.1.2 白粉病防治

根据小麦白粉病预测预报结果，以防为主、坚持统防，在病害发生初期，即进行防治，做到早防早治、统防统治，可用12.5％禾果利（烯唑醇）20～30克或15％三唑酮80～100克兑水1升/亩，进行无人机喷雾作业防治。

5.3.1.3 赤霉病防治

根据小麦赤霉病预测预报结果，以防为主、坚持统防，在病害发生初期，即进行防治，做到早防早治、统防统治，可用50％多菌灵可湿性粉剂80～100克/亩，进行无人机喷雾作业防治。

5.4 穗期病害农药减施技术

穗期病害主要有小麦条锈病、叶锈病、白粉病和赤霉病。

5.4.1 农业防治

避免偏施氮肥，注意增施磷、钾肥，增强小麦抗病力。

5.4.2 化学防治
5.4.2.1 条锈病防治

根据小麦锈病和白粉病预测预报结果，病叶率10％时即进行防治，做到早防早治、统防统治，可用15％三唑酮可湿性粉剂80～100克或20％戊唑醇可湿性粉剂20～30克兑水1升/亩，进行无人机超低量喷雾防治。

5.4.2.2 白粉病防治

根据小麦白粉病预测预报结果，以防为主、坚持统防，在病害发生初期，即进行防治，做到早防早治、统防统治，可用12.5％禾果利（烯唑醇）20～30克或15％三唑酮80～100克兑水1升/亩，进行无人机喷雾作业防治。

5.4.2.3 赤霉病防治

根据小麦赤霉病预测预报结果，以防为主、坚持统防，在病害发生初期，即进行防治，做到早防早治、统防统治，可用50％多菌灵可湿性粉剂80～100克/亩，进行无人机喷雾作业防治。

5.5 穗期虫害农药减施技术

穗期虫害主要有小麦皮蓟马、蚜虫和负泥虫。

5.5.1 物理防治

在麦蚜、皮蓟马发生期，可利用黄板诱杀，每亩均匀插挂15～30块黄板，高出小麦20～30厘米。

5.5.2　化学防治

喷雾防治：根据麦田虫害预测预报结果，在虫害发生期，可用5％吡虫啉可湿性粉剂30克/亩或22％氟啶虫胺腈悬浮剂10毫升/亩喷雾防治，用水量30克/亩。用无人机1升/亩超低量喷雾防治。

5.6　草害全程防治

防治对象：灰菜、芥菜、苣荬菜、野荞麦、问荆、狗尾草、芦苇、马齿苋、播娘蒿等。

5.6.1　农业防治

清除田头、路边、沟渠杂草。田边、路边、沟边、渠埂杂草是田间杂草的来源之一，认真清除上述"三边"杂草，特别是在杂草种子成熟之前采取防除措施，则杜绝其扩散的效果会更加显著。

5.6.2　化学防治

喷施72％的2,4-滴丁酯600～750毫升/公顷，或10％苯磺隆可湿性粉剂10～12克/亩，或5％唑啉·炔草酯乳油80～100毫升/亩，或7％双氟·炔草酯可分散油悬浮剂70～80毫升/亩，春小麦每亩兑水30～45升均匀喷雾。

起草人：郭鑫年　沈强云　黄玉峰　葛玉萍　郭成瑾　纪立东　赵营　孙娇
起草单位：宁夏农林科学院农业资源与环境研究所、宁夏农林科学院农作物研究所、
　　　　　宁夏农林科学院植物保护研究所、宁夏回族自治区原种场

青海水地春小麦减肥减药技术

1 范围

本文件规定了青海省水浇地不同肥力田块春小麦化肥有机替代过程中涉及的地力分级、施肥管理、生产条件和产量指标、备耕、田间管理等技术要求。

本文件适用于东部农业区的低位、中位水浇地及柴达木绿洲地区小麦种植。

2 规范性引用文件

下列文件对于本文件的应用是必不可少的。凡是注日期的引用文件，仅所注日期的版本适用于本文件。凡是不注日期的引用文件，其最新版本（包括所有的修改单）适用于本文件。

GB/T 15671—2009 农作物薄膜包衣种子技术条件

GB 4404.1—2010 粮食作物种子禾谷类

GB/T 3543.5—1995/XG1—2015 农作物种子检验规程真实性和品种纯度鉴定

GB 18382—2016 肥料标识内容和要求

GB/T 8321.10—2018 农药合理使用准则（所有部分）

NY/T 1276—2007 农药安全使用规范总则

NY 1107—2010 大量元素水溶肥料

NY 525—2012 有机肥料

NY 884—2012 生物有机肥

HG/T 4365—2012 水溶性肥料

3 术语和定义

下列术语和定义适用于本文件。

3.1 土壤肥力

指土壤提供作物生长所需各种养分的能力。

3.2 地力分级

根据耕地基础地力不同所构成的生产能力对耕地进行分级。

3.3 基肥

指作物播种或定植前结合土壤耕作施用的肥料。

3.4 追肥

指在作物生长期间所施用的肥料。

3.5 农药助剂

农药助剂指本身无生物活性，但与某种农药混用时，能大幅度提高农药的毒力和药效的一类助剂。农药助剂主要是抑制或弱化靶标（害虫、杂草、病菌等）对农药活性的解毒防药害作用，延缓药剂在防治对象内的代谢速度，从而增加防效。农药助剂具有减少喷雾药液随风（气流）飘移，利于药液在叶面铺展及黏附，提高其生物活性，减少用量，降低成本，保护生态环境的作用。

4 青海水地春小麦氮肥有机替代技术

4.1 基本原则

有机替代技术采用的基本原则是减少化肥农药等投入品的过量使用，优化产地环境，推进农业生产废弃物综合治理和资源化利用，降低农业废弃物面源污染，推动农业绿色发展方式。

4.2 地力分级

根据项目组测土配方施肥数据、多年多点试验数据、短期和长期定位试验数据，对青海春小麦种植区地力进行分级，共分为 6 级。

4.2.1 土壤肥力分级

按照土壤养分高低将土壤分为六级（全国第二次土壤普查六级制分级），分级标准见表 1。

表 1 土壤肥力分级指标（六级制分级）

级别	有机质（克/千克）	全氮（克/千克）	全磷（克/千克）	全钾（克/千克）	碱解氮（毫克/千克）	有效磷（毫克/千克）	速效钾（毫克/千克）
一级	>40	>2	>2.50	>30	>150	>40	>200
二级	30~40	1.50~2.00	2.00~2.50	25~30	120~150	20~40	150~200
三级	20~30	1.00~1.50	1.50~2.00	20~25	90~120	10~20	100~150
四级	10~20	0.75~1.00	1.00~1.50	15~20	60~90	5~10	50~100
五级	6~10	0.50~0.75	0.50~1.00	6~10	30~60	3~5	30~50
六级	≤6	≤0.50	≤0.50	≤6	≤30	≤3	≤30

4.2.2 土壤养分分等定级评分

土壤养分分等定级评价选择土壤有机质、全氮或碱解氮、有效磷和速效钾 4 个指标进行评分（参考北京市土壤养分指标评分规则并进行修正），分为 6 个分级，评分标准见表 2。

表 2 土壤养分评分

评分（F）	有机质（克/千克）	全氮（克/千克）	碱解氮（毫克/千克）	有效磷（毫克/千克）	速效钾（毫克/千克）	分值
一级	≥40	≥2	≥150	≥40	≥200	100
二级	30~40	1.50~2.00	120~150	20~40	150~200	90
三级	20~30	1.00~1.50	90~120	10~20	100~150	80

（续）

评分（F）	有机质 （克/千克）	全氮 （克/千克）	碱解氮 （毫克/千克）	有效磷 （毫克/千克）	速效钾 （毫克/千克）	分值
四级	10～20	0.75～1.00	60～90	5～10	50～100	60
五级	10～6	0.50～0.75	30～60	3～5	30～50	40
六级	≤6	≤0.50	≤30	≤3	≤30	20

注：各指标分级区间分界点关系为含下限，不含上限。

对表 2 中有机质、全氮或碱解氮、有效磷和速效钾 4 个指标土在土壤肥力构成中的贡献，计算其土壤养分权重值，采用简化公式来计算，公式如下：

$$F\ (W)=0.9\times\frac{F-F_1}{F_2-F_1}+0.1$$

公式中 F_1 为不同分级下土壤养分指标的下界值，F_2 为不同分级下土壤养分指标的上界值，$F\ (W)$ 为土壤养分指标的实测值，四个指标权重值合计值等于 1，见表 3。

表 3　土壤养分权重值

项目	权重值（W）
有机质	W_{OM}
全氮/碱解氮	W_N
有效磷	W_P
速效钾	W_K
合计	1.00

4.2.3　土壤综合养分指数

计算评价不同地区地块的土壤养分综合指数（I），采用加法模型，公式如下：

$$I=\sum_{i=1}^{n}F_i\times W_i$$

公式中 F_i 指第 i 个指标的评分值（表 2 分值），W_i 指第 i 个指标的权重。根据青海省不同区域、不同地力水平可分为 6 级，见表 4。

表 4　土壤综合养分指数

等级	综合指数（I）
一级	100～95
二级	95～85
三级	85～75
四级	75～50
五级	50～30
六级	30～0

注：各指标分级区间分界点关系为含下限，不含上限。

4.3　施肥管理

4.3.1　化肥氮有机替代指标

按表4中土壤养分综合指数分级计算出不同养分田块纯氮施用量，见表5。

表5　不同养分地块有机氮替代施用量

等级	养分综合指数（I）	总氮使用量（千克/亩）	化肥氮使用量（千克/亩）	有机氮使用量（千克/亩）
一级	95～100	2.8～3.0	1.4～1.5	1.4～1.5
二级	85～95	3.0～3.5	1.5～1.75	1.5～1.75
三级	75～85	3.5～4.0	1.75～2.0	1.75～2.0
四级	50～75	4.0～5.5	2.8～3.85	1.2～1.65
五级	30～50	5.5～7.5	3.85～5.25	1.65～2.25
六级	0～30	7.5～8.5	6.75～7.65	0.75～0.85

注：个指标分级区间分界点关系为含下限，不含上限。

4.3.2　有机氮替代量

化肥氮替代量根据表5进行简化操作，土壤综合养分指数＞75地块，化肥有机替代50％。土壤综合养分指数75～50地块，化肥有机替代30％。土壤综合养分指数≤50地块，化肥有机替代10％。生产中，商品有机肥或生物有机肥纯氮含量均按2％计，以下有机肥量计算均以此为准。

土壤综合养分指数＞75地块，施用化肥纯氮1.4～2.0千克/亩，施用有机肥70～100千克/亩、纯磷2.0～3.5千克/亩、纯钾1.0千克/亩。

土壤综合养分指数75～50地块，施用化肥纯氮2.8～3.85千克/亩，施用有机肥60～82.7千克/亩、纯磷3.5～5.0千克/亩、纯钾1.5千克/亩。

土壤综合养分指数≤50地块，施用化肥纯氮3.85～7.65千克/亩，施用有机肥42.5～82.5千克/亩、纯磷5.0～7.0千克/亩、纯钾2.0千克/亩。

商品有机肥质量符合NY525—2012有机肥料的规定，商品生物有机肥质量符合NY884—2012生物有机肥的规定，以上肥料的包装、内容等符合GB18382—2016的规定。

4.3.3　施肥

4.3.3.1　底肥

有机肥一次性施入并深翻，深度20～30厘米，然后撒施化肥，其中化肥氮采用分次施肥，基追比8/2（即80％化肥氮作底肥，20％化肥氮用于追肥），旋耕土壤，耕深15～20厘米。

4.3.3.2　追肥

化肥氮追施，在小麦孕穗期结合灌水追施氮肥（基追比8/2）。孕穗期用磷酸二氢钾50克/亩，兑水30升/亩，晴天喷施。

水溶有机肥追施，生产上采用植宝素有机水溶肥料，稀释800～1 000倍叶面喷施1次，用量500毫升/亩。在抽穗期和灌浆期进行叶面喷施，在阴天或阳光较弱时进行喷施，以免灼伤叶片，喷施后2小时遇雨应重新补喷。

水溶有机肥质量符合 NY 1107—2010 和 HG/T4365—2012 的规定。

5　生产条件和产量指标

5.1　气候条件

全生育期≥0 ℃以上积温 1 669.00 ℃±53.00 ℃，无霜期≥125 天。

5.2　产量指标

土壤综合养分指数＞75 地块，产量 450～500 千克/亩；土壤土壤综合养分指数 75～50 地块，产量 350～450 千克/亩；土壤综合养分指数＜50 地块，产量 250～350 千克/亩。

6　备耕

冬灌地前作收获后深翻，11 月中下旬（立冬至小雪）灌冬水；播种前旋耕土壤，打碎根茬、坷垃，要求地平土细，土壤上虚下实。

6.1　品种选择与轮作

选用广适性强的地方主栽品种，采用麦-豆-油-薯轮作方式。

种子质量符合 GB/T 3543.5—1995/XG1—2015 和 GB/4404.1—2008 的规定，包衣种子应符合 GB/T 15671—2009 的规定。

6.1.1　播种

6.1.1.1　播种时间

适宜播期为 2 月下旬至 3 月下旬，气温稳定通过 3～5 ℃时"顶凌"播种。

6.1.1.2　播种方式

窄行条播，行距 15.00 厘米；宽行条播，行距 20 厘米；播深 4.00～5.00 厘米。

6.1.2　播量与密度

土壤综合养分指数＞75 地块，播种量 15～17.5 千克/亩，基本苗 28.00 万～33.00 万株/亩，穗数 38 万～42 万穗/亩；土壤综合养分指数 75～50 地块，播种量 17.5～20.0 千克/亩，基本苗 30.03 万～35.00 万株/亩，穗数 35 万～40 万穗/亩；土壤综合养分指数≤50 地块，播种量 32.0～22.5 千克/亩，基本苗 35.00 万～39.33 万株/亩，穗数 40 万～45 万穗/亩。

7　田间管理

7.1　除草

青海省小麦种植区优势杂草有野燕麦、萹蓄、藜、苦苣菜、苣荬菜等。赖草、狗尾草、芦苇、藏蓟、猪殃殃、大刺儿菜、荞麦蔓、密花香薷、野油菜、节裂角茴香 10 种杂草为区域性优势杂草。

7.1.1　燕麦畏系列除草剂产品高效替代技术

施药一次实现小麦全生育期无草害，减少施药次数，提高农药利用率。

组合 1：7.5%啶磺草胺可分散粒剂 25 克＋75%苯磺隆干悬浮剂 1.5 克＋72% 2,4-滴丁酯乳油 20 毫升。

组合 2：15％炔草酯可湿性粉剂 25 克＋56％2 甲 4 氯钠可湿性粉剂 40 克＋50％双氟磺草胺悬浮剂 15 毫升。

唑啉草酯、啶磺草胺、炔草酯、甲基二磺隆、精噁唑禾草灵等除草剂，茎叶喷雾处理可有效防除野燕麦，实现对靶高效、精准减量。

防除旱雀麦用除草剂啶磺草胺 15～25 克/亩。

7.1.2　菊科杂草高效防除替代技术

二氯吡啶酸（商品名龙拳、毕草克）等除草剂，可高效防除麦田苣荬菜、大刺儿菜、藏蓟、苦苣菜等菊科杂草。

7.1.3　增效助剂（有机硅助剂、安全剂）配施除草剂减量使用技术

采用有机硅助剂与苯磺隆·氯氟吡氧乙酸配施，可完全替代苯磺隆和 2,4-滴丁酯单用及混用配方缺陷，实现除草剂减施、提质增效的目的。

甲基二磺隆（世玛）与安全剂 Lg-14 配合使用，提高了对野燕麦防效，在同等除草水平能够降低世玛除草剂用量 20％～30％。

7.2　灌水

三叶一心浇头水，分蘖期浇二水，孕穗期浇三水，灌浆期浇四水。

7.3　病虫害防治

麦茎蜂在小麦孕穗期（麦茎蜂羽化）、吸浆虫在小麦抽穗初期（吸浆虫化蛹中期），选用 3％啶虫脒乳油 2 000 倍液喷雾防治或 5％吡虫啉乳油 2 000 倍液喷雾防治；抽穗期和灌浆期，选用 25％三唑酮可湿性粉剂 1 200～2 000 倍液喷雾或 20％三唑酮乳油剂 1 000～1 500 倍液＋5％吡虫啉乳油 2 000 倍液，进行锈病、白粉病和蚜虫防控。

7.4　收获

籽粒完熟期进行机械收获。

起草人：徐仲阳　李松龄　王亚艺　张洋　王信　张荣　高旭升　赵永德　王全才

起草单位：青海省农林科学院、湟中县农业技术推广中心

新疆滴灌冬小麦化肥农药减施增效技术

1 范围

本文件规定了滴灌冬小麦基肥、种肥与追肥，有机与无机相结合的施肥技术；有害生物化学农药精准高效、农药替代等施药技术。

本文件适用于滴灌冬小麦化学肥料和化学农药的减施增效管理。

2 规范性引用文件

下列文件对于本文件的应用是必不可少的。凡是注日期的引用文件，仅所注日期的版本适用于本文件。凡是不注日期的引用文件，其最新版本（包括所有的修改单）适用于本文件。

GB/T 8321—2000 农药合理使用准则（所有部分）

NY/T 496—2010 肥料合理使用准则 通则

NY 686—2003 磺酰脲类除草剂合理使用准则

NY/T 1997—2001 除草剂安全使用技术规范 通则

NY/T 1121.6—2006 土壤有机质的测定

NY/T 1121.24—2012 土壤全氮的测定

NY/T 1121.7—2014 土壤有效磷的测定

NY/T 889—2004 土壤速效钾和缓效钾的含量测定

3 术语和定义

下列术语和定义适用于本文件。

3.1 绿色防控

绿色防控是指从农田生态系统整体出发，以农业防治为基础，积极保护利用自然天敌，恶化病虫的生存条件，提高农作物抗虫能力，在必要时合理使用化学农药，将病虫危害损失降到最低限度。它是持续控制病虫灾害，保障农业生产安全的重要手段。

3.2 农药助剂

农药助剂指本身无生物活性，但与某种农药混用时，能大幅度提高农药的毒力和药效的一类助剂。农药助剂主要是抑制或弱化靶标（害虫、杂草、病菌等）对农药活性的解毒防药害作用，延缓药剂在防治对象内的代谢速度，从而增加防效。农药助剂具有减少喷雾药液随风（气流）飘移，利于药液在叶面铺展及黏附，提高其生物活性，减少用量，降低成本，保护生态环境的作用。

3.3 农药减施增效

指结合农业防治、物理防治、生物防治、化学防治等方法，利用高杆喷雾、无人机等先进作业设备，再加上使用助剂来降低农药的使用量，达到防治病虫害的效果。

3.4　土壤肥力

指土壤为作物正常生长提供并协调营养物质和环境条件的能力。

3.5　基肥

指作物播种或定植前结合土壤耕作施用的肥料。

3.6　种肥

指播种（或定植）时施于种子或幼株附近，或与种子混播的肥料。

3.7　追肥

指在作物生长期间所施用的肥料。

4　滴灌冬小麦化肥减施技术

4.1　基本原则

施肥应采用的基本原则是增产、优质、高效、环保和改土。滴灌冬小麦的施肥应采用有机无机配合施用的原则，要做到科学配比、养分平衡，同时要注意施肥技术与高产优质栽培技术相结合，尤其要重视水肥联合调控。施肥方法是施好基肥，带上种肥，分配较大比例肥料作为追肥供作物后期生长利用，有利于发挥水肥耦合的效应。基肥施肥可采用深施、条施、撒施的施肥方法，肥料入土深度以15～20厘米深度为宜。保肥力差的沙性土，底肥比例可适当降低，追肥比例适当增加，保肥力强的黏性土底肥比例可适当增加，追肥比例适当降低。

4.2　土壤肥力分级

农田土壤肥力主要以土壤有机质含量和全氮含量作为肥力判断的主要标准，土壤磷水平、钾水平分别以土壤有效磷、速效钾含量高低来衡量（表1）。

表1　土壤肥力分级标准

肥力等级	土壤养分指标			
	有机质（克/千克）	全氮（克/千克）	有效磷（毫克/千克）	速效钾
高肥力	>20	>1.0	>20.0	>200
中肥力	10～20	0.5～1.0	8.0～20.0	100～200
低肥力	≤10	≤0.5	≤8.0	≤100

4.3　总施肥量

根据新疆地区土壤养分供应能力和肥料的肥效反应，结合各地丰产栽培实践，滴灌冬小麦各种养分施肥量见表2。

表2 不同土壤肥力各种养分总施肥量

肥力等级	施肥量		
	N（千克/亩）	P$_2$O$_5$（千克/亩）	K$_2$O（千克/亩）
高肥力	13～15	6～7	1～2
中肥力	15～17	7～8	2～3
低肥力	17～19	8～9.2	3～4

4.4 基肥

基肥尽量在冬前（播前）全层施，按照测土配方施肥标准结合耕翻施入土壤。建议施优质农家肥1～2吨/亩或商品有机肥80～100千克/亩，可用20％的氮肥、40％磷肥充分混匀后机械撒施，做到施肥均匀，不重不漏，然后深翻（表3）。

表3 滴灌冬小麦基肥推荐用量

肥力等级	农家肥（吨/亩）	商品有机肥（千克/亩）	N（千克/亩）	P$_2$O$_5$（千克/亩）
高肥力	1.0	80	2.6～3.0	2.4～2.8
中肥力	1.0～1.5	80～90	3.0～3.4	2.8～3.2
低肥力	1.5～2.0	90～100	3.4～3.8	3.2～3.7

4.5 种肥

将5％的氮肥、20％的磷肥播种时施入，即3～5千克/亩的磷酸二铵作种肥。

4.6 追肥

追肥可根据土壤养分状况和滴灌冬小麦的生长发育规律及需肥特性结合滴水施入，将剩余的75％的氮肥、40％的磷肥、全部钾肥分别在苗期、拔节期、孕穗期、扬花期、灌浆期随水滴施，以保证滴灌冬小麦高产对氮素营养的需要。具体施肥方案见表4。

表4 滴灌冬小麦追肥推荐量（纯养分，千克/亩）

肥力等级	养分	返青期—拔节期（拔节期）滴水1～2次	拔节期—扬花期（孕穗期）滴水2～3次	扬花期—灌浆期（扬花期）滴水1～2水	灌浆期—成熟期（灌浆期）滴水1～2水
高	氮	2.6～3.0	4.0～4.5	2.6～3.0	0.6～0.8
	磷	0.6～0.7	0.9～2.1	0.6～0.7	0.3～0.35
	钾	0.35～0.7	0.25～0.5	0.2～0.4	0.2～0.4
	腐植酸水溶肥	4.0～5.0		1.0～2.0	
中	氮	3.0～3.5	4.5～5.1	3.0～3.5	0.8～0.9
	磷	0.7～0.8	1.0～2.4	0.7～0.8	0.35～0.4
	钾	0.7～1.05	0.5～0.8	0.4～0.6	0.4～0.6
	腐植酸水溶肥	5.0～6.0		2.0～3.0	

（续）

肥力等级	养分	返青期—拔节期（拔节期）滴水1～2次	拔节期—扬花期（孕穗期）滴水2～3次	扬花期—灌浆期（扬花期）滴水1～2水	灌浆期—成熟期（灌浆期）滴水1～2水
低	氮	3.5～4.0	5.1～5.7	3.5～4.0	0.9～1.0
	磷	0.8～0.9	1.2～2.8	0.8～0.9	0.4～0.5
	钾	1.05～1.4	0.8～1.0	0.6～0.8	0.6～0.8
	腐植酸水溶肥	6.0～8.0		3.0～4.0	

注：根据土壤质地类型灌水5～8次，不同区域和不同土壤质地条件下灌溉制度存在较大差异。一般情况下，冬小麦南疆于3月上旬、北疆于4月上中旬开始滴水，滴水追肥4～8次。灌水周期7～12天。灌溉定额280～320米³/亩。

4.7　肥料的选择

应符合NY/T 496—2010的相关规定。基肥应选择品质有保证，销售商信誉高，售后服务质量好的肥料品种和销售商。其中有机肥应选择腐熟的有机肥或符合NY 525—2021、NY 884—2012的商品有机肥、生物有机肥。

由于滴灌技术对肥料的溶解度要求高，追肥肥料品种可选择水不溶物≤0.5％的大量元素、中量元素及微量元素水溶性肥料或滴灌专用肥，或者选择尿素、磷酸二氢钾或养分含量≥72％的磷酸一铵以及养分含量≥50％的硫酸钾肥料，其含量见表5。

表5　肥料种类及其有效成分含量

	有机质量分数（以干基计,％）	腐植酸含量（％）	N（％）	P_2O_5（％）	K_2O（％）	大量元素总养分（$N+P_2O_5+K_2O$,％）
有机肥	≥30					≥4
生物有机肥	≥40					
腐植酸水溶肥		≥3.0				≥20
大量元素水溶肥						≥50
尿素			≥46			
水溶性磷酸一铵（MAP）			≥12	≥61		
磷酸二铵			≥18	≥46		
农业用硫酸钾					≥50	
磷酸二氢钾				≥52	≥34	

5　滴灌冬小麦农药减施技术

5.1　防控原则

坚持"预防为主，综合防治"的植保方针，整体遵循"科学监测，精准防控"的原则，采取以环境友好型化学防治技术为核心，集生物防治、物理防治、农业防治、生态调控等诸多技术相协调的综合防控措施，在保证冬小麦有害生物整体防效的基础上，最大限度地减少用药量和施药次数，促进麦田生态系统的良性循环，达到持续防控的目的。

5.2　播种期农药减施技术

防治对象：种传病害（小麦黑穗病），土传病害（小麦雪腐雪霉病、根腐病），气传病害

（小麦锈病和白粉病）。

5.2.1 农业防治

合理轮作倒茬。

与棉花、油菜等作物进行4～5年轮作，能收到较好的防效。

适时播种，冬小麦不宜播种过迟，播种深度3～4厘米。合理密植，密度过大、田间通风透光差、湿度大，植株细弱易倒伏，有利于病害发生。

避免偏施氮肥，注意增施磷、钾肥，增强小麦抗病力。

清除自生麦苗，小麦锈病和白粉病在自生麦苗上越夏，传染给秋苗，清除自生麦苗，一定程度上能减少病原菌越夏菌源，降低病菌基数。

5.2.2 化学防治

5.2.2.1 小麦黑穗病

选用3％苯醚甲环唑（敌萎丹）、萎锈灵悬浮种衣剂或2.5％咯菌腈（适乐时）200毫升，加水1.8升混匀，包衣100千克种子。

5.2.2.2 小麦根腐病

选用24％福美双·三唑醇悬浮种衣剂按药种比1∶50包衣，或15％三唑酮可湿性粉剂按种子重量的0.2％～0.3％的剂量拌种。

5.2.2.3 小麦雪腐雪霉病

用健壮（氟环·咯·苯甲）200毫升加水1.8升混匀，包衣100千克种子。

5.3 返青至拔节期农药减施技术

防治对象：麦田阔叶和禾本科杂草。阔叶杂草主要有藜、田旋花、卷茎蓼，禾本科杂草主要以野燕麦危害为主，其他杂草还包括苦苣菜、萹蓄、刺儿菜、稗草、狗尾草等。

5.3.1 农业防治

5.3.1.1 轮作换茬

不同作物常有自己伴生杂草或寄生杂草，这些杂草所需生态环境与作物极相似，如轮作换茬，改变其生态环境，便可明显减轻其危害。

5.3.1.2 清除田头、路边、沟渠杂草

田边、路边、沟边、渠埂杂草是田间杂草的来源之一，认真清除上述"三边"杂草，特别是在杂草种子成熟之前采取防除措施。

5.3.2 化学防治

5.3.2.1 喷雾防治

阔叶杂草：用10％苯磺隆可湿性粉剂10～12克/亩，或20％双氟·氟氯酯水分散粒剂3～5克/亩，杂草2～4叶期、小麦拔节前喷雾施用，每亩用水30升。

禾本科杂草：用5％唑啉·炔草酯乳油80～100毫升/亩，或7％双氟·炔草酯可分散油悬浮剂70～80毫升/亩，禾本科杂草1～3叶期，喷雾施用，用水量30升/亩。

5.3.2.2 无人机超低量喷雾防治

在麦田阔叶杂草发生期，使用20％双氟·氟氯酯水分散粒剂3～5克/亩，加迈飞飞防助剂20毫升/亩，进行无人机喷雾作业防治。

5.4　穗期病害农药减施技术

穗期病害主要有小麦条锈病、小麦叶锈病和小麦白粉病。

5.4.1　农业防治

加强水肥管理，增强植株抗逆性。

避免偏施氮肥，注意增施磷、钾肥，增强小麦抗病力。

5.4.2　化学防治

5.4.2.1　喷雾防治

根据小麦锈病和白粉病预测预报结果，在病害发生初期，即进行防治，做到发现一点、防治一片，普治与挑治相结合，可用25%丙环唑乳油30毫升/亩喷雾防治，用水量30~45升/亩。

5.4.2.2　无人机超低量喷雾防治

用40%腈菌唑可湿性粉剂20毫升/亩，加迈飞飞防助剂20毫升/亩，进行无人机喷雾作业防治。

5.5　穗期虫害农药减施技术

穗期虫害主要有小麦皮蓟马、蚜虫和负泥虫。

5.5.1　农业防治

加强田间管理、合理施肥灌水；清除田间杂草和自生苗，减少害虫的适生地和越夏寄主；种植早熟品种，抽穗成熟可相应提前，以减轻危害。

5.5.2　物理防治

在麦蚜、皮蓟马发生期，利用黄板诱杀蚜虫，每亩均匀插挂15~30块黄板，高出小麦20~30厘米。

5.5.3　生物防治

充分保护利用自然天敌，如多异瓢虫、十一星瓢虫、大灰食蚜蝇、草蛉、蚜茧蜂等。当天敌与蚜虫比大于1∶120时，不必进行化学防治；当益害比在1∶150以上，若天敌数量明显上升时也可不用化学药剂防治。

5.5.4　化学防治

5.5.4.1　喷雾防治

根据麦田虫害预测预报结果，在虫害发生期，可用5%吡虫啉可湿性粉剂30克/亩或22%氟啶虫胺腈悬浮剂10毫升/亩喷雾防治，用水量30~45升/亩。

5.5.4.2　无人机超低量喷雾防治

用22%氟啶虫胺腈悬浮剂10毫升/亩，加红雨燕飞防助剂30毫升/亩，进行无人机喷雾作业防治。

起草人：陈署晃　高海峰　贾登泉　赖宁　耿庆龙　李广阔　李青军　于建新　白微微
　　　　　　　　　　　　　　李永福　张磊　信会南　李娜

起草单位：新疆农业科学院土壤肥料与农业节水研究所、新疆农业科学院植物保护研究所、
　　　　　　新疆维吾尔自治区土壤肥料工作站、昌吉回族自治州奇台县农业技术推广中心、
　　　　　　新疆农垦科学院

新疆果树-小麦间作麦田肥药减施增产增效技术

1 范围

本文件规定了果树-小麦间作模式下，冬小麦亩产 400～420 千克的基础条件、群体动态指标、产量构成指标、播前准备、合理化控、田间管理、病虫草害防治及收获等配套技术规范。本文件适用于新疆喀什地区果树间作冬小麦种植区及生态类型相似的地区。

2 规范性引用文件

凡是注日期的引用文件，仅所注日期的版本适用于本文件。凡是不注日期的引用文件，其最新版本（包括所有的修改单）适用于本文件。

GB/T 4404.1—2008　粮食作物种子　第 1 部分：禾谷类

GB/T 15671—2009　农作物薄膜包衣种子技术条件

NY 686—2003　磺酰脲类除草剂合理使用准则

NY/T 1997—2011　除草剂安全使用技术规范　通则

GB/T 8321—2000　农药合理使用准则（所有部分）

NY/T 496—2010　肥料合理使用准则　通则

DB65/T 3408—2012　南疆小麦、玉米两早配套一体化栽培技术规程

GB 5084—2005　农田灌溉水质标准

GB 15618—2008　土壤环境质量标准　农用地土壤污染风险管控标准（试行）

3 术语与定义

下列术语和定义适用于本文件。

果树-小麦间作：在果树行间种植小麦，形成小麦与果树相间种植的间作方式。

4 基础条件

4.1 气象因素

4.1.1 温度（℃）

全生育期 0 ℃以上积温 2 200～2 600 ℃，越冬前积温达到 500 ℃以上。

4.1.2 光照（小时）

冬小麦全生育期日照时数 1 600～1 800 小时。

4.2 土壤条件

在水浇地条件下种植，要求地势平坦、土层深厚，具有良好的耕作基础，耕层土壤有机质含量≥1.5%、全氮≥0.1%、碱解氮≥60 毫克/千克、有效磷≥15 毫克/千克、速效钾≥150 毫克/千克。

4.3　灌溉条件

全生育期灌溉方便，播种前保证浇底墒水，冬前灌水一次，返青后保证浇 3～4 水。每次灌水量 60～70 米³/亩。

5　群体动态及产量构成指标

5.1　群体动态指标

基本苗每亩 38 万～40 万，越冬期茎蘖数每亩 80 万～90 万，最高总茎蘖数 90 万～110 万，成熟期穗数每亩 43 万～45 万穗。

5.2　产量结构指标

成穗数每亩 43 万～45 万，穗粒数 29～31 粒，千粒重 38 克，产量 400～420 千克/亩。

6　播种

6.1　播前准备

6.1.1　种子
选用的种子质量应符合 GB 4404.1—2008 规定的指标。播前进行种子包衣或药剂拌种，种子包衣和拌种按照 GB 15671—2009 和 GB 8321 规定执行。

6.1.2　灌足播前水
播种前每亩灌水量 80～100 米³，足墒播种。

6.1.3　基肥
犁地前每亩施用腐植酸有机复合肥 15 千克/亩＋磷酸二铵 15 千克/亩，结合犁地深翻 25 厘米。

6.1.4　整地
格田内留"龟背埂"，整地质量要求达到"齐、平、松、碎、净、墒"六字标准。

6.2　播种阶段

6.2.1　播种时期
小麦适播期 9 月 20 日至 10 月 20 日，最佳播期 9 月 25 日至 10 月 10 日。

6.2.2　播种量
基本苗以每亩 38 万～40 万为宜，即每亩播种量 18～20 千克，晚播情况下可适当增加播量。个别前茬作物腾茬早、抢墒播种的早播麦田，应适当降低播量。

6.2.3　播种方式
小麦播种采用等行距条播，行距为 12～13 厘米，播种深度 3～4 厘米。

7　技术规范

7.1　冬前管理

7.1.1　保证全苗
播后 1～2 天内做好地头、地边、断行的补种工作。保护好苗田，严禁放牧、牲畜践踏。

7.1.2 浇冬水

11 月中旬"日消夜冻"时,即"降霜"后麦田开始冬灌,每亩浇水量 60～70 米³。

7.2 返青期管理

7.2.1 早春耙地

返青初期用钉齿耙中耕耙地或干树梢划地,具有增温保墒、促苗早发的作用。

7.2.2 春季除草

小麦起身前(3 月 20 日前后)及时防治田间杂草。双子叶杂草用苯磺隆类除草剂喷雾防治;每亩用 10%苯磺隆可湿性粉剂 15～20 克,兑水 30 升喷雾,喷雾时要均匀细致,做到不漏喷、不重喷。混合杂草防治;每亩用 5%唑啉·炔草酯乳油 50 毫升＋10%苯磺隆可湿性粉剂 10～15 克兑水量 30 升喷施防治。

7.2.3 拔节期肥水管理

拔节前起身期开始浇水,一般在 3 月 25 日至 4 月 5 日浇头水。结合浇水每亩追施拔节肥 30 千克尿素。

7.2.4 孕穗期管理

在 4 月下旬,浇灌二水,可根据小麦长势每亩补施尿素 7 千克。

7.3 中后期管理

7.3.1 浇灌浆水

灌浆期是小麦需水临界期,必须保证田间适宜墒情。5 月 10～15 日浇第三水为灌浆水,5 月 25～30 日浇第四水为"麦黄水",可结合复播作物"一水两用"。

7.4 病虫害防治

孕穗至扬花期(4 月下旬至 5 月上旬),可结合"一喷三防"技术,防治麦蚜、白粉病、锈病等。

麦蚜防治:当蚜虫百穗 500 头以上时,可用 5%吡虫啉可湿性粉剂 30 克/亩或 22%氟啶虫胺腈悬浮剂 10 毫升/亩喷雾防治,用水量 30～45 升/亩。

白粉病和锈病防治:在病叶率达 10%时,即进行防治,做到发现一点、防治一片,普治与挑治相结合,可用 40%腈菌唑可湿性粉剂 20～30 克/亩,兑水 30～45 千克喷施。

8 收获

机械收获在小麦完熟期进行,割晒机或人工收获可在小麦蜡熟末期进行。

起草人:雷钧杰　周皓　高海峰　张永强　刘忠堂　范贵强　陈兴武　李广阔　张新志　周琰　李英伟　陈传信　聂石辉　徐其江　赛力汗·赛　沈煜洋　吕勇　李忠华　傅连军
起草单位:新疆农业科学院粮食作物研究所　新疆农业科学院植物保护研究所　喀什地区农业技术推广中心　新疆农业科学院科研管理处

新疆核桃-小麦间作冬小麦宽幅栽培技术

1　范围

本文件规定了在南疆核桃-小麦间作模式下冬小麦宽幅播种的基础条件、生育指标、播前准备、合理化控、田间管理、病虫草害防治及收获等配套技术规范。

本文件适用于南疆地区的阿克苏地区、喀什地区、和田地区和克孜勒苏柯尔克孜自治州及周边生态类型相似的地区。

2　规范性引用文件

下列文件对于本文件的应用是必不可少的。凡是注日期的引用文件，仅所注日期的版本适用于本文件。凡是不注日期的引用文件，其最新版本（包括所有的修改单）适用于本文件。

GB/T 4404.1—2008　粮食作物种子　第1部分：禾谷类

GB/T 15671—2009　农作物薄膜包衣种子技术条件

NY 686—2003　磺酰脲类除草剂合理使用准则

NY/T 1997—2011　除草剂安全使用技术规范通则

GB/T 8321—2000　农药合理使用准则（所有部分）

NY/T 496—2010　肥料合理使用准则　通则

DBN6531/T168—2013　核桃-小麦一体化栽培技术规程

GB 5084—2005　农田灌溉水质标准

GB 15618—2018　土壤环境质量标准　农用地土壤污染风险管控标准（试行）

3　基础条件

3.1　气象因素

3.1.1　温度（℃）

全生育期0℃以上积温2 200～2 600℃，越冬前积温达到500℃以上。

3.1.2　光照（小时）

冬小麦全生育期日照时数1 600～1 800小时。

3.2　土壤条件

在水浇地条件下种植，要求地势平坦、土层深厚，具有良好的耕作基础，耕层土壤有机质含量≥1.5%、全氮≥0.1%、速效氮≥80毫克/千克、有效磷≥20毫克/千克、速效钾≥150毫克/千克，符合GB15618—2018要求。

3.3　灌溉条件

全生育期灌溉方便，播种前保证浇底墒水，冬前灌水一次，返青后保证浇3～4次水。

每次灌水量 60～70 米³/亩。

4 主要生育指标

4.1 群体动态指标

基本苗 25 万～30 万/亩，越冬期茎数 35 万～50 万/亩，最高总茎数 70 万～80 万/亩，成熟期穗数 38 万～40 万/亩。

4.2 产量及产量结构指标

成穗数 38 万～40 万/亩，穗粒数 30～34 粒，千粒重 40 克，产量 380～430 千克/亩。

5 肥料养分含量

肥料施用按照 NY/T 496—2010 标准规定执行。

5.1 尿素

$N-P_2O_5-K_2O$ 为 46-0-0。

5.2 磷酸二铵

$N-P_2O_5-K_2O$ 为 18-46-0。

5.3 硫酸钾

$K_2O \geqslant 33\%$。

5.4 伴能

2-氯-6-三氯甲基吡啶（200 克/升）。

6 播种

6.1 播前准备

6.1.1 种子

选用的种子质量应符合 GB 4404.1—2008 规定的指标。播前进行种子包衣或药剂拌种，种子包衣按照 GB 15671—2009 规定执行。药剂拌种按照 GB 8321（所有部分）规定执行。因地制宜选用杀虫剂、杀菌剂拌种或种衣剂包衣，防治地下害虫及土传、种传性病害等。

6.1.2 底墒

播前保证足墒播种，由于南疆地区普遍存在水量少、地块多的情况，普遍浇水一遍耗费时间较长，可能会错过最佳播种时期，所以建议采取前茬作物收获后浇水和前茬作物生育期后期浇水的一水两用的灌溉模式，可以适当缩短轮灌周期。播种前土壤含水量达到田间持水量的 75%～80%。

6.1.3 基肥

耕地前施用优质有机肥 1 000～2 000 千克/亩，施用尿素 5 千克/亩＋伴能 160 克/亩、磷酸二铵 22 千克/亩、钾肥（含纯 $K_2O_5 \geqslant 33\%$）3 千克/亩。

6.1.4 整地

提倡深耕，耕深 30～40 厘米，合墒后及时精细耙糖整地，做到耙透、耙平、土壤松碎，达到上虚下实，畦面平整，无明暗坷垃。

6.2 播种阶段

6.2.1 播种时期

日平均气温在 14～18 ℃播种，以冬前 0 ℃以上积温 400～500 ℃为宜。一般在 9 月 25 日至 10 月 10 日为适播期。

6.2.2 播种密度

基本苗以 25 万～30 万/亩为宜，即每亩播种量 15～17 千克，晚播情况下可适当增加播量。个别前茬作物腾茬早、抢墒播种的早播麦田，应适当降低播量。

6.2.3 播种方式

采用宽幅精量播种机播种，播种机工作宽幅 1.7～2.2 米，播种机安装 6～8 个排种器，排种器间距一致，小麦播种呈带状播种，带宽为 8 厘米，小麦带距为 27 厘米等行距，播深 3～5 厘米。

6.2.4 镇压

播后镇压是提高小麦出苗质量的有效措施。宽幅精量播种机装配有镇压轮，能较好地压实播种沟，实现播种镇压一次完成。

7 田间管理技术规范

7.1 冬前管理要点

7.1.1 保证全苗

播后 1～2 天内做好地头、地边、断行的补种工作。保护好苗田，严禁放牧、牲畜践踏。

7.1.2 浇冬水

日平均气温下降到 5 ℃以下，地面昼消夜冻，即"降霜"后麦田开始冬灌，冬灌时要防止麦田低洼处积水结冰。注意节水灌溉，每亩浇水量 60～70 米^3。

7.2 春季（返青—挑旗叶）管理要点

7.2.1 返青期管理

气温回升，地表冻土开始解冻时，一般为 3 月中下旬，进行机械条施肥料，每亩条施尿素 8.5 千克＋伴能 160 克/亩；或浇返青水前，每亩撒施尿素 8.5 千克＋伴能 160 克/亩。

浇返青水后，及时防治田间杂草，双子叶杂草用苯磺隆类除草剂喷雾防治：每亩用 10％苯磺隆可湿性粉剂 15～20 克，兑水 30 升喷雾，喷雾时要均匀细致，做到不漏喷、不重喷。混合杂草防治：每亩用 5％唑啉·炔草酯乳油 50 毫升＋10％苯磺隆可湿性粉剂 10～15 克，兑水 30 升喷施防治。

7.2.2　拔节期管理

拔节初期一般在 4 月 10 日前浇水。结合浇拔节水每亩追施尿素 17 千克＋伴能 160 克/亩。促进壮秆，促大蘖成穗。

7.2.3　挑旗（孕穗）管理

一般在 4 月 20 日之后，小麦进入孕穗期。孕穗期是小麦需水的临界期，此时灌溉有利于减少小花退化，增加穗粒数。结合灌水，每亩补施尿素 6 千克＋伴能 160 克/亩。

7.3　后期（扬花期—成熟期）管理要点

7.3.1　灌浆水

小麦开花后土壤水分含量过高，会降低小麦的品质，所以，在开花后应注意控制土壤含水量不要过高，灌浆至成熟期灌水 1~2 次，此时期浇水应避开降雨及刮风天气，防止小麦倒伏。

7.3.2　病虫害防治

孕穗至扬花期（4 月下旬至 5 月上旬），以防治麦蚜为主，兼治白粉病、锈病等。灌浆期防治重点是穗蚜、白粉病、锈病。

麦蚜防治：当蚜虫百穗 500 头以上时，可用 5％吡虫啉可湿性粉剂 30 克/亩或 22％氟啶虫胺腈悬浮剂 10 毫升/亩喷雾防治，兑水 30 升喷施。

白粉病和锈病防治：在病叶率 1％时，可用 40％腈菌唑可湿性粉剂 20 克/亩，兑水 30 升喷施。

8　田间管理技术规范

在小麦蜡熟末期进行人工收获，在小麦完熟期进行机械收获。对联合收割机收割小麦的质量要求是：收获过程中的总损失不得超过 1.2％，含杂率不得超过 2％，籽粒破碎率在 1％以下，留茬高度以 15 厘米左右为宜。收获后及时晾晒。

起草人：雷钧杰　高海峰　周皓　张永强　范贵强　陈传信　聂石辉　徐其江　陈兴武　李广阔　周琰　张新志　李英伟　吕勇　张业亭　赛力汗·赛　沈煜洋　翟德武　傅连军
起草单位：新疆农业科学院粮食作物研究所　新疆农业科学院植物保护研究所
喀什地区农业技术推广中心

内蒙古东部旱作春小麦绿色增效综合栽培技术

1 范围

本文件规定了内蒙古东部旱作春小麦绿色增效化肥农药施用方法及其关键栽培技术。

本文件适用于内蒙古大兴安岭沿麓地区。

2 规范性引用文件

下列文件对于本文件的应用是必不可少的。凡是注日期的引用文件，仅所注日期的版本适用于本文件。凡是不注日期的引用文件，其最新版本（包括所有的修改单）适用于本文件。

GB 4404.1—2008　粮食作物种子　第 1 部分：禾谷类

NY/T 1276—2007　农药安全使用规范总则

NY/T 496—2010　肥料合理使用准则　通则

DB11/T 925—2012　小麦主要病虫草害防治技术规范

NY/T 393—2013　绿色食品　农药使用准则

DB15/T 1280—2017　干旱半干旱地区春小麦高效节水丰产技术规程

NY 525—2012　有机肥料

GB/T 8321.9—2009　农药合理使用准则

3 术语和定义

下列术语和定义适用于本文件。

3.1 绿色防控

绿色防控是指从农田生态系统整体出发，以农业防治为基础，积极保护利用自然天敌，恶化病虫的生存条件，提高农作物抗虫能力，在必要时合理使用化学农药，将病虫危害损失降到最低限度。它是持续控制病虫灾害，保障农业生产安全的重要手段。

3.2 农药助剂

农药助剂指本身无生物活性，但与某种农药混用时，能大幅度提高农药的毒力和药效的一类助剂。农药助剂主要是抑制或弱化靶标（害虫、杂草、病菌等）对农药活性的解毒防药害作用，延缓药剂在防治对象内的代谢速度，从而增加防效。农药助剂具有减少喷雾药液随风（气流）飘移，利于药液在叶面铺展及黏附，提高其生物活性，减少用量，降低成本，保护生态环境的作用。

3.3 轮作模式

在同一块田地上，有顺序地在季节间或年间轮换种植不同的作物或复种组合的一种用地养地相结合的种植模式。

4 化肥有机替代增效施用技术

4.1 施肥量（表1）

表1 内蒙古东部旱作春小麦土壤养分丰缺指标及推荐施肥量

丰缺程度	丰缺指标			推荐施肥量（千克/亩）		
	全氮（克/千克）	有效磷（毫克/千克）	速效钾（毫克/千克）	N	P_2O_5	K_2O
极低	≤1.67	≤7.8	≤91	>5.6	>7.2	>4.1
低	1.67~2.31	7.8~12.3	91~134	5.6	7.2	4.1
中	2.31~3.77	12.3~24.4	134~237	3.6	2.9	2.9
高	3.77~4.44	24.4~30.7	237~287	2.0	2.4	2.0
极高	>4.44	>30.7	>287	≤2.0	≤2.4	≤2.0

4.2 肥料选择

氮、磷、钾肥可分别选择尿素（46% N）、过磷酸钙（14% P_2O_5）和硫酸钾（50% K_2O）或等养分量复合肥。

4.3 有机肥

按照商品有机肥替代氮肥25%施用量进行。

4.4 施肥方法

机械播种时有机肥和化肥以种肥的方式一次性施入。

5 农药减施绿色防控技术

5.1 合理轮作

采取3年以上免耕轮作模式。

5.2 药剂拌种

用6%福·戊+0.8%维大利（VDAL）或9%吡咯氟虫腈+0.01%芸薹素内酯拌种。

5.3 生育期病虫草害防控

3~4叶期喷施50克/升双氟磺草胺悬浮剂3.5毫升/亩+10%唑草酮可湿性粉剂10.5克/亩+激健10毫升/亩防除阔叶杂草；加用15%炔草酯可湿性粉剂17.5克/亩或5%唑啉草酯乳油42毫升/亩防除阔叶与野燕麦混生杂草。

抽穗至扬花期，根据预测小麦赤霉病病穗率是否达3％的防治指标决定是否施用杀菌剂，喷施杀菌剂时添加助剂激健15毫升/亩；杀菌剂用量减少30％。

抽穗期喷施1毫克/亩VDAL增产防病。

起草人：王小兵　景岚　贾立国　张永平

起草单位：内蒙古自治区农牧业科学院、内蒙古农业大学

内蒙古西部灌区春小麦减肥减药综合技术

1 范围

本文件规定了内蒙古河套灌区春小麦"双减双增"（减肥、减药、增效、增产）栽培技术模式。

本文件适用于内蒙古自治区河套平原灌区，以及与其具有相似生态条件的有灌溉条件的小麦产区。

2 规范性引用文件

下列文件对于本文件的应用是必不可少的。凡是注日期的引用文件，仅所注日期的版本适用于本文件。凡是不注日期的引用文件，其最新版本（包括所有的修改单）适用于本文件。

GB 4404.1—2008 粮食作物种子 第1部分：禾谷类

GB 5084—2005 农田灌溉水质标准

NY/T 1276—2007 农药安全使用规范总则

GB/T 8321.9—2009 农药合理使用准则

NY/T 496—2010 肥料合理使用准则 通则

DB15/T 1280—2017 干旱半干旱地区春小麦高效节水丰产技术规程

3 术语和定义

3.1 平衡施肥

指依据作物需肥规律、土壤供肥特性与肥料效应，合理确定氮、磷、钾和中微量元素的适宜用量和比例，并采用相应科学施用方法的施肥技术。

3.2 灌水定额

指单位面积单次灌水量。

3.3 灌溉制度

指按作物需水要求和不同灌水方法制定的灌水次数、每次灌水时间和灌水定额及灌溉定额的总称。

3.4 绿色防控

绿色防控是指从农田生态系统整体出发，以农业防治为基础，积极保护利用自然天敌，恶化病虫的生存条件，提高农作物抗虫能力，在必要时合理使用化学农药，将病虫危害损失降到最低限度。它是持续控制病虫灾害，保障农业生产安全的重要手段。

3.5　农药助剂

农药助剂指本身无生物活性，但与某种农药混用时，能大幅度提高农药的毒力和药效的一类助剂。农药助剂主要是抑制或弱化靶标（害虫、杂草、病菌等）对农药活性的解毒防药害作用，延缓药剂在防治对象内的代谢速度，从而增加防效。农药助剂具有减少喷雾药液随风（气流）飘移，利于药液在叶面铺展及黏附，提高其生物活性，减少用量，降低成本，保护生态环境的作用。

4　耕作整地

适宜土壤类型为壤土。选择耕层深厚，结构良好，地面平整，无盐碱危害，中等肥力以上地块。前茬作物收获后，结合深耕翻压腐熟优质农家肥 1 000～2 000 千克/亩，碳酸氢铵 40～50 千克/亩，伏耕或秋深耕 25 厘米以上。耕翻后及时平整土地，秋季（9月下旬至 10 月下旬）充分汇地蓄水，灌水定额 80～100 米³/亩；春季"顶凌耙糖"收墒，达到播种状态。

5　品种选用

选用适宜河套灌区种植的氮高效小麦品种，播种前晒种 1～2 天。种子质量符合 GB 4404.1 的规定。

6　药剂减量拌种

黑穗病发生严重地区，小麦播前每亩用黑穗停（戊唑醇）390.0 克（较常规减量 30%）兑水 11.25 升，加入 75 毫升浸透（助剂），再与 375.0 千克种子搅拌均匀，阴干后播种，防治散黑穗病。

7　适期早播，优化种肥

3 月上中旬，以日平均气温稳定在 0～2 ℃，表土解冻深度达到 3～4 厘米时即为播种适期。每亩基本苗控制在 45 万～50 万，一般播种量为 22.5～25 千克/亩。每亩需施用种肥磷酸二铵 15～20 千克、尿素 3～5 千克、硫酸钾 4～5 千克，应用种、肥分层播种机，把全部肥料与种子同时均匀施入。

8　生长期田间管理

8.1　苗期药剂除草

小麦 3～4 叶期，用 10% 苯磺隆可湿性粉剂 7 克/亩（较常规用量减少 30%）＋HPP（助剂）10 毫升/亩，兑水 30 升/亩喷雾。

8.2　适时浇水，减量追肥

5 月上中旬，视土壤墒情变化及降雨情况，把浇第一水时间推迟在分蘖至拔节之间。灌水定额 60～65 米³/亩，结合浇第一水追施尿素 16～19 千克/亩（常规用量 25 千克/亩以上）。若麦苗长势正常，拔节期浇第一水；麦苗长势偏弱，提前至分蘖期浇第一水。

6月中上旬，酌情浇抽穗或扬花水，灌水定额 60～65 米³/亩。

6月下旬至7月上旬，适量浇灌浆水，灌水定额 60～65 米³/亩。后期灌水选择无风天气，防止倒伏或贪青。

小麦灌浆期喷施叶面肥，用磷酸二氢钾 50 克/亩兑水 30 升均匀喷洒，抵御干热风，防早衰，防倒伏。

9　收获贮藏

小麦蜡熟末期及时进行收获，脱粒后及时晾晒，当籽粒含水率降到 13％以下时，即可入库贮藏。

起草人：张永平　景岚　贾立国　王小兵
起草单位：内蒙古农业大学、内蒙古自治区农牧业科学院

黑龙江省春小麦化肥农药减施技术

1 范围

本文件规定了小麦生产的品种选择、种子质量及种子处理、选茬、整地、连片种植、分期施肥、有机与无机相结施肥、播种、田间管理、收获等技术。

本文件适用于黑龙江省北部地区，大豆采用垄作、小麦采用平作的大豆小麦轮作生产地块。

本文件适用于中筋、强筋小麦生产。

2 规范性引用文件

下列文件中的条款通过本文件的引用而成为本文件条款。凡是注日期的引用文件，其随后所有的修改单（不包括勘误的内容）或修订版均不适用于本文件，然而，鼓励根据本文件达成协议的各方研究是否可使用这些文件的最新版本。凡是不注日期的引用文件，其最新版本适用于本文件。

GB 1351—2007　小麦

GB/T 4404.1—2008　粮食作物种子　禾谷类

GB 4285—2017　农药安全使用标准

GB/T 8321—2000　农药合理使用准则

GB/T 15671—2009　主要农作物薄膜包衣种子技术条件

GB/T 15796—1995　小麦赤霉病测报调查规范

GBT 15798—2009　黏虫测报调查规范

NY/T 496—2010　肥料合理使用准则　通则

NY 525—2012　有机肥料　农业土壤化肥标准

NYT 1443.1—2007　小麦抗秆锈病评价技术规范

NY/T 612—2002　小麦蚜虫测报调查规范

NY/T 613—2002　小麦白粉病测报调查规范

NY/T 617—2002　小麦叶锈病测报调查规范

3 术语与定义

下列术语与定义适用于本文件。

3.1 北部小麦种植区

指黑龙江省大兴安岭地区、黑河市、齐齐哈尔市北部和绥化市北部等地区的小麦种植区。

3.2 播种期

指实际播种日期，以月/日表示。

3.3 出苗期

全田的 50％以上的植株幼芽鞘露出地面 1 厘米时为出苗期。

3.4 根腐病轻

指小麦根腐病抗性鉴定≥4 级的春小麦品种。

3.5 赤霉抗性好

赤霉抗性好的小麦品种是指田间赤霉病抗性鉴定时，病害反应级平均值 2～3 级的小麦品种，即中抗赤霉病品种。

3.6 农药助剂

农药助剂指本身无生物活性，但与某种农药混用时，能大幅度提高农药的毒力和药效的一类助剂。农药助剂主要是抑制或弱化靶标（害虫、杂草、病菌等）对农药活性的解毒防药害作用，延缓药剂在防治对象内的代谢速度，从而增加防效。农药助剂具有减少喷雾药液随风（气流）飘移，利于药液在叶面铺展及黏附，提高其生物活性，减少用量，降低成本，保护生态环境的作用。

3.7 农药减施增效

指结合农业防治、物理防治、生物防治、化学防治等方法，利用高干喷雾、无人机等先进作业设备，再加上使用助剂来降低农药的使用量，达到防治病虫害的效果。

3.8 分期精量施肥

利用肥料不同时期施用，即秋施肥、春施肥、叶面施肥，在不同施肥水平下，分期施用不同量的氮、磷、钾肥，精准把握施肥种类、施肥用量和施肥方法，减少养分的挥发和淋溶，有效提高肥料的利用率。

3.9 商品有机肥

主要来源于植物和（或）动物，施于土壤以提供植物营养为其主要功能的含碳物料。生产出褐色或灰褐色，粒状或粉状，无机械杂质，无恶臭，能直接应用于大田作物，可改善土壤肥力、提供植物营养、提高作物品质。

3.10 秋施肥

指秋季作物收获后，根据明年所要种植作物的需要，结合秋耕整地而进行的土壤深施肥作业。

3.11 测土配方施肥

在对土壤速效养分含量进行测定的基础上，根据作物计划产量计算出需肥数量及所需要施用肥料的效应，而提出的氮、磷、钾等肥料用量和比例及相应的施肥技术。

3.12　基肥

指作物翻种前结合土壤耕作施用的肥料。

3.13　种肥

指播种时施于种子附近，或与种子混播的肥料。

3.14　追肥

指在作物生长期间所施用的肥料。

4　种子及种子处理

4.1　品种选择

根据市场要求，选择适应当地生态条件，经审定推广高产、抗逆性强、抗病性强、耐密植、抗倒伏的中、强筋小麦品种。东北春麦区推广应用的根腐病轻、赤霉抗性好的小麦品种，种子质量符合 GB/T 4404.1—2008 的要求。

4.2　种子清选

播前要进行种子清选，质量要达到 GB4404.1—1996《粮食作物种子禾谷类》要求。纯度不低于良种，净度不低于 98％，发芽率不低于 85％，种子含水量不高于 13％。

4.3　用小麦种衣剂进行机械包衣

6％戊唑·福美双可湿性粉剂（有效成分为 2％戊唑醇、4％福美双），用正常种衣剂量的 70％＋激健增效助剂 10 毫升/亩药液拌种。

5　选茬、整地、实行连片种植

5.1　选茬

在合理轮作的基础上，选用大豆茬无长残留性禾本科除草剂的地块，避免甜菜茬。

5.2　整地

坚持伏、秋整地。整地质量要求整平耙细，达到待播状态。前茬无深松基础的地块，要进行伏秋翻地或耙茬深松，翻地深度为 18～22 厘米，深松要达到 25～35 厘米。前茬有深翻、深松基础的地块，可耙茬作业，耙深 12～15 厘米。耙茬采取对角线法，不漏耙，不拖耙，耙后地表平整，高低差不大于 3 厘米。除土壤含水量过大的地块外，耙后应及时镇压。整地作业后，要达到上虚下实，地块平整，地表无大土块，耕层无暗坷垃，每平方米 2～3 厘米直径的土块不得超过 1～2 块。三年深翻一次，提倡根茬还田。

6 播种

6.1 播期

土壤解冻深度达到 5 厘米以上开始播种。

6.2 密度

43.3 万～46.6 万株/亩。

6.3 播种量

$$R_s = \frac{D_p \times W_t}{1\,000 \times 1\,000 \times S_g \times S_h}$$

式中　R_s——播种量，单位面积所播小麦种子的质量，单位为千克；

　　　　D_p——计划基本苗，单位面积计划的小麦群体密度，单位为株；

　　　　W_t——千粒重，1 000 粒净种子的质量，单位为克；

　　　　S_g——种子发芽率，指发芽试验中测试种子发芽数占测试种子总数的百分比，单位为百分率（％）；

　　　　S_h——田间出苗率，指具有发芽能力的种子播到田间后出苗的百分比，单位为百分率（％）。

7 分期施肥配施有机肥技术

7.1 基本原则

分期施肥应采用的基本原则是肥料减施、稳产、优质、增效。分期精量施肥应采用有机无机配合施用的原则，采用精量种子包衣、小麦平衡施肥结合有机肥进行控氮补磷增钾为关键，采用有机无机配合进行秋施底肥、春施种肥的分期施肥，关键生长期喷洒叶面肥，依靠耕层氮、磷不同时期效应和养分库容提升植株养分吸收效率，施肥方法采用机械条播，施肥深度为 8～12 厘米，土壤墒情适宜镇压要轻，反之镇压要重防止跑墒，适当增加有机肥料施用，可保证生育后期营养，对提高品质、增加粒重具有重要作用。

7.2 有机肥料参考用量

7.2.1 有机肥料技术指标要求应符合表 1 的要求，有机肥料中重金属的限量指标应符合表 2 的要求。

表 1 有机肥料技术指标

项目	指标
有机质的质量分数（以烘干基计，%）≥	45
总养分（氮＋五氧化二磷＋氧化钾）的质量分数（以烘干基计，%）≥	5
水分（鲜样）的质量分数（%）≤	30
酸碱度（pH）	5.5～8.5

7.2.2　商品有机肥用量

根据实验数据确定，利用商品有机肥可替代氮肥 20%～35%，商品有机肥施用 20～30 千克/亩，施用时应根据土壤肥力，使用不同量，有机质含量高的地块用低量，有机质含量低的地块用高量，有机肥应配合氮、磷、钾复混肥作基肥一次施用效果更好。

表 2　有机肥料中重金属的限量指标

项目	指标
总砷（As）（以烘干基计，毫克/千克）≤	15
总汞（Hg）（以烘干基计，毫克/千克）≤	2
总铅（Pb）（以烘干基计，毫克/千克）≤	50
总镉（Cd）（以烘干基计，毫克/千克）≤	3
总铬（Cr）（以烘干基计，毫克/千克）≤	150

7.3　化肥参考量

7.3.1　土壤肥力分级

农田土壤肥力主要以土壤有机质含量作为肥力判断的主要标准，土壤磷、钾含量、酸碱度分别以土壤有效磷、速效钾含量高低来衡量（表 3）。

表 3　土壤肥力分级标准

肥力等级	土壤养分指标			
	pH	有机质（克/千克）	有效磷（P_2O_5，毫克/千克）	速效钾（K_2O，毫克/千克）
高肥力	6.5～7.0	>25	>30	>200
中肥力	5.0～6.5	15～25	10～30	80～200
低肥力	≤5.0	≤15	≤10	≤80

7.3.2　总施肥量

根据黑龙江北部地区土壤养分供应能力和肥料的肥效反应，结合各地丰产栽培实践，春小麦各种养分施肥量见表 4。

表 4　不同土壤肥力各种养分总施肥量

肥力等级	土壤养分指标		
	N（千克/亩）	P_2O_5（千克/亩）	K_2O（千克/亩）
高肥力	4～5	4.3～4.7	2～2.5
中肥力	5	4.7～5.0	2.5
低肥力	5～5.3	5.0～5.7	2.5～2.7

7.4　基肥

基肥在秋收后深层施肥，按照测土配方施肥标准结合耕翻施入土壤（表 5）。优质农家肥用量过大、存量过少，建议使用正规厂家商品有机肥与化肥进行秋季深施肥，深度 12 厘米。2/3 氮肥（减去有机替代量和追肥的量）、1/2 磷肥、1/2 钾肥及有机肥全部作基肥。

表5 春小麦基肥推荐用量

肥力等级	商品有机肥（千克/亩）	N（千克/亩）	P₂O₅（千克/亩）	K₂O（千克/亩）
高肥力	20	2.1～2.7	2.2～2.3	1.0～1.3
中肥力	23.3	2.7	2.3～2.5	1.2～1.3
低肥力	30	2.7～2.9	2.5～2.9	1.3～1.4

7.5 种肥

春施 1/3 氮肥（减去追肥的量）、1/2 磷肥、1/2 钾肥作种肥。采用肥下种上的分层施肥法或肥下种上的分次施肥法。中量元素肥料：缺镁或缺硫地区和地块，施用 0.5 千克/亩镁肥，施用 0.33 千克/亩硫酸铵。微量元素肥料：缺硼地区和地块，作种肥施用硼肥 2～3 千克/亩。

7.6 追肥

根据土壤养分和春小麦生长发育规律及需肥特性进行叶面喷肥，主推无人机超低量喷雾，其次大型机械喷灌，喷施时期为 4 叶期至拔节前，喷施 0.5 千克/亩尿素；抽穗期和扬花前，每亩用磷酸二氢钾 50 克，加尿素 0.33 千克，兑水喷施。

8 田间管理

8.1 压青苗

小麦 3 叶期压青苗，根据土壤墒情和苗情用镇压器镇压 1～2 次。机车行进速度：10～15 千米/小时，禁止高速作业。

8.2 化控防倒伏

小麦拔节前叶面喷施壮丰安化控剂，每亩 40 毫升；小麦旗叶展开后，叶面喷施麦壮灵化控剂，每亩 25 毫升。

8.3 化学除草

用 48%氰烯菌酯·戊唑醇悬浮剂 20～28 克（有效成分）/亩，或 25%氰烯菌酯悬浮剂 25 克（有效成分）/亩，按选用的喷雾设备要求兑水均匀喷雾。可隔 5～7 天再喷 1 次，喷药时要重点对准小麦穗部。添加助剂激健 15 毫升/亩可减少 30%药剂用量。

8.4 防治病虫

8.4.1 小麦赤霉病防治农药减施技术

小麦赤霉病防治时期和防治指标：赤霉病药剂防治的最佳施药时期是小麦扬花期。穗部显症多在乳熟期，显症后喷药已经过迟。可采用"西农云雀"小麦赤霉病自动监测预警系统在小麦扬花期以前预测当年赤霉病发病率，预测病穗率大于 1%时，进行药剂防治；病穗率小于 1％时，可不必进行药剂防治。

化学防治：用 48％氰烯菌酯·戊唑醇悬浮剂 20～28 克（有效成分）/亩，或 25％氰烯菌酯悬浮剂 25 克（有效成分）/亩，按选用的喷雾设备要求兑水均匀喷雾。可隔 5～7 天再喷 1 次，喷药时要重点对准小麦穗部。添加助剂激健 15 毫升/亩可减少 30％药剂用量。

8.4.2　防治对象：麦蚜，黏虫

麦蚜防治指标：麦蚜主要是麦二叉蚜和麦长管蚜，化学防治指标为百株（穗）蚜量超过 500 头，天敌单位与蚜虫比例小于 1：150，短期内无大雨。当平均单株芽量达到 5 头、益害比小于 1：150、近日又无大风雨时，及时进行药剂防治。

防治药剂：用 3％啶虫脒可湿性粉剂 20～30 克/亩，或 35％吡虫啉 4.0～5.3 克/亩，或 2.5％功夫乳油 10～15 克/亩兑水喷雾。并可结合喷施叶面肥加喷施宝、磷酸二氢钾等微肥混合，按选用的喷雾设备要求兑水喷雾。以达到促进小麦籽粒成熟饱满，增加粒重，预防干热风，增加产量的目的。

黏虫预报指标：自激增之日起，一台诱蛾器连续三天累计诱蛾量在 500 头以下为轻发生，500～1 000 头为中等发生，1 000 头以上重发生。防治指标：每百株 1～2 龄幼虫 10 头以上、3～4 龄幼虫 30 头以上，需要进行药剂防治。黏虫是远距离迁飞性、暴发性害虫，做好黏虫测报工作。采用诱蛾器或测报灯等诱测成虫蛾量，观测时间自 5 月 10 日至 6 月 30 日止。防治适期掌握在低龄幼虫（3 龄前）盛期。

防治药剂：用 50％辛硫磷乳油 50～60 毫升/亩，或 25％除虫脲可湿粉 20 克/亩，或 2.5％高效氯氰菊酯乳油 20 毫克/亩，或 2.5％溴氰菊酯乳油 50 毫克/亩，或 48％乐斯本乳油 50 毫克/亩等，按选用的喷雾设备要求兑水喷雾。

9　机械收获

9.1　收获时期

机械分段收获在蜡熟末期进行，联合收割机收获在完熟初期进行。

9.2　收割质量

联合收割机收割，割茬高度不高于 25 厘米，综合损失率不得超过 2％，破碎粒率不超过 0.1％综合损失率不得超过 3％，破碎粒率不超过 1％，清洁率大于 95％。

起草人：张军政　张久明　郑淑琴　左豫虎　马献发　张起昌　姜宇　孔祥清　李大志
起草单位：哈尔滨工业大学、黑龙江省农业科学院、东北农业大学、黑龙江八一农垦大学

图书在版编目（CIP）数据

北方小麦化肥农药减施技术 / 王朝辉等著 . —北京：
中国农业出版社，2021.5
ISBN 978 - 7 - 109 - 27623 - 9

Ⅰ . ①北… Ⅱ . ①王… Ⅲ . ①小麦－施肥②小麦－农
药施用 Ⅳ . ①S512.106.2②S48

中国版本图书馆 CIP 数据核字（2020）第 250854 号

北方小麦化肥农药减施技术
BEIFANG XIAOMAI HUAFEI NONGYAO JIANSHI JISHU

中国农业出版社出版
地址：北京市朝阳区麦子店街 18 号楼
邮编：100125
责任编辑：魏兆猛
版式设计：杜 然 责任校对：周丽芳
印刷：中农印务有限公司
版次：2021 年 5 月第 1 版
印次：2021 年 5 月北京第 1 次印刷
发行：新华书店北京发行所
开本：787mm×1092mm 1/16
印张：18.5
字数：446 千字
定价：68.00 元